Neue Theorie und Berechnung der Kreiselräder

Wasser- und Dampfturbinen, Schleuderpumpen und -Gebläse Turbokompressoren, Schraubengebläse und Schiffspropeller

Von

Dr. Hans Lorenz

Professor der Mechanik an der Techn. Hochschule zu Danzig

Zweite, neubearbeitete und vermehrte Auflage

Mit 116 Abbildungen

München und Berlin

Druck und Verlag von R. Oldenbourg

1911

Dem Andenken des großen Mathematikers

LEONHARD EULER,

(1707 — 1783)

des Begründers der Hydrodynamik und Turbinentheorie

gewidmet.

Vorwort.

Die erste Auflage dieser Monographie, welche im Herbste 1906 erschien und eine systematische Zusammenfassung meiner bis dahin über das Turbinenproblem veröffentlichten Abhandlungen enthielt, hat in Fachkreisen ein erheblich größeres Interesse erweckt, als ich ihres vorwiegend theoretischen Inhaltes wegen erwarten durfte. Das geht nicht nur aus dem verhältnismäßig raschen Absatze, sondern auch aus lebhaften Erörterungen über die vorgetragene Theorie und ihre technische Verwendung hervor, an denen sich erfreulicherweise auch praktisch tätige Ingenieure beteiligten. In dieser Diskussion, sowie in den Besprechungen der ersten Auflage, kamen alle Abstufungen zwischen rückhaltloser Anerkennung und schroffster Ablehnung zum Ausdrucke, was bei der in der technischen Literatur noch ungewohnten Behandlungsweise durchaus verständlich erscheint.

Von den gegnerischen Äußerungen schieden für den Verfasser alle diejenigen von vornherein aus, in denen unter Verzicht auf jede tiefere wissenschaftliche Einsicht die Anwendung der Methoden der Hydrodynamik auf die Flüssigkeitsbewegung in Kreiselrädern grundsätzlich bekämpft wurde. Schwerwiegender waren dagegen verschiedene Einwände gegen die achsensymmetrische Behandlung der Strömung und die hierdurch bedingte Einführung des neuen Begriffes der Zwangsbeschleunigung, also eines die Schaufeln ersetzenden Kraftfeldes. Die den Einwänden zugrunde liegende Verkennung dieses Schwerpunktes meiner Theorie fällt mir insofern zur Last, als ich das Wesen der Zwangsbeschleunigung und ihren engen Zusammenhang mit der Wirbelung als selbstverständlich erscheinend in der ersten Auflage wohl nicht deutlich genug hervorgehoben hatte. Das ist dann u. a. von Bauersfeld, Stodola und Loewy in bemerkenswerten Abhandlungen in der Zeitschrift für das gesamte Turbinenwesen (1907 bis 1909) sowie von Föppl im

*

sechsten Bande seiner Vorlesungen über technische Mechanik (Die wichtigsten Lehren der höheren Dynamik 1910) mit aller wünschenswerten Klarheit nachgeholt worden, womit die Erörterungen über diesen Punkt geschlossen, und die Grundlagen meiner Theorie als gesichert betrachtet werden konnten. Deren weiteren Ausbau hat insbesondere Bauersfeld, der schon 1905 nach meinen ersten Arbeiten auf die wichtige Bedingung der Normalstellung der Zwangsbeschleunigung zu den Schaufelflächen hinwies, durch einige daraus gezogene Schlüsse für die Flächen konstanter Energie im Kreiselrade wesentlich gefördert. Natürlich sind diese schönen Untersuchungen in der vorliegenden Neubearbeitung berücksichtigt worden, zumal sich daran weitere Folgerungen für die Profilgestaltung von Kreiselrädern und deren Schaufelformung anknüpfen ließen. Außerdem wurden, zum Teil in einem Nachtrage am Schlusse dieses Buches noch einige, in den Besprechungen der ersten Auflage mit Recht beanstandete formale Mängel bei der Herleitung der Grundgleichungen beseitigt, ohne daß dadurch die Ergebnisse eine Änderung erfuhren.

Dagegen schien mir, schon um den Leser zur selbständigen Weiterarbeit anzuregen, eine Vermehrung der untersuchten Strombilder mit Rücksicht auf ihre eventuelle Verwendung zur Profilgestaltung ringwirbelfreier Flüssigkeitsbewegungen zweckmäßig. Dabei ergab sich, daß die in der ersten Auflage allein für Radialräder benutzte und von Prášil zuerst (1903) für die Gestaltung von Saugrohren vorgeschlagene Strömung nicht nur einen gleichartigen Energieumsatz aller Flüssigkeitselemente verbürgte, sondern auch, daß dieser Umsatz gleichzeitig verlief. Diesen Forderungen, welche die Berechnung der Räder so überaus einfach und bequem gestaltete, genügt aber auch eine etwas allgemeinere Strömung zu beiden Seiten eines Kreiszylinders um die Achse, bei der ebenfalls die Radialgeschwindigkeit nur vom Radius abhängt, die Achsialgeschwindigkeit dagegen linear mit dem Abstand von der Normalebene durch den Anfang variiert.

Es lag daher nahe, auch diese Stromfunktion zur Profilgestaltung von Rädern unter Ausschaltung eines zylindrischen Kernes vor allem dann zu benutzen, wenn eine starke Welle den Saugraum durchsetzt. Anderseits ermöglichte der Stromverlauf innerhalb des erwähnten Zylinders die exakte Formung der Übergangsringe zwischen dem Laufrade und dem Spiralgehäuse, deren willkürliche Gestaltung bisher häufig die Quelle beträchtlicher Energieverluste bildete. Den Spiralgehäusen selbst hat mein Bruder R. Lorenz in der Zeitschrift f. d. ges. Turbinenwesen (1907) eine Abhandlung gewidmet, deren wesentliche Resultate aufgenommen und zu einer neuen Berechnung des Gehäusequerschnittes verwendet wurden. Dasselbe gilt von einer eigenen Untersuchung über die Schaufelenden (ebenda 1908) mit Rücksicht auf die als Strahlkontraktion gefürchtete Diskontinuität der Strömung, deren Vermeidung dort bestimmte Krümmungsradien der zylindrischen Schaufeln bedingt.

In der hierdurch erreichten Wirkungslosigkeit der letzten Schaufelstreifen scheint mir auch der Schlüssel für die überaus mannigfaltige Schaufel- und Profilgestaltung der sog. Francisturbinen zu liegen, deren analytische Behandlung nach unserer Theorie vorläufig an mathematischen Schwierigkeiten scheitert. Daß die von mir vorgeschlagenen Radialräder bei angenähert gleicher Dimensionierung die Francisturbinen noch nicht ersetzen können, dürfte aus den Versuchen von E. Reichel (Z. f. d. ges. Turbinenwesen 1908) hervorgehen, die ich darum auszugsweise wiedergegeben habe. Im Gegensatz hierzu haben Pumpen und Gebläse nach unserer Theorie sich vortrefflich bewährt, wie aus einigen ebenfalls angezogenen Versuchen, die von verschiedenen Firmen unabhängig von mir durchgeführt wurden, erhellt. Insbesondere haben sie bereits in Frankreich, dank der sorgfältigen konstruktiven Ausbildung durch den Ingenieur H. Strehler in Nancy eine erhebliche Verbreitung gewonnen.

Anderweitige Versuche mit Verbundrädern gaben mir Veranlassung zu einer Untersuchung des Druckverlaufes innerhalb der einzelnen radial hintereinander geschalteten Schaufelkränze mit Rücksicht auf den Einfluß der als kritisch bekannten Übereinstimmung der Strom- und Schallgeschwindigkeit. Außerdem wurden die Beispiele des Turbokompressors und der Dampfturbinen von meinem Kollegen A. Pröll auf Grund der Tatsache neu berechnet, daß die kleinste Schaufelbreite wegen der Spaltverluste nach unten zu beschränkt sein muß, wodurch der praktische Wert der betreffenden Abschnitte gewonnen haben dürfte. Der neuerdings mehrfach aufgeworfenen Frage der Verwendung von Verbundrädern in Kühlmaschinen und Verbrennungsmotoren bin ich ebenfalls nähergetreten und habe die Ergebnisse meiner Untersuchung, die ich teilweise schon in der Zeitschrift f. d. ges. Kälteindustrie (1910 und 1911) veröffentlichte, am Schlusse des Kapitels über Radialräder wiedergegeben.

Im Gegensatz zu der bis auf die Einführung der Bewegungswiderstände ziemlich exakt durchführbaren Theorie der Radialräder kann diejenige der Achsialräder nur als ein rohes Annäherungsverfahren gelten. Daran ließ sich auch in der Neubearbeitung wenig ändern, wenn es auch gelang, die in der ersten Auflage willkürlich angenommene lineare Änderung der Flüssigkeitsenergie längs der Achse aus der Näherungslösung III § 10 zu begründen. Weiterhin wurde aus der Bedingung des Minimums der Gesamtverluste für Propeller eine Formel für den günstigsten äußeren Radius abgeleitet, deren frühere Unkenntnis gelegentlich durch fehlerhafte Wahl dieser wichtigsten Abmessung zu niederen Wirkungsgraden geführt hatte. Dazu kam noch infolge zu geringer Flügelzahl eine meist unerwünschte Erhöhung der Winkelgeschwindigkeit, die bei Schrauben mit konstanter Steigung durch den Eintrittstoß gedämpft wird, der bei Propellern nach unserer Theorie im Normalgange nicht auftreten soll. Hierüber geben die nach einer Veröffentlichung von A. Pröll in der Zeitschrift des Vereins d. Ingenieure (1910) aufgenommenen Vergleichsversuche, die von mir mit Unterstützung der Kaiserlichen Werft in Danzig angestellt wurden, willkommenen Aufschluß. Aus ihnen geht deutlich die Verbesserung der Propellerwirkung mit zunehmender Flügelzahl bei gleichgehaltener Gesamtflügelfläche hervor, so daß man wohl nach dieser Richtung auf weitere praktische Fortschritte hoffen darf.

Das Interesse an einer wissenschaftlichen Klärung der Propellerwirkung ist in der jüngsten Zeit besonders durch die Bedürfnisse der Luftschiffahrt geweckt worden, während der Schiffbau noch immer an der rein empirischen Berechnungsmethode festhält, durch die der Einblick in die wirklichen Bewegungsvorgänge geradezu verschleiert wird. Dies liegt natürlich nur an der Außerachtlassung der für Propeller wie für jedes andere Kreiselrad gültigen Eulerschen Momentenformel, die man in schiffstechnischen Arbeiten z. B. dem wegen seines reichen Inhaltes an praktischen Erfahrungen anerkannten Werke von Taylor »Resistance of Ships and Screw-Propulsion«, 2. Aufl. 1910, vergeblich suchen wird. Um so mehr hat es mich gefreut, daß in einer ausgezeichneten Abhandlung über Luftschrauben (Zeitschrift f. Flugtechnik 1910—11) H. Reißner der Momentengleichung gerecht wird, wenn er auch unter Verzicht auf das Ideal der achsensymmetrischen Strömung andere Wege einschlägt, wie ich. Aber auch er kommt zu der Überzeugung, daß die von einem Propeller zu erfüllenden Bedingungen auf Gleichungen führen, die nicht in voller Strenge miteinander vereinbar sind. Man wird demnach bis auf weiteres auf Näherungslösungen angewiesen bleiben, von denen ich für die hier niedergelegte wohl den Anspruch der größten Einfachheit um so eher erheben darf, als sie bereits praktische Resultate gezeitigt hat.

Die eingehendere Behandlung der wissenschaftlichen Grundlagen unserer Theorie der Kreiselräder sowie die Aufnahme neuerer eigener und fremder Forschungen und Versuchsergebnisse, über die das Literaturverzeichnis im Anhang Aufschluß gibt, war naturgemäß ohne eine Vergrößerung des Umfangs gegenüber der ersten Auflage nicht durchführbar. Um diesen nicht noch weiter anschwellen zu lassen, habe ich u. a. den historischen Überblick, der den größten Teil des Vorwortes der ersten Auflage bildete, gestrichen und verweise hierfür auf das Schlußkapitel meiner inzwischen erschienenen »Technischen Hydromechanik« (Lehrbuch der Technischen Physik, Bd. 3, 1910), in der auch noch andere Strömungsvorgänge ausführlich betrachtet werden. Ebenso findet man dort einen Abriß der eindimensionalen oder Stromfadentheorie der Kreiselräder, die vorderhand zur Verfolgung des abnormalen Ganges dieser Maschinen nicht entbehrt werden kann, und daneben die Aufklärung eigentümlicher Schwingungsvorgänge ermöglicht, wie solche sich z. B. bei den oben erwähnten Versuchen von E. Reichel störend geltend machten. In der »Technischen Hydromechanik« habe ich meiner Theorie der Kreiselräder nur einen kurzen Abschnitt gewidmet, dafür aber ihre grundsätzliche Verschiedenheit von der bald darauf veröffentlichten dreidimensionalen Theorie von Prášil hervorgehoben, deren weiterer Entwicklung ich, nachdem die zwischen uns entstandenen Mißverständnisse behoben sind, mit größtem Interesse entgegensehe. Eine Verwechselung beider Theorien, die in ihren Anfangsstadien gelegentlich vorkam und vermutlich auf die gemeinsame, von Prášil angeregte Benutzung von Zylinderkoordinaten zurückzuführen war, ist jetzt wohl kaum noch zu befürchten, weshalb ich die angezogene Darlegung hier nicht zu widerholen brauche.

Zum Schlusse danke ich noch meinen Herren Kollegen, den Privatdozenten Dr.-Ing. A. Pröll und Dr.-Ing. R. Plank, sowie meinen Assistenten Dipl.-Ing. K. Lapp und stud. W. Noetzel für ihre Mitwirkung an der Berechnung der Zahlenbeispiele, der Zeichnung der Figuren und der Korrektur, ebenso der Verlagsbuchhandlung für die würdige Ausstattung des Buches. Möge dieses auch in seiner neuen Ausgabe der wissenschaftlichen Durchdringung technischer Vorgänge im Sinne des großen Euler Freunde erwerben.

Danzig-Langfuhr im Juli 1911.

H. Lorenz.

Inhalt.

Kapitel III. Die Achsialräder.

Kapitel I.

Hydrodynamische Grundlagen.

§ 1. Die Bewegungsgleichungen einer Flüssigkeit.

Aus einer in Bewegung begriffenen Flüssigkeit, welche tropfbar oder elastisch (d. h. gas- bzw. dampfförmig) sein kann, denken wir uns ein Massenelement dm herausgeschnitten, dessen Koordinaten in bezug auf ein festes rechtwinkliges Achsensystem $O\ X\ Y\ Z$ mit vertikal nach unten gerichteter Z-Achse (Fig. 1) durch x, y, z bezeichnet sein mögen. Alsdann können wir unter Einführung des spezifischen Flüssigkeitsgewichtes γ kg/cbm und der Beschleunigung der Schwere g, sowie des vom Massenelement dm augenblicklich erfüllten Volumenelementes $dx\ dy\ dz$ auch schreiben

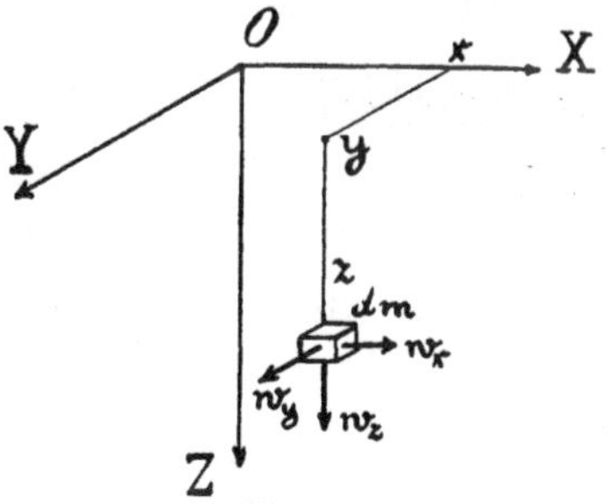

Fig. 1.

$$dm = \frac{\gamma}{g}\, dx\, dy\, dz \quad \ldots\ldots\ldots \quad (1).$$

Wirkt nun auf die Flüssigkeit eine äußere Kraft mit den Komponenten X, Y, Z, so entfallen davon auf unser Element die unendlich kleinen Bruchteile dX, dY, dZ in den Achsenrichtungen. Außerdem aber herrscht an jedem Punkte x, y, z der Flüssigkeit ein Flächendruck p kg/qm, dessen Größe sich stetig von Punkt zu Punkt ändern kann, von der Richtung aber unabhängig ist. Infolge dieser stetigen Änderung wächst z. B. der auf die obere Fläche des Elementes (Fig. 2) wirkende Druck p bis zur Unterfläche, welche um dz tiefer liegt, auf $p + \frac{\partial p}{\partial z}\, dz$ an, und ergibt, da diese Pressungen als Wirkungen der umgebenden Flüssigkeit auf das Element entgegengesetzte Richtungen besitzen, einen Überschuß von $-\frac{\partial p}{\partial z}dz$. Multipliziert man diesen Überschuß mit dem zur Druckrichtung normalen Querschnitt $dx\,dy$ des Volumenelementes, so ergibt sich eine Kraft

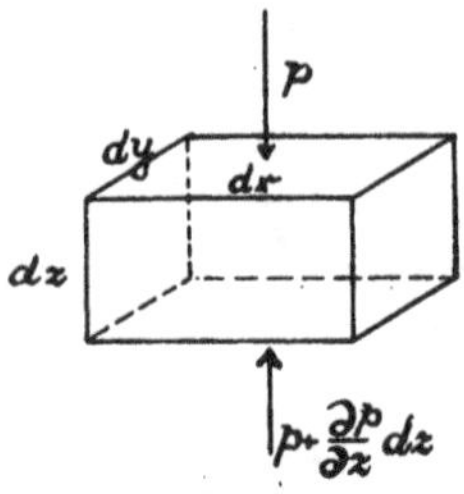

Fig. 2.

$$-\frac{\partial p}{\partial z}dz\,dx\,dy,$$

welche in der Z-Richtung wirkend zu der Komponente dZ der äußeren Kraft hinzutritt. Sind dann (Fig. 1) mit den Projektionen dx, dy, dz eines Bahnelementes

$$w_x = \frac{dx}{dt},\ w_y = \frac{dy}{dt},\ w_z = \frac{dz}{dt} \quad . \quad . \quad (2)$$

die Komponenten der momentanen Geschwindigkeit des Massenelementes dm, so wird die vereinigte Wirkung der beiden Kräfte in der Z-Richtung eine Beschleunigung $\frac{dw_z}{dt}$ hervorrufen, derart, daß

$$dZ - \frac{\partial p}{\partial z}dz\,dx\,dy = \frac{dw_z}{dt}dm.$$

Dividieren wir diese Gleichung durch dm mit Rücksicht auf dessen Wert Gl. (1), so erhalten wir

$$\frac{dZ}{dm} - \frac{g}{\gamma}\frac{\partial p}{\partial z} = \frac{dw_z}{dt}$$

und, da genau dieselben Überlegungen auch für die beiden anderen Richtungen gelten, zwei analoge Gleichungen für diese. In diesen Formeln stellen nun die Quotienten

$$\frac{dX}{dm} = q_x,\ \frac{dY}{dm} = q_y,\ \frac{dZ}{dm} = q_z \quad . \quad . \quad . \quad . \quad . \quad . \quad (3)$$

offenbar nichts anderes dar als die von den Komponenten dX, dY, dZ der äußeren Kraft allein auf das Element ausgeübten Beschleunigungskomponenten. Mit diesen dürfen wir das Ergebnis unserer dynamischen Betrachtung in der Form schreiben

$$\left.\begin{aligned} q_x - \frac{g}{\gamma}\frac{\partial p}{\partial x} &= \frac{dw_x}{dt} \\ q_y - \frac{g}{\gamma}\frac{\partial p}{\partial y} &= \frac{dw_y}{dt} \\ q_z - \frac{g}{\gamma}\frac{\partial p}{dz} &= \frac{dw_z}{dt} \end{aligned}\right\} \quad . \quad . \quad . \quad . \quad . \quad . \quad . \quad . \quad (4),$$

welche schon die gesuchten Bewegungsgleichungen der Flüssigkeit darstellt. Dieselben sind, wie man aus ihrer Ableitung erkennt, ganz unabhängig von der Veränderlichkeit des spezifischen Gewichtes γ, gelten also ebenso für tropfbare Flüssigkeiten wie auch für Gase und Dämpfe. Dagegen setzt ihre Gültigkeit voraus, daß auf jedes Flächenelement innerhalb der Flüssigkeit, z. B. $dx\,dy$ nur ein normaler Druck p wirkt, den man auch als den hydraulischen Druck bezeichnet. Damit haben wir die Möglichkeit eines Reibungswiderstandes, dessen Richtung stets in die Reibungsfläche selbst fällt und der folglich eine Tangentialspannung am Element hervorruft, ausgeschlossen. Da nun in Wirklichkeit alle Flüssigkeiten bei ihrer Bewegung Reibungswiderständen unterworfen sind, so stellt dieser Ausschluß eine Idealisierung des ganzen Problems dar, deren Berechtigung streng genommen erst nachgewiesen werden müßte. Auf theoretischem Wege ist dieser Nachweis indessen schon darum nicht zu führen, weil wir über das Wesen der Flüssigkeitsreibung vorläufig noch im unklaren sind. Dagegen hat die Erfahrung gezeigt, daß, solange gewisse Geschwindigkeitsgrenzen eingehalten werden, die sog. innere Reibung der Geschwindigkeitsänderung von einer Schicht zur andern proportional ausfällt, während die der Wand benachbarte Schicht an dieser haftet. Dies führt z. B. in zylindrischen Rohren auf einen der mittleren Stromgeschwindigkeit direkt und dem Querschnitt indirekt proportionalen Widerstand, während beim Überschreiten der als kritisch bezeichneten Geschwindigkeitsgrenze die einzelnen Stromschichten regellos miteinander vermischt werden, so daß eine rechnerische Verfolgung dieser turbulenten Bewegung bisher noch nicht möglich war. Dagegen haben neuere Versuche ergeben, daß in diesem praktisch wichtigsten Fall die Geschwindigkeitsverteilung im Flüssigkeitsstrome nahezu unabhängig von dem Bewegungswiderstande verläuft, der anscheinend auf eine Ablösung von den Wänden zurückzuführen ist und als Ganzes in Rohren dem Quadrate der mittleren Stromgeschwindigkeit direkt und dem Durchmesser indirekt proportional ausfällt. Dieser Erfahrungstatsache werden wir später durch nachträgliche Korrektion der Resultate der Bewegungsgleichungen einer widerstandsfreien Flüssigkeit gerecht werden.

Eine Flüssigkeitsbewegung, gleichgültig ob mit oder ohne Reibungswiderstand verlaufend, übersehen wir erst dann in allen ihren

Einzelheiten, wenn wir sowohl den Druck p und das spezifische Gewicht γ, als auch die drei Geschwindigkeitskomponenten w_x, w_y, w_z an jeder Stelle und zu jeder Zeit zahlenmäßig anzugeben imstande sind; d. h. wenn wir die Abhängigkeit dieser fünf Größen von den drei Koordinaten x, y, z und der Zeit t kennen. Dazu reichen aber die drei Differentialgleichungen (4) nicht aus, so daß wir noch zwei weitere heranziehen müssen. Die erste derselben ist nichts anderes als eine Beziehung zwischen dem Druck und dem spezifischen Gewicht γ,

$$f(p, \gamma) = 0, \quad \ldots \ldots \ldots \ldots \quad (5)$$

welche die Zustandsänderung der Flüssigkeit während der Bewegung angibt und auf thermodynamischer Grundlage gewonnen werden muß. Die letzte Gleichung erhalten wir endlich durch Untersuchung der in ein festgehaltenes Volumenelement $dx\,dy\,dz$ während eines Zeitelementes dt ein- und austretenden Flüssigkeitsmenge unter der Voraussetzung einer stetigen Änderung der Geschwindigkeit und des spezifischen Gewichtes mit den Koordinaten. Betrachten wir zunächst allein die Bewegung in der z-Richtung, so ergibt sich, daß in die obere Fläche $dx\,dy$ des Elementes (Fig. 3) in der Zeit dt eine Flüssigkeitsmasse $dt\,\frac{\gamma}{g}\,w_z\,dx\,dy$ eintritt, während durch die Unterfläche eine Masse $dt\,\frac{dx\,dy}{g}\left(\gamma + \frac{\partial \gamma}{\partial z}\,dz\right)\left(w_z + \frac{\partial w_z}{\partial z}\,dz\right)$ das Volumenelement verläßt. Der Überschuß der austretenden Masse gegenüber der eintretenden ist somit unter Vernachlässigung des unendlich kleinen Produktes $\frac{\partial \gamma}{\partial z}\,\frac{\partial w_z}{\partial z}\,dz^2$ höherer Ordnung

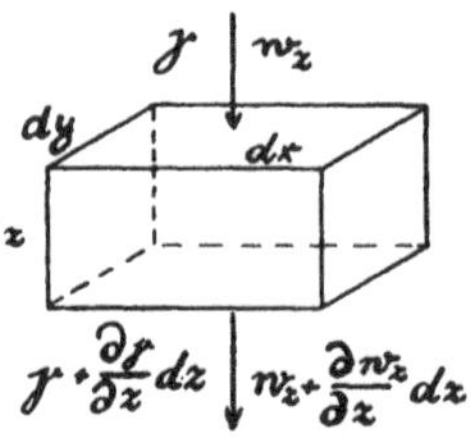

Fig. 3.

$$dt\,\frac{dx\,dy}{g}\left(\gamma\,\frac{\partial w_z}{\partial z} + w_z\,\frac{\partial \gamma}{\partial z}\right)dz = dt\,\frac{\partial(\gamma w_z)}{\partial z}\,\frac{dx\,dy\,dz}{g}.$$

Da wir nun zwei genau gleich gebaute Ausdrücke für den Überschuß der in den andern beiden Richtungen austretenden Masse gegenüber der eintretenden bilden können, so ist der Gesamtüberschuß offenbar

$$dt\left(\frac{\partial(\gamma w_x)}{\partial x} + \frac{\partial(\gamma w_y)}{\partial y} + \frac{\partial(\gamma w_z)}{\partial z}\right)\frac{dx\,dy\,dz}{g}.$$

Um diesen Betrag hat der Masseninhalt des Volumenelementes $dx\,dy\,dz$ in der Zeit dt abgenommen. Derselbe betrug vorher $\frac{\gamma}{g}\,dx\,dy\,dz$, nachher aber $\left(\gamma + \frac{\partial \gamma}{\partial t} dt\right) \frac{dx\, dy\, dz}{g}$, so daß wir für die Änderung

$$- dt \frac{\partial \gamma}{\partial t} \frac{dx\, dy\, dz}{g}$$

erhalten. Setzen wir schließlich die beiden zuletzt erhaltenen Ausdrücke einander gleich, so heben sich die Faktoren $dt \frac{dx\, dy\, dz}{g}$ weg, und es bleibt

$$\frac{\partial (\gamma w_x)}{\partial x} + \frac{\partial (\gamma w_y)}{\partial y} + \frac{\partial (\gamma w_z)}{\partial z} + \frac{\partial \gamma}{\partial t} = 0 \quad . \quad . \quad . \quad (6).$$

Damit haben wir die noch fehlende Gleichung gewonnen, welche im Verein mit (5) und den drei Formeln (4) die vollständige Beschreibung der widerstandsfreien Flüssigkeitsbewegung gestattet. Da die Ableitung von (6) lediglich darauf beruhte, daß im durchströmten Volumenelement der stetige Zusammenhang der Flüssigkeit oder ihre Kontinuität während der Bewegung gewahrt bleibt, so bezeichnet man diese Formel meist als die Kontinuitätsgleichung.

Ist die Flüssigkeit im speziellen Falle inkompressibel, was für tropfbare Flüssigkeiten bei Temperaturen weit unterhalb ihres Siedepunktes sehr nahe zutrifft, so wird an Stelle von (5) $\gamma =$ Const., und (6) vereinfacht sich in

$$\frac{\partial w_x}{\partial x} + \frac{\partial w_y}{\partial y} + \frac{\partial w_z}{\partial z} = 0 \quad . \quad . \quad . \quad . \quad . \quad (6^a).$$

Ein anderer wichtiger Spezialfall ist derjenige der stationären Bewegung, den man in der Technik gewöhnlich als den Beharrungszustand bezeichnet. Derselbe ist dadurch gekennzeichnet, daß an jeder Stelle in dem betrachteten System dauernd derselbe Bewegungszustand herrscht, so daß also die Größen γ, p, w_x, w_y, w_z an irgendeinem Punkte von der Zeit unabhängige Werte besitzen. Dies ist aber nur möglich, wenn die partiellen Differentialquotienten dieser abhängigen Variabelen nach der Zeit verschwinden, d. h. wenn

$$\left.\begin{array}{c} \frac{\partial \gamma}{\partial t} = 0, \ \frac{\partial p}{\partial t} = 0 \\ \frac{\partial w_x}{\partial t} = \frac{\partial w_y}{\partial t} = \frac{\partial w_z}{\partial t} = 0 \end{array}\right\} \quad . \quad . \quad . \quad . \quad . \quad . \quad . \quad (7)$$

wird, oder wenn diese Variabelen sämtlich nur noch Funktionen der Koordinaten sind. Unter dieser Voraussetzung geht zunächst die Kontinuitätsgleichung (6) in die Form

$$\frac{\partial(\gamma w_x)}{\partial x}+\frac{\partial(\gamma w_y)}{\partial y}+\frac{\partial(\gamma w_z)}{\partial z}=0 \quad . \quad . \quad . \quad . \quad . \quad (6^b)$$

über. Multiplizieren wir dann weiter die drei Bewegungsgleichungen (4) der Reihe nach mit den Projektionen dx, dy und dz eines Bahnelementes und addieren, so erhalten wir

$$\left.\begin{array}{l} q_x\,dx+q_y\,dy+q_z\,dz \\ -\dfrac{g}{\gamma}\left(\dfrac{\partial p}{\partial x}\,dx+\dfrac{\partial p}{\partial y}\,dy+\dfrac{\partial p}{\partial z}\,dz\right)\end{array}\right\}=\frac{dw_x}{dt}\,dx+\frac{dw_y}{dt}\,dy+\frac{dw_z}{dt}\,dz \quad (4^a)$$

Hierin stellt die Summe der ersten drei Terme offenbar das auf die Masseneinheit der Flüssigkeit längs eines Differentiales ihrer Bahn ausgeübte Arbeitselement der äußeren Kräfte, welches wir mit dE bezeichnen wollen, dar, während sich der Klammerausdruck der linken Seite in das totale Differential dp zusammenfassen läßt. Anderseits dürfen wir auch unter Einführung der resultierenden Geschwindigkeit w des Flüssigkeitselementes, welche mit den Komponenten (2) durch die Gleichung

$$w^2=w_x^2+w_y^2+w_z^2 \quad . \quad . \quad . \quad . \quad . \quad . \quad . \quad . \quad (8)$$

zusammenhängt, schreiben

$$\frac{dx}{dt}\,w_x+\frac{dy}{dt}\,w_y+\frac{dz}{dt}\,w_z=w_x\,dw_x+w_y\,dw_y+w_z\,dw_z=w\,dw.$$

Damit vereinfacht sich unsere Gl. (4^a) schließlich in

$$dE=g\,\frac{dp}{\gamma}+w\,dw \quad . \quad . \quad . \quad . \quad . \quad . \quad . \quad . \quad (9)$$

und besagt in dieser als Energiegleichung bezeichneten Form, daß die von den äußeren Kräften auf die Flüssigkeit längs ihrer Bahn übertragene Arbeit einerseits zur Erhöhung des hydraulischen Druckes, anderseits zur Vermehrung der kinetischen Flüssigkeitsenergie verwendet wird.

Die Formel (9) gilt ihrer ganzen Ableitung nach zunächst nur für einen unendlich dünnen Stromfaden, dessen Längenelement ds die Projektionen dx, dy, dz besitzt. Sie läßt sich aber vermöge der Gl. (5) stets integrieren, und zwar ohne Rücksicht auf die besondere Gestalt der Bahn, führt also bei gleichen Anfangs- und Endwerten von p und w für alle Stromfäden auf denselben Energieunterschied. Daher darf sie auch ohne weiteres auf alle Stromfäden oder mit anderen Worten auf die ganze stationär strömende Flüssigkeitsmasse angewandt werden.

Dann aber muß

$$dE = q_x\,dx + q_y\,dy + q_z\,dz$$

auch ein vollständiges Differential für beliebige, nicht mehr als Bahnprojektionselemente anzusehende dx, dy, dz sein. Das trifft jedenfalls zu, wenn

$$q_x = \frac{\partial E}{\partial x},\ q_y = \frac{\partial E}{\partial y},\ q_z = \frac{\partial E}{\partial z},$$

d. h. wenn die Beschleunigungskomponenten der äußeren Kraft Ableitungen einer Funktion der Koordinaten, eines sog. Potentials sind, die mit der auf die Masseneinheit entfallenden Arbeit identisch ist. Wirkt insbesondere auf die Flüssigkeit nur die Schwerkraft, etwa in der z-Richtung, so ist

$$q_x = 0,\ q_y = 0,\ q_z = g$$

und (9) geht über in die Gleichung

$$g\,dz = g\frac{dp}{\gamma} + w\,dw \quad . \quad . \quad . \quad . \quad . \quad . \quad . \quad . \quad (9^a)$$

deren allgemeine Integrabilität ohne weiteres erhellt. In diesem Falle wird die äußere Arbeit allein von der Schwerkraft geleistet, deren Potential sich proportional der durchfallenen Höhe ändert.

Sind bei der Bewegung in der Flüssigkeit Reibungswiderstände zu überwinden, so entfällt auch auf diese ein Teil der von außen eingeleiteten Arbeit, den wir, entsprechend unseren obigen Bemerkungen über die Reibung, nachträglich durch einen Zusatz dW auf der rechten Seite der Energiegleichung berücksichtigen und damit an Stelle von (9) schreiben können

$$dE = g\frac{dp}{\gamma} + w\,dw + dW \quad . \quad . \quad . \quad . \quad . \quad . \quad . \quad (9^b)$$

Integriert man diese Gleichung zwischen zwei Stellen mit den Pressungen p_1 und p_2, welche mit den Geschwindigkeiten w_1 und w_2 von der Flüssigkeit passiert werden, so folgt

$$E = g\int_{p_1}^{p_2}\frac{dp}{\gamma} + \frac{w_2^2 - w_1^2}{2} + W \quad . \quad . \quad . \quad . \quad . \quad (9^c)$$

Hierin ist das Integral stets ausführbar nach Elimination von γ durch Gl. (5), während man die Widerstandsarbeit auf Grund der Erfahrung hinreichend genau der kinetischen Energie am Ende der Bewegung proportional annehmen und daher mit einem sog. Widerstandskoeffizienten ζ

$$W = \zeta \frac{w_2^2}{2} \quad \ldots \ldots \ldots \quad (10)$$

setzen kann. Damit schreibt sich die obige Gleichung (9^b)

$$E = g \int_{p_1}^{p_2} \frac{dp}{\gamma} + (1 + \zeta) \frac{w_2^2}{2} - \frac{w_1^2}{2} \quad \ldots \ldots \quad (11)$$

und geht im speziellen Falle einer inkompressibelen Flüssigkeit über in

$$E = g \frac{p_2 - p_1}{\gamma} + (1 + \zeta) \frac{w_2^2}{2} - \frac{w_1^2}{2} \quad \ldots \ldots \quad (11^a)$$

Angesichts der Willkürlichkeit der Einführung des Koeffizienten ζ, für den man überdies, um die Rechnungsergebnisse mit den Beobachtungen in Einklang zu bringen, von Fall zu Fall verschiedene Werte annehmen muß, werden wir in der Folge von demselben keinen Gebrauch machen und die Widerstandsarbeit einfach als einen bestimmten Bruchteil der äußeren Arbeit hinzufügen.

§ 2. Umformung in Zylinderkoordinaten.

Da es sich in Kreiselrädern, dem Gegenstande der folgenden Untersuchungen, stets um Flüssigkeitsbewegungen handelt, welche symmetrisch um eine Drehachse gruppiert sind, so erscheint es zweckmäßig, dieser Tatsache sich von vornherein durch Wahl eines geeigneten Koordinatensystems als Rechnungsgrundlage anzupassen. Als solches bietet sich zwanglos ein sog. Zylinderkoordinatensystem (Fig. 4), dessen Z-Achse mit derjenigen des Orthogonalsystems im vorigen Paragraphen zusammenfällt, während wir an Stelle der Koordinaten x und y den Achsenabstand oder Fahrstrahl r des Massenelementes und den Drehwinkel φ der Projektion dieses Fahrstrahles in der ursprünglichen XY-Ebene gegen eine mit der X-Achse zusammenfallende Anfangslage einführen.

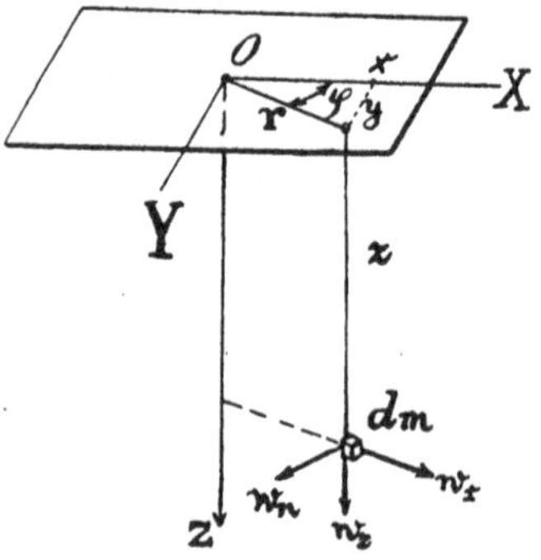

Fig. 4.

Das Volumenelement erscheint in diesem Systeme, entsprechend Fig. 5, als Elementarausschnitt aus einem Ring von der Höhe dz und der Breite dr mit der Öffnung $d\varphi$, hat also einen Inhalt $r\,dr\,dz\,d\varphi$, so daß wir für das Massenelement jetzt zu schreiben haben

$$dm = \frac{\gamma}{g}\, r\, dr\, dz\, d\varphi \quad . \quad . \quad (1).$$

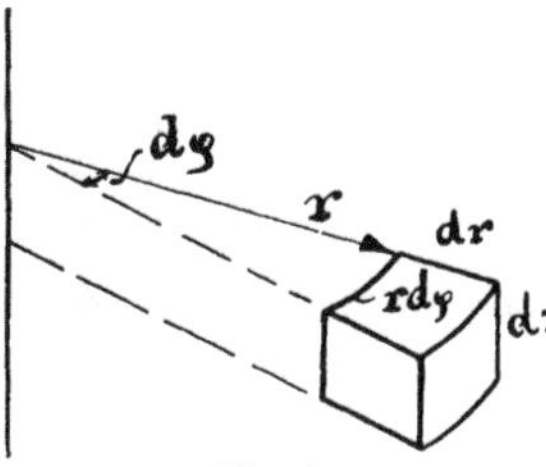

Fig. 5.

Die resultierende Geschwindigkeit w zerlegen wir wieder in drei Komponenten, von denen die dritte mit unserer früheren Komponente w_z zusammenfällt und Achsialgeschwindigkeit heißen soll, während die beiden Komponenten w_x und w_y durch eine Komponente w_r, die sog. Radialgeschwindigkeit, und eine weitere senkrecht zu w_r und w_z, die Rotations- oder Tangentialgeschwindigkeit w_n ersetzt werden. Dieselben definieren wir durch die Gleichungen

$$w_r = \frac{dr}{dt}, \quad w_n = r\,\frac{d\varphi}{dt}, \quad w_z = \frac{dz}{dt} \quad . \quad . \quad . \quad . \quad . \quad (2),$$

in denen dr, $r d\varphi$ und dz wieder Projektionen eines Bahnelementes bedeuten. Da nun nach Fig. (4)

$$x = r \cos\varphi, \quad y = r \sin\varphi$$

ist, so folgt daraus durch Differentiation

$$\left.\begin{aligned} w_x &= \frac{dr}{dt}\cos\varphi - r\sin\varphi\,\frac{d\varphi}{dt} = w_r\cos\varphi - w_n\sin\varphi \\ w_y &= \frac{dr}{dt}\sin\varphi + r\cos\varphi\,\frac{d\varphi}{dt} = w_r\sin\varphi + w_n\cos\varphi \end{aligned}\right\} \quad . \quad (2^a)$$

Die in die Bewegungsgleichungen (4) des vorigen Paragraphen eingehenden Beschleunigungen werden somit

$$\frac{dw_x}{dt} = \left(\frac{dw_r}{dt} - w_n\frac{d\varphi}{dt}\right)\cos\varphi - \left(\frac{dw_n}{dt} + w_r\frac{d\varphi}{dt}\right)\sin\varphi$$

$$\frac{dw_y}{dt} = \left(\frac{dw_r}{dt} - w_n\frac{d\varphi}{dt}\right)\sin\varphi + \left(\frac{dw_n}{dt} + w_r\frac{d\varphi}{dt}\right)\cos\varphi$$

oder nach Elimination von $\frac{d\varphi}{dt} = \frac{w_n}{r}$ siehe Gl. (2)

$$\left.\begin{aligned} \frac{dw_x}{dt} &= \left(\frac{dw_r}{dt} - \frac{w_n^2}{r}\right)\cos\varphi - \left(\frac{dw_n}{dt} + \frac{w_r\,w_n}{r}\right)\sin\varphi \\ \frac{dw_y}{dt} &= \left(\frac{dw_r}{dt} - \frac{w_n^2}{r}\right)\sin\varphi + \left(\frac{dw_n}{dt} + \frac{w_r\,w_n}{r}\right)\cos\varphi \end{aligned}\right\} \quad . \quad . \quad (2^b).$$

Bevor wir diese Ausdrücke in die Bewegungsgleichungen (4) des vorigen Paragraphen einführen, wollen wir auch noch die partiellen Differentialquotienten der Drucke transformieren. Wir erhalten zunächst

$$\frac{\partial p}{\partial x}=\frac{\partial p}{\partial r}\frac{\partial r}{\partial x}+\frac{\partial p}{d\varphi}\frac{\partial \varphi}{\partial x}$$

$$\frac{\partial p}{\partial y}=\frac{\partial p}{\partial r}\frac{\partial r}{\partial y}+\frac{\partial p}{\partial \varphi}\frac{\partial \varphi}{\partial y}$$

oder, da nach Fig. 4

$$r^2=x^2+y^2,\ tg\varphi=\frac{y}{x}$$

$$\frac{\partial r}{\partial x}=\frac{x}{r}=\cos\varphi,\ \frac{\partial\varphi}{\partial x}=-\frac{y\cos^2\varphi}{x^2}=-\frac{\sin\varphi}{r}$$

$$\frac{\partial r}{\partial y}=\frac{y}{r}=\sin\varphi,\ \frac{\partial\varphi}{\partial y}=\frac{\cos^2\varphi}{x}=+\frac{\cos\varphi}{r},$$

so folgt

$$\left.\begin{aligned}\frac{\partial p}{\partial x}&=\frac{\partial p}{\partial r}\cos\varphi-\frac{\partial p}{\partial\varphi}\frac{\sin\varphi}{r}\\ \frac{\partial p}{\partial y}&=\frac{\partial p}{\partial r}\sin\varphi+\frac{\partial p}{\partial\varphi}\frac{\cos\varphi}{r}\end{aligned}\right\}\quad\ldots\ldots\ldots\ldots\ (3)$$

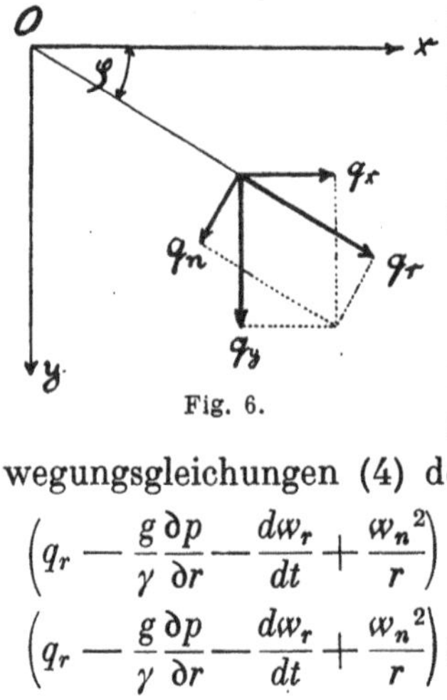

Fig. 6.

Ersetzen wir dann noch die beiden Beschleunigungskomponenten q_x und q_y der äußeren Kräfte nach Fig. 6 durch zwei Komponenten q_r und q_n in radialer und tangentialer Richtung, so ist

$$\left.\begin{aligned}q_x&=q_r\cos\varphi-q_n\sin\varphi\\ q_y&=q_r\sin\varphi+q_n\cos\varphi\end{aligned}\right\}\ .\ .\ (4)$$

Durch Einführung dieser Ausdrücke (2^b), (3) und (4) gehen nun die ersten beiden Bewegungsgleichungen (4) des vorigen Paragraphen über in

$$\left(q_r-\frac{g}{\gamma}\frac{\partial p}{\partial r}-\frac{dw_r}{dt}+\frac{w_n^2}{r}\right)\cos\varphi=\left(q_n-\frac{g}{\gamma}\frac{\partial p}{r\partial\varphi}-\frac{dw_n}{dt}-\frac{w_r w_n}{r}\right)\sin\varphi$$

$$\left(q_r-\frac{g}{\gamma}\frac{\partial p}{\partial r}-\frac{dw_r}{dt}+\frac{w_n^2}{r}\right)\sin\varphi=-\left(q_n-\frac{g}{\gamma}\frac{\partial p}{r\partial\varphi}-\frac{dw_n}{dt}-\frac{w_r w_n}{r}\right)\cos\varphi$$

Addieren und subtrahieren wir diese Formeln nach Multiplikation mit cos φ und sin φ bzw. umgekehrt, so ergeben sich die gesuchten Bewegungsgleichungen im neuen Koordinatensystem, denen wir sofort die ungeändert gebliebene dritte Gleichung hinzufügen können, wie folgt:

$$\left.\begin{aligned}q_r-\frac{g}{\gamma}\frac{\partial p}{\partial r}&=\frac{dw_r}{dt}-\frac{w_n^2}{r}\\ q_n-\frac{g}{\gamma}\frac{\partial p}{r\partial\varphi}&=\frac{dw_n}{dt}+\frac{w_r w_n}{r}\\ q_z-\frac{g}{\gamma}\frac{\partial p}{\partial z}&=\frac{dw_z}{dt}\end{aligned}\right\}\quad\ldots\ldots\ (5)$$

Hieraus erkennen wir, daß bei Benutzung von Zylinderkoordinaten zu den Beschleunigungskomponenten in radialer und tangentialer Richtung noch Glieder hinzutreten, welche, wie man leicht nachweisen kann, Komponenten einer Normalbeschleunigung zur Bahnprojektion in der $r\varphi$-Ebene darstellen.

Da weiterhin der die Zustandsänderung der Flüssigkeit bestimmende Zusammenhang zwischen γ und p, Gl. (5) des vorigen Paragraphen, die Koordinaten gar nicht enthält, so unterliegt er auch keiner Umformung beim Übergang in das Zylindersystem. Es bleibt uns somit nur die Kontinuitätsgleichung übrig, welche wir in derselben Weise wie die Bewegungsformeln behandeln können[1]). Indessen wird hierbei infolge der Einführung der Ausdrücke (2^a) in Gl. (6) des vorigen Paragraphen die Zahl der Glieder, von denen sich der größte Teil allerdings wieder aufhebt, so groß, daß wir es vorziehen, direkt vorzugehen und die Gleichung am Volumelemente Fig. 5 selbst abzuleiten. Dabei ist vor allem zu beachten, daß die beiden zylindrischen Seiten desselben nicht flächengleich sind. Tritt in die Innenseite vom Flächeninhalt $r\,d\varphi\,dz$ mit der Geschwindigkeit w_r im Zeitelement dt die Masse $\frac{\gamma}{g} w_r\, r\, d\varphi\, dz\, dt$ ein, so verläßt gleichzeitig durch die Außenfläche $(r+dr)\,d\varphi\,dz$ das Element mit der Geschwindigkeit $w_r + \frac{\partial w_r}{\partial r} dr$ die Masse

$$\frac{1}{g}\left(\gamma + \frac{\partial \gamma}{\partial r} dr\right)\left(w_r + \frac{\partial w_r}{\partial r} dr\right)\left(r + dr\right) d\varphi\, dz\, dt,$$

so daß unter Vernachlässigung der Produkte höherer Ordnung ein Überschuß

$$\frac{1}{g}\left(w_r r \frac{\partial \gamma}{\partial r} + \gamma r \frac{\partial w_r}{\partial r} + \gamma w_r\right) dr\, d\varphi\, dz\, dt = \frac{1}{g}\frac{\partial(\gamma w_r r)}{\partial r} dr\, d\varphi\, dz\, dt$$

der in radialer Richtung austretenden Masse verbleibt. In die hintere vertikale Seitenfläche $dr\,dz$ tritt dann mit der Geschwindigkeit w_n die Masse $\frac{\gamma}{g} w_n\, dr\, dz\, dt$ ein, während vorn mit der Geschwindigkeit $w_n + \frac{\partial w_n}{\partial \varphi} d\varphi$ die Masse

$$\frac{1}{g}\left(\gamma + \frac{\partial \gamma}{\partial \varphi} d\varphi\right)\left(w_n + \frac{\partial w_n}{\partial \varphi} d\varphi\right) dr\, dz\, dt$$

austritt, so daß unter derselben Vernachlässigung wie oben ein Überschuß der letzteren vom Betrage

[1]) Vgl. Lorenz, Techn. Hydromechanik, München 1910, S. 347.

$$\frac{1}{g}\left(w_n \frac{\partial \gamma}{\partial \varphi} + \gamma \frac{\partial w_n}{\partial \varphi}\right) dr\, d\varphi\, dz\, dt = \frac{1}{g} \frac{\partial (\gamma w_n)}{\partial \varphi} dr\, d\varphi\, dz\, dt$$

verbleibt. Analog erhalten wir noch für den Durchgang durch die parallelen Flächen $r\,dr\,d\varphi$ oben und unten im Zeitelement dt die Massen $\frac{\gamma}{g}\, w_z\, r\, dr\, d\varphi\, dt$ bzw.

$$\frac{1}{g}\left(\gamma + \frac{\partial \gamma}{\partial z} dz\right)\left(w_z + \frac{\partial w_z}{\partial z} dz\right) r\, dr\, d\varphi\, dt$$

mit einem Überschuß der letzteren von

$$\frac{1}{g}\left(w_z \frac{\partial \gamma}{\partial z} + \gamma \frac{\partial w_z}{\partial z}\right) r\, dr\, d\varphi\, dz\, dt = \frac{1}{g} \frac{\partial (\gamma w_z)}{\partial z} r\, dr\, d\varphi\, dz\, dt.$$

Die Summe der drei Überschüsse der austretenden Massen über die eintretenden muß nun wie früher eine Verminderung des Masseninhaltes unseres Volumenelementes im Betrage von

$$-dt \frac{\partial \gamma}{\partial t} \frac{r\, dr\, d\varphi\, dz}{g}$$

ergeben, so daß durch Gleichsetzen und Wegheben des nicht verschwindenden Faktors $\frac{dr\, d\varphi\, dz\, dt}{g}$ resultiert

$$\frac{\partial (\gamma w_r r)}{\partial r} + \frac{\partial (\gamma w_n)}{\partial \varphi} + r \frac{\partial (\gamma w_z)}{\partial z} + r \frac{\partial \gamma}{\partial t} = 0.$$

Infolge des partiellen Charakters aller hierin vorkommenden Differentialquotienten dürfen wir jeweils Variabele, nach denen nicht differenziert ist, wenn sie als Faktoren auftreten, unter das obere Differentialzeichen hineinnehmen und daher der Kontinuitätsgleichung im Zylinderkoordinatensystem die symmetrische Form

$$\frac{\partial (\gamma w_r r)}{\partial r} + \frac{\partial (\gamma w_n r)}{r \partial \varphi} + \frac{\partial (\gamma w_z r)}{\partial z} + \frac{r \partial \gamma}{\partial t} = 0 \quad . \quad . \quad . \quad . \quad (6)$$

geben. Dieselbe vereinfacht sich für inkompressible Flüssigkeiten, d. h. für $\gamma = \text{Const.}$, sofort in

$$\frac{\partial (w_r r)}{\partial r} + \frac{\partial (w_n r)}{r \partial \varphi} + \frac{\partial (w_z r)}{\partial z} = 0 \quad . \quad . \quad . \quad . \quad . \quad (6^{a})$$

während für den Fall der stationären Bewegung unter Beibehaltung der Veränderlichkeit von γ lediglich das letzte Glied in (6) wegfällt.

Multiplizieren wir unter dieser Voraussetzung die Bewegungsgleichungen (5) der Reihe nach mit dr, $r d\varphi$, dz und addieren, so erhalten wir unter Beachtung der Definitionsformeln (2) sowie mit der aus

$$w^2 = w_r^2 + w_n^2 + w_z^2 \quad \ldots \ldots \ldots (7)$$

folgenden resultierenden Geschwindigkeit w wieder die Energiegleichung längs einer Strombahn

$$dE = g\frac{dp}{\gamma} + w dw \quad \ldots \ldots \ldots (8),$$

in der

$$dE = q_r\,dr + q_n\,r d\varphi + q_z\,dz \quad \ldots \ldots \ldots (9)$$

das Element der auf die Masseneinheit der Flüssigkeit entfallenden äußeren Arbeit darstellt. Da die Gl. (8) mit Gl. (9) des § 1 identisch ist, so gilt sie wieder für die ganze Flüssigkeitsmasse, dE ist als ein vollständiges Differential anzusehen. Dies trifft stets zu, wenn

$$q_r = \frac{\partial E}{\partial r},\; q_n = \frac{\partial E}{r\partial\varphi},\; q_z = \frac{\partial E}{\partial z} \quad \ldots \ldots \ldots (9^a)$$

geschrieben werden kann, d. h. wenn die äußere Kraft ein Potential besitzt.

Außerdem sei noch darauf hingewiesen, daß man die rechte Seite der auf die Drehung bezüglichen zweiten Bewegungsgleichung (5) unter Beachtung von $w_r\,dt = dr$ in

$$\frac{dw_n}{dt} + \frac{w_r w_n}{r} = \frac{dw_n}{dt} + \frac{w_n}{r}\frac{dr}{dt} = \frac{1}{r}\frac{d(w_n r)}{dt}$$

umformen und dementsprechend die Gleichung selbst

$$q_n r - \frac{g}{\gamma}\frac{\partial p}{\partial\varphi} = \frac{d(w_n r)}{dt} \quad \ldots \ldots \ldots (5^a)$$

schreiben kann. Da hierin sowohl das Moment $q_n r$ der äußeren Drehbeschleunigung q_n wie auch das Moment $(w_n r)$ der momentanen Drehgeschwindigkeit w_n der Flüssigkeit in bezug auf die Achse vorkommt, so wollen wir diese in der Folge vielfach benutzte Formel als die Momentengleichung der Flüssigkeitsbewegung bezeichnen.

Schließlich können wir noch die Ausdrücke für die Beschleunigungen, welche in den Bewegungsgleichungen (5) bzw. (5ª) erscheinen, in folgender Weise umgestalten. Es ist zunächst für die z-Richtung

$$\frac{dw_z}{dt} = \frac{\partial w_z}{\partial t} + \frac{\partial w_z}{\partial r}\frac{dr}{dt} + \frac{\partial w_z}{\partial\varphi}\frac{d\varphi}{dt} + \frac{\partial w_z}{\partial z}\frac{dz}{dt}$$

oder wegen (2)

$$\frac{dw_z}{dt} = \frac{\partial w_z}{\partial t} + w_r\frac{\partial w_z}{\partial r} + \frac{w_n}{r}\frac{\partial w_z}{\partial\varphi} + w_z\frac{\partial w_z}{\partial z}.$$

Behandeln wir ebenso die beiden andern Komponenten bzw. das in (5ª) auftretende Produkt $(w_n r)$, so lauten die Bewegungsgleichungen

$$\left.\begin{aligned} q_r - \frac{g}{\gamma}\frac{\partial p}{\partial r} &= \frac{\partial w_r}{\partial t} + w_r \frac{\partial w_r}{\partial r} + \frac{w_n}{r}\frac{\partial w_r}{\partial \varphi} + w_z \frac{\partial w_r}{\partial z} - \frac{w_n^2}{r} \\ q_n r - \frac{g}{\gamma}\frac{\partial p}{\partial \varphi} &= \frac{\partial (w_n r)}{\partial t} + w_r \frac{\partial (w_n r)}{\partial r} + \frac{w_n}{r}\frac{\partial (w_n r)}{\partial \varphi} + w_z \frac{\partial (w_n r)}{\partial z} \\ q_z - \frac{g}{\gamma}\frac{\partial p}{\partial z} &= \frac{\partial w_z}{\partial t} + w_r \frac{\partial w_z}{\partial r} + \frac{w_n}{r}\frac{\partial w_z}{\partial \varphi} + w_z \frac{\partial w_z}{\partial z} \end{aligned}\right\} . \quad (10)$$

und vereinfachen sich für den Fall der stationären Strömung noch durch Wegfall der ersten Terme der rechten Seiten.

§ 3. Die zweidimensionale Strömung.

Wie schon im Eingang zum vorigen Paragraphen bemerkt wurde, sollen sich die einzelnen Flüssigkeitsbahnen beim stationären Durchgang durch ein Kreiselrad symmetrisch um die Drehachse desselben gruppieren. Das heißt aber nichts anderes, als daß alle gleich verlaufenden Bahnen $A\,B$, $A'\,B'$, $A''\,B''$ usw. (siehe Fig. 7) auf einer Rotationsfläche um diese Achse liegen müssen, oder mit anderen Worten, daß jeder innerhalb der Strömung um die Achse gezogene Parallelkreis, z. B. $A\,A'\,A''\,A'''$ oder $B\,B'\,B''\,B'''$ in allen Punkten von der bewegten Flüssigkeit in demselben Zustande und mit ein und derselben Geschwindigkeit nach Größe und Richtung passiert wird. Mithin kann weder das spezifische Gewicht γ und mit ihm der Druck p, als auch die resultierende Geschwindigkeit w mit ihren Komponenten w_r, w_n und w_z von der Lage der Punkte $A\,A'\,A''\,A'''$, $B\,B'\,B''\,B'''$ auf diesen Kreisen, d. h. von der Koordinate φ abhängen, so daß wir als Bedingung für die symmetrische Gruppierung der Flüssigkeitsbahnen um die Achse die Gleichungen

$$\left.\begin{aligned} \frac{\partial \gamma}{\partial \varphi} = 0, \quad \frac{\partial p}{\partial \varphi} = 0 \\ \frac{\partial w_r}{\partial \varphi} = 0, \quad \frac{\partial w_n}{\partial \varphi} = 0, \quad \frac{\partial w_z}{\partial \varphi} = 0 \end{aligned}\right\} \quad . \; . \; . \; . \; . \; . \; . \quad (1)$$

erhalten. Damit aber vereinfachen sich die im letzten Paragraphen abgeleiteten Bewegungsformeln (10), in denen wegen der stationären Strömung schon die Glieder

$$\frac{\partial w_r}{\partial t} = 0, \quad \frac{\partial (w_n r)}{\partial t} = 0, \quad \frac{\partial w_z}{\partial t} = 0$$

werden, in folgender Weise:

$$\left.\begin{aligned} q_r - \frac{g}{\gamma}\frac{\partial p}{\partial r} &= w_r \frac{\partial w_r}{\partial r} + w_z \frac{\partial w_r}{\partial z} - \frac{w_n^2}{r} \\ q_n r &= w_r \frac{\partial (w_n r)}{\partial r} + w_z \frac{\partial (w_n r)}{\partial z} \\ q_z - \frac{g}{\gamma}\frac{\partial p}{\partial z} &= w_r \frac{\partial w_z}{\partial r} + w_z \frac{\partial w_z}{\partial z} \end{aligned}\right\} \quad \ldots\ldots \quad (2)$$

Ebenso dürfen wir jetzt für die K o n t i n u i t ä t s g l e i c h u n g (6) in § 2 bei stationärer Bewegung, also unter Wegfall von $\frac{\partial \gamma}{\partial t} = 0$ schreiben

$$\frac{\partial (\gamma w_r r)}{\partial r} + \frac{\partial (\gamma w_z r)}{\partial z} = 0 \quad \ldots\ldots\ldots \quad (3)$$

Die Bedingungen (1) für diese Vereinfachungen besagen aber anderseits, daß die sämtlichen abhängigen Größen γ, p, w_r, w_n und w_z nur F u n k t i o n e n d e r b e i d e n a l l e i n n o c h a l s u n a b h ä n g i g z u b e t r a c h t e n d e n V a r i a b e l e n r und z sein können. Dies trifft nach der Gl. (2) alsdann auch für die Beschleunigungskomponenten q_r, q_n, q_z der äußeren Kraft zu, und weiterhin kann auch der D r e h w i n k e l φ, welcher mit r und z zusammen den Verlauf der in Fig. 7 dargestellten Flüssigkeitsbahnen bestimmt, jetzt n u r n o c h e i n e F u n k t i o n von r und z sein.

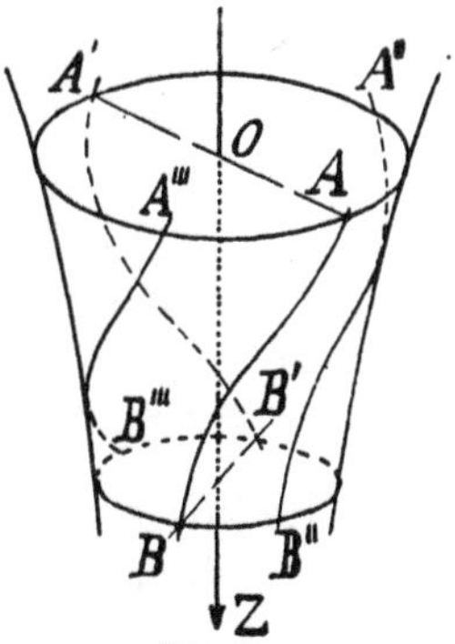

Fig. 7.

Damit ist die ganze Bewegung, trotz des im allgemeinen räumlichen Verlaufes der Flüssigkeitsbahnen, nur durch zwei unabhängige Koordinaten festgelegt und darf daher mit Recht als eine z w e i d i m e n s i o n a l e bezeichnet werden. Eine Haupteigenschaft derselben läßt sich nun sofort aus der Kontinuitätsgleichung (3) ableiten. Diese ist nämlich augenscheinlich erfüllt, wenn wir, unter

$$\Psi = f(r, z) \quad \ldots\ldots\ldots\ldots \quad (4)$$

eine Funktion von r und z verstanden, deren sog. P a r a m e t e r Ψ sein möge

$$\gamma w_r r = -\frac{\partial \Psi}{\partial z}, \; \gamma w_z r = +\frac{\partial \Psi}{\partial r} \quad \ldots\ldots \quad (5)$$

setzen. Da nun weiter

$$w_r = \frac{dr}{dt}, \; w_z = \frac{dz}{dt}$$

war, so folgt durch Division der beiden Gleichungen (5) auch

$$\frac{dr}{dz} = -\frac{\dfrac{\partial \Psi}{\partial z}}{\dfrac{\partial \Psi}{\partial r}} \quad \text{. . . . . (6)}$$

Die Elemente dr und dz sind aber nach den eben benutzten Definitionsformeln der Geschwindigkeitskomponenten Projektionen des Bahnelementes auf einen durch die Drehachse gelegten Meridianschnitt der Fig. 7. Alsdann besagt Gl. (6) nichts anderes, als daß die durch (4) gegebene sog. *Stromfunktion* Ψ *die Schnittgleichung dieser Meridianebene mit der die Flüssigkeitsbahnen enthaltenden Rotationsfläche* Fig. 7 oder, da diese letztere durch ihren Meridianschnitt vollständig gegeben ist, *die Gleichung der Rotationsfläche selbst darstellt.*

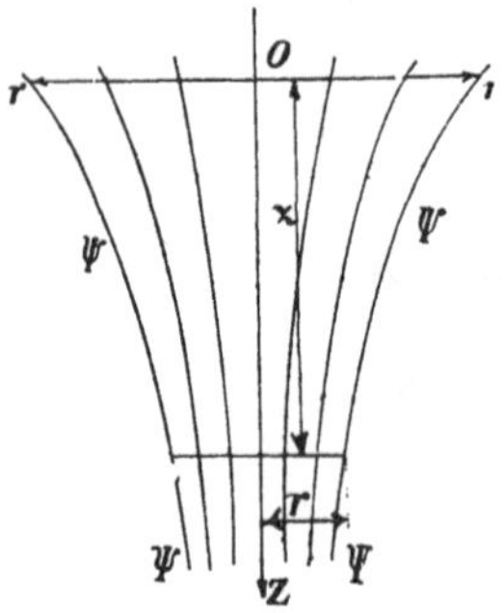

Fig. 8.

Auf Grund dieser Darlegungen können wir nunmehr eine jede symmetrisch um eine Achse verlaufende Strömung durch den in Fig. 8 dargestellten Meridianschnitt ersetzen, in dem je ein Linienpaar Ψ zu beiden Seiten der Achse OZ die Strömungsrotationsfläche eindeutig bestimmt. Das durch einen Ring vom Radius r und der elementaren Breite dr in achsialer Richtung in der Zeiteinheit hindurchtretende Flüssigkeitsgewicht ist alsdann

$$dQ = 2\pi\gamma r\, dr\, w_z \quad \text{. . . . . (7)}$$

oder wegen (5) auch

$$dQ = 2\pi \frac{\partial \Psi}{\partial r} dr.$$

Integrieren wir diese Gleichung über die ganze Kreisscheibe vom Radius r, also bei konstantem z, so erhalten wir offenbar die innerhalb der Rotationsfläche Ψ strömende Menge

$$Q = 2\pi\Psi \quad \text{. . . . . (7a)}$$

d. h. also: der *Parameter* Ψ *der die Stromlinien enthaltenden Rotationsfläche einer zweidimensionalen Flüssigkeitsbewegung ist dem innerhalb dieser Rotationsfläche in der Zeiteinheit fließenden Flüssigkeitsgewicht direkt proportio-*

n a l. Von diesem Satze werden wir in der Folge den ausgiebigsten Gebrauch machen.

Sehen wir, entsprechend den Bemerkungen in § 1, von der Reibung der Flüssigkeit an festen Wänden zunächst ab, so können wir offenbar, ohne den Verlauf der Strömung innerhalb der eben betrachteten Rotationsfläche zu stören, dieselbe zu einer festen Umgrenzung, also zu einer Rohrwand ausgestalten. Wollen wir die Strömung auch nach der Achse zu begrenzen, so muß auch die neue Fläche der Kontinuitätsbedingung (3), d. h. derselben Gleichung (4) nur mit verändertem Parameter, genügen. Bezeichnen wir alsdann den Parameter der Außenwand mit Ψ', denjenigen der inneren

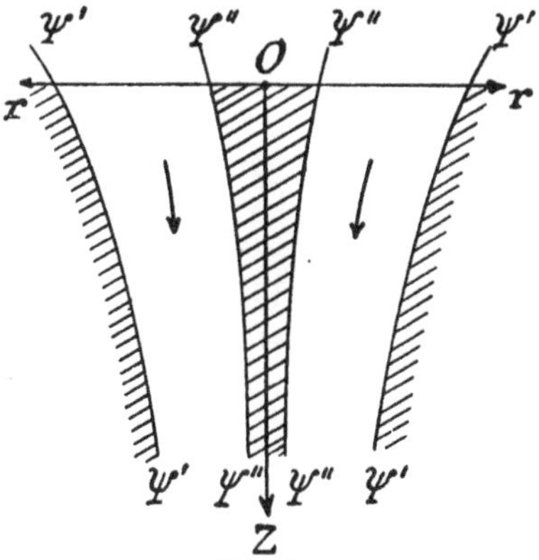

Fig. 9.

mit Ψ'' (Fig. 9), so erhalten wir durch die Integration, welche uns zur Gl. (7ª) führte, zwischen den beiden Grenzen Ψ' und Ψ'' für das in der Zeiteinheit hindurchströmende Flüssigkeitsgewicht

$$Q = 2\pi(\Psi' - \Psi'') \quad \ldots \ldots \ldots \quad (7^b)$$

Würden wir dagegen die beiden Wände nach verschiedenen Gesetzen formen, z. B. die Innenwand zylindrisch und die Außenwand nach einem Hyperbelbogen im Meridianschnitt, so müssen sich die Stromlinien beiden Begrenzungen anpassen und werden zwischen ihnen einen Verlauf nehmen, dessen Gleichung aus denen der Begrenzungen

$$\Psi' = f_1(r, z), \quad \Psi'' = f_2(r, z) \quad \ldots \ldots \quad (8)$$

zu kombinieren ist. Dem wird genügt durch den Ansatz

$$\Psi = \lambda_1 f_1(r, z) + \lambda_2 f_2(r, z) \quad \ldots \ldots \quad (9)$$

worin mit einer ganz willkürlichen Funktion F

$$\left.\begin{aligned} \lambda_1 &= \frac{F(\Psi) - F(\Psi'')}{F(\Psi') - F(\Psi'')} \\ \lambda_2 &= \frac{F(\Psi') - F(\Psi)}{F(\Psi') - F(\Psi'')} \end{aligned}\right\} \quad \ldots \ldots \quad (9^a)$$

$$\text{für } \Psi = \Psi', \ \lambda_1 = 1, \ \lambda_2 = 0$$
$$\text{,, } \Psi = \Psi'', \ \lambda_2 = 0, \ \lambda_1 = 1$$

wird. Die Wahl der Funktion F und damit die Form der Koeffizienten λ_1 und λ_2 hängt natürlich von gewissen Anfangsbedingungen ab, z. B. von der etwa vorgeschriebenen Geschwindigkeitsverteilung längs einer zwischen den Kurven f_1 und f_2 verlaufenden Linie. Ohne derartige Vorschriften ist die Strömung aber überhaupt nicht eindeutig bestimmt, weshalb wir in der Folge nur solche Bewegungen untersuchen wollen, bei denen die Gleichung (4) im ganzen für uns in Frage stehenden Bereich des Meridianschnittes gültig bleibt, womit dann auch nach (5) die Geschwindigkeitsverteilung eindeutig vorgeschrieben ist.

§ 4. Die rotationsfreie Strömung.

Eine Strömung nennen wir rotationsfrei, wenn die Geschwindigkeitskomponente w_n der Rotation verschwindet. Alsdann fällt in der zweiten Bewegungsgleichung (2) des vorigen Paragraphen die rechte Seite fort, und es wird

$$q_n = 0 \qquad \text{(1)}$$

d. h. eine symmetrische Strömung kann sich nur dann rotationsfrei abspielen, wenn die äußeren Kräfte keine Drehbeschleunigung auf die Flüssigkeit ausüben. Es bleiben somit nur zwei Bewegungsgleichungen übrig, welche mit $w_n = 0$ einfach lauten

$$\left.\begin{aligned} q_r - \frac{g}{\gamma}\frac{\partial p}{\partial r} &= w_r \frac{\partial w_r}{\partial r} + w_z \frac{\partial w_r}{\partial z} \\ q_z - \frac{g}{\gamma}\frac{\partial p}{\partial z} &= w_r \frac{\partial w_z}{\partial r} + w_z \frac{\partial w_z}{\partial z} \end{aligned}\right\} \qquad \text{(2)}$$

Wir wollen nun zunächst den Fall der Strömung einer inkompressiblen Flüssigkeit unter dem alleinigen Einfluß der Schwere betrachten. Die Richtung derselben möge außerdem in die z-Achse unseres Zylinderkoordinatensystems fallen. Dann haben wir in unseren Gleichungen

$$q_r = 0, \; q_z = g \qquad \text{(3)}$$

zu setzen, also an Stelle von (2) zu schreiben

$$\left.\begin{aligned} -\frac{g}{\gamma}\frac{\partial p}{\partial r} &= w_r \frac{\partial w_r}{\partial r} + w_z \frac{\partial w_r}{\partial z} \\ g - \frac{g}{\gamma}\frac{\partial p}{\partial z} &= w_r \frac{\partial w_z}{\partial r} + w_z \frac{\partial w_z}{\partial z} \end{aligned}\right\} \qquad \text{(2}^{\text{a}}\text{).}$$

Wir spezialisieren nun das Problem noch weiter und verlangen:

I. Die Achsialgeschwindigkeit soll verschwinden, d. h. es soll

$$w_z = 0$$

sein. Dann geht die Kontinuitätsgleichung (3) des vorigen Paragraphen über in

$$\frac{\partial(\gamma w_r r)}{\partial r} = 0 \quad \ldots\ldots\ldots\ldots \quad (4)$$

d. h. das Produkt $\gamma w_r r$ kann nur eine reine Funktion von z sein. Außerdem folgt aus Gl. (5) des vorigen Paragraphen

$$\frac{\partial \Psi}{\partial r} = \gamma w_z r = 0 \quad \ldots\ldots\ldots\ldots \quad (4^a)$$

oder

$$\Psi = f(z) \quad \ldots\ldots\ldots\ldots \quad (5)$$

und

$$\gamma w_r = -\frac{1}{r}\frac{\partial f(z)}{\partial z} = -\frac{1}{r}\frac{df(z)}{dz} = -\frac{f'(z)}{r} \quad \ldots\ldots \quad (5^a)$$

Danach verläuft die Strömung lediglich radial, also in Normalebenen zur Achse (Fig. 10), wobei die Geschwindigkeit in jeder Stromlinie dem Radius umgekehrt proportional sich ändert. In der Achse selbst wird mit $r = 0$ nach (5ª) $w_r = \infty$, womit nur gesagt ist, daß man diese Strömung in unmittelbarer Umgebung der Achse nicht realisieren kann. Da die Punkte der Achse hiernach den Ausgang bzw. das Ende der ganzen Bewegung darstellen, so bezeichnet man dieselben auch als Quellen oder Senken der Strömung.

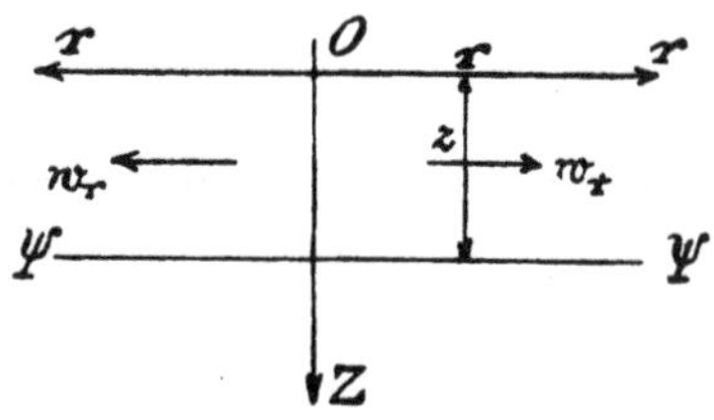

Fig. 10.

Schließlich folgt noch aus (2ª)

$$\left.\begin{aligned} -\frac{g}{\gamma}\frac{\partial p}{\partial r} &= w_r \frac{\partial w_r}{\partial r} \\ g - \frac{g}{\gamma}\frac{\partial p}{\partial z} &= 0 \end{aligned}\right\} \quad \ldots\ldots\ldots\ldots \quad (2^b)$$

oder nach Multiplikation mit dr bzw. dz sowie Addition

$$g dz - \frac{g}{\gamma} dp = w_r dw_r.$$

Integriert gibt dies für eine inkompressible Flüssigkeit, also konstantes γ

$$\frac{p}{\gamma} = z - \frac{w_r^2}{2g} + C \quad \ldots\ldots\ldots\ldots \quad (6),$$

worin sich die Konstante C aus den Werten der Geschwindigkeit und des Druckes für eine bestimmte Stelle berechnet. Setzen wir für $z = 0$, $r = r_0$ die Werte $p = p_0$ und $w_r = w_0$ fest, so folgt

$$\frac{p_0}{\gamma} = -\frac{w_0^2}{2g} + C,$$

und damit wird aus (6)

$$\frac{p - p_0}{\gamma} = z - \frac{w_r^2 - w_0^2}{2g} \quad \ldots \ldots \quad (6^a)$$

Hierin kann immer noch wegen Gl. (5^a) w_r mit der Tiefe sich derart ändern, daß

$$\gamma w_r r = -f'(z), \; \gamma w_0 r_0 = -f'(0). \quad \ldots \quad (5^b)$$

ist. Soll schließlich die Geschwindigkeit unabhängig von der Tiefe z sein, so wäre $f'(z) = f'(0)$ oder

$$w_r r = w_0 r_0 \quad \ldots \ldots \quad (5^c)$$

und wir erhielten in (6^a)

$$\frac{p - p_0}{\gamma} = z - \frac{w_0^2}{2g}\left(\frac{r_0^2}{r^2} - 1\right) \quad \ldots \ldots \quad (6^b)$$

also eine Zunahme des Druckes mit der Tiefe z und dem Achsenabstand r und zwar unabhängig von den Vorzeichen von w_0, d. h. davon, ob die Strömung von der Achse weg oder auf sie zu verläuft.

Ist die durch den Höchstwert von z gegebene Stromtiefe nur gering, so kann man unbedenklich z in Gl. (6^b) vernachlässigen, womit gleichzeitig die Wirkung der Schwere ausgeschaltet ist, und Gl. (6^b) in

$$\frac{p - p_0}{\gamma} = \frac{w_0^2}{2g}\left(1 - \frac{r_0^2}{r^2}\right) \quad \ldots \ldots \quad (6^c)$$

übergeht. Eine derartige reine Radialströmung verläuft demnach ganz unabhängig von der Lage der Achse im Raume, wovon wir später Gebrauch machen werden.

II. Die Radialgeschwindigkeit soll verschwinden, d. h. es soll

$$w_r = 0$$

sein. Dann folgt aus der Kontinuitätsgleichung

$$\frac{\partial(\gamma w_z r)}{\partial z} = 0 \quad \ldots \ldots \quad (7)$$

also bei konstantem γ eine reine Abhängigkeit des Produktes $w_z r$ vom Achsenabstand r. Ebenso ergibt sich aus

$$\frac{\partial \Psi}{\partial z} = \gamma w_r r = 0 \quad \text{(7a)}$$

$$\Psi = f(r) \quad \text{(8)}$$

oder

$$\gamma w_z = \frac{1}{r}\frac{\partial f(r)}{\partial r}, \text{ mithin } \frac{\partial w_z}{\partial z} = 0 \quad \text{(8a)}$$

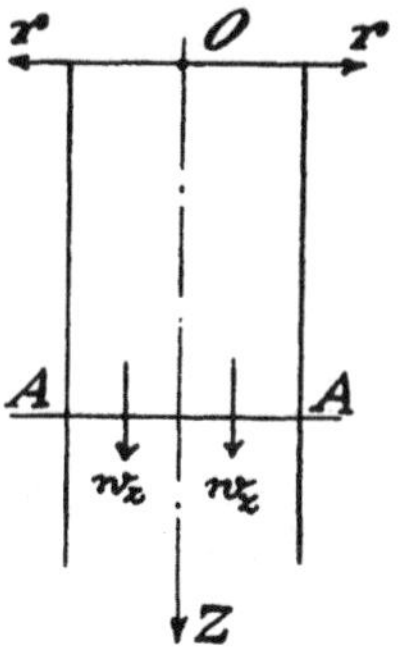

Fig. 11.

Wir erhalten somit eine zylindrische Strömung (Fig. 11), welche der Flüssigkeitsbewegung in einem Rohre entspricht. Da weiter nach (2a) und (8a)

$$-\frac{g}{\gamma}\frac{\partial p}{\partial r} = 0$$

$$g - \frac{g}{\gamma}\frac{\partial p}{\partial z} = w_z \frac{\partial w_z}{\partial z} = 0$$

ist, so folgt

$$p = \gamma z + C \quad \text{(9)}$$

also ein Zuwachs des Druckes proportional mit der Tiefe z. Nun stellt (9) gleichzeitig die Energiegleichung dar, aus der die Geschwindigkeit nur dadurch verschwunden ist, daß sie sich im Laufe der Strömung nicht ändert. Hatte dieselbe also für irgendeinen Querschnitt, z. B. den durch O, einen von r unabhängigen Wert c, so bleibt dieser Wert für alle andern Querschnitte konstant, und wir haben mit $w_z = c$

$$\frac{\partial \Psi}{\partial r} = \gamma c r \text{ oder } \Psi = \frac{\gamma c}{2} r^2 \quad \text{(10)}$$

als Gleichung der Stromfunktion.

III. Sowohl die Radial-, als auch die Axialgeschwindigkeit mögen den zugehörigen Koordinaten proportional sein, d. h. es sei

$$w_r = -Ar, \quad w_z = Bz.$$

Setzen wir diese Ausdrücke in die Kontinuitätsgleichung ein, so wird mit $\gamma = \text{Const.}$

$$\frac{\partial(\gamma w_r r)}{\partial r} + \frac{\partial(\gamma w_z r)}{\partial z} = \gamma(-2Ar + Br) = 0$$

oder

$$B = 2A,$$

so daß wir für unsere Geschwindigkeiten schreiben müssen

$$w_r = - Ar, \quad w_z = 2\,Az \quad \ldots\ldots \quad (11)$$

wenn dieselben der Kontinuität genügen sollen. Alsdann folgt wieder

$$\frac{\partial \Psi}{\partial r} = \gamma w_z r = 2\,A\gamma rz$$

$$\frac{\partial \Psi}{\partial z} = -\gamma w_r r = A\gamma r^2$$

oder nach Multiplikation, bzw. mit dr und dz, sowie Addition

$$d\Psi = \frac{\partial \Psi}{\partial r} dr + \frac{\partial \Psi}{\partial z} dz = A\gamma(2rzdr + r^2dz)$$

$$d\Psi = A\gamma d\,(r^2 z),$$

$$\Psi = A\gamma r^2 z + C.$$

Setzen wir dann noch mit Rücksicht auf die Betrachtung im letzten Paragraphen über das in der Zeiteinheit durchströmende Gewicht $\Psi = 0$ für $r = 0$, so fällt die Konstante fort, und es bleibt

$$\Psi = A\gamma r^2 z. \quad \ldots\ldots\ldots \quad (12)$$

als Gleichung der gesuchten Stromfunktion. Da wir von derselben später noch ausgiebig Gebrauch machen werden, so erscheint eine genauere Untersuchung der ihr entsprechenden Strömung angebracht. Multiplizieren wir (12) beiderseitig mit 2π, so ist wegen Gl. (7) des vorigen Paragraphen

$$Q = 2\,\pi\,\gamma\,Ar^2 z$$

oder unter Einführung des Volumens V der in der Zeiteinheit innerhalb Ψ strömenden Flüssigkeit

$$V = \frac{Q}{\gamma} = 2\pi Ar^2 z = \pi r^2 w_z = -2\pi rzw_r \quad \ldots \quad (12^a)$$

Dafür dürfen wir aber auch schreiben

$$\pi r^2 z = \frac{V}{2A} \quad \ldots\ldots\ldots \quad (12^b)$$

d. h. die der Stromfunktion (12) entsprechende Rotationsfläche umschließt alle auf der Normalebene durch den Anfang errichteten Zylinder, deren Inhalt gleich dem in 2 A-Sekunden durchströmenden Flüssigkeitsvolumen ist (Fig. 12). In die Mantelfläche jedes dieser Zylinder tritt nach (12^a) in der Zeiteinheit dasselbe Volumen ein, welches die der Normalebene durch den Anfang gegenüberliegende Bodenfläche achsial verläßt und umgekehrt, wobei die Radialgeschwindigkeit w_r nach (11) über die ganze Mantelfläche und die Achsialgeschwindigkeit w_z über die ganze Bodenfläche konstante Werte besitzen. Daraus erkennt man schon, daß der Meridianschnitt von Ψ sich asymptotisch den beiden Achsen Or und Oz nähert. Die Stromfunktion (12) erscheint demnach besonders geeignet zur analytischen Darstellung des Übergangs aus einer radialen in eine Achsialbewegung oder umgekehrt. Eine solche Bewegung tritt u. a. stets dann auf, wenn es sich um das Ansaugen von Flüssigkeiten aus einem sog. Sumpfe oder auch umgekehrt um den Austritt aus einem Vertikalrohre in ein Reservoir handelt, siehe Fig. 13. In beiden

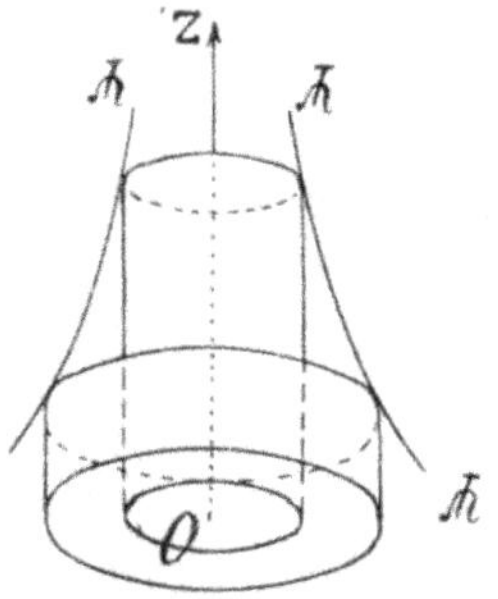

Fig. 12.

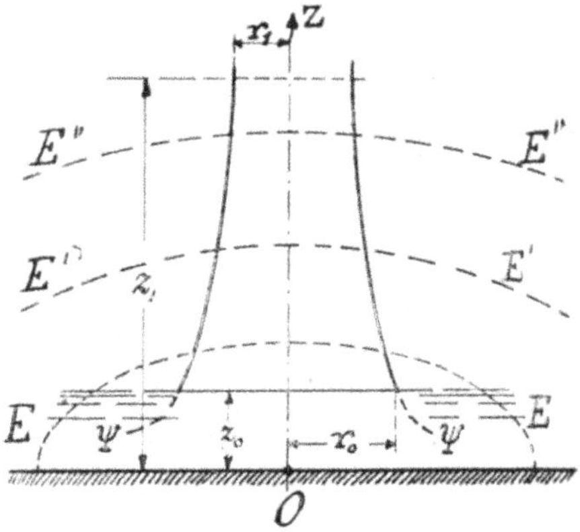

Fig. 13.

Fällen wird man zweckmäßig das Saugrohr wenigstens in der Nachbarschaft des Flüssigkeitsspiegels nach Gl. (12) derart gestalten, daß der Koordinatenanfang O in die Sohle des Reservoirs zu liegen kommt, da in dieser die Vertikalgeschwindigkeit w_z naturgemäß verschwindet. Alsdann erkennt man durch Bildung des Ausdrucks für die resultierende Geschwindigkeit $w^2 = w_r^2 + w_z^2$, oder mit (11)

$$w^2 = A^2 r^2 + 4A^2 z^2 \quad \ldots \ldots \ldots \ldots \quad (13)$$

daß die Punkte gleicher Geschwindigkeit auf abgeplatteten Rotationsellipsoiden E, E', E'' um den Koordinatenanfang liegen, deren kleine Achse halb so groß ist wie die große. Diese Ellipsoide werden, je weiter sie sich vom Anfang entfernen, immer flacher und fallen daher im Innern des Saugrohres immer mehr mit deren Querschnittsebenen zusammen. In den letzteren kann daher praktisch die Geschwindigkeit als konstant angesehen werden, wenn dies auch streng genommen nur für die Achsialkomponente zutrifft, während die Radialkomponente mit der Entfernung von O sehr stark zunimmt. Schließlich erhalten wir noch aus (2^a) unter Beachtung von (11) für unseren Fall

$$-\frac{g}{\gamma}\frac{\partial p}{\partial r} = A^2 r$$

$$g - \frac{g}{\gamma}\frac{\partial p}{\partial z} = 4\,A^2 z$$

und daraus auf bekannte Weise

$$g\,dz - \frac{g}{\gamma}\,dp = A^2 r\,dr + 4\,A^2 z\,dz.$$

Bezeichnen wir den Druck im Spiegel des Reservoirs mit p_0 sowie die zugehörigen Koordinaten des Saugrohrumfangs mit r_0 und z_0, so folgt durch Integration

$$g\,(z - z_0) - \frac{g}{\gamma}(p - p_0) = \frac{A^2}{2}(r^2 - r_0^2) + 2A^2(z^2 - z_0^2) \quad . \quad (14)$$

Bringen wir die Variablen r und z auf eine Seite, so lautet diese Gleichung

$$\frac{A^2}{2}r^2 + 2A^2\left(z - \frac{g}{4A^2}\right)^2 = \frac{g^2}{8A^2} + \frac{A^2}{2}r_0^2 - g z_0 - \frac{g}{\gamma}(p - p_0) + 2A^2 z_0^2 \quad (14^a).$$

Daraus erkennt man, daß **auch alle Stellen konstanten Druckes auf Rotationsellipsoiden mit dem Achsenverhältnis 1 : 2 liegen**, deren Mittelpunkt sich um $g : 4A^2$ über dem Anfang befindet.

Die Verwendung der Stromfunktion (12) zur Gestaltung von Saugrohren wurde von Prof. Prášil (Schweizerische Bauzeitung 1903) vorgeschlagen.

Beispielsweise sei das Saugrohr einer Pumpe zu konstruieren, welche in der Minute 8 cbm fördert. Die Pumpe steht $z_1 - z_0 = 1{,}5$ m über dem Spiegel des Sumpfes, aus dem das Wasser mit einer Achsialgeschwindigkeit $w_{z_0} = 1$ m/Sek. in das Rohr tritt, aus dem es wiederum die Pumpe mit $w_{z_1} = 2{,}5$ m/Sek. entnimmt. Alsdann ist zunächst mit $\gamma = 1000$ kg/cbm

$$Q = \frac{8 \cdot 1000}{60} = 133 \text{ kg/Sek.}$$

$$\Psi = \frac{Q}{2\pi} = 21{,}2.$$

Weiter folgt aus

$$w_1 = 2\,A z_1, \quad w_0 = 2\,A z_0,$$
$$w_1 - w_0 = 2\,A\,(z_1 - z_0)$$

oder

$$A = \frac{w_1 - w_0}{2(z_1 - z_0)} = \frac{1,5}{2 \cdot 1,5} = 0,5,$$

also

$$z_1 = \frac{w_1}{2A} = 2,5 \text{ m}, \quad z_2 = \frac{w_0}{2A} = 1 \text{ m}$$

und die Gleichung der Rohrwandung $\Psi = A\gamma r^2 z$ oder

$$r^2 z = \frac{21,2}{500} = 0,0424.$$

Daraus ergeben sich die Rohrhalbmesser an der Pumpe und im Wasserspiegel

$$r_1 = \sqrt{\frac{0,0424}{2,5}} = 0,130 \text{ m}, \quad r_0 = \sqrt{\frac{0,0424}{1}} = 0,206 \text{ m}.$$

Zur Berechnung des Druckes bedienen wir uns der Gleichung (14), in die wir aber, da in unserem Falle die Erdbeschleunigung eine der positiven z-Achse entgegengesetzte Richtung hat, für z_1 und z_0 die oben ermittelten Werte mit negativem Vorzeichen einsetzen. Wir erhalten für $z_1 = -2,5$ m, $z_0 = -1$ m und $r_1 = 0,13$ m, $r_0 = 0,206$ m

$$\frac{p_1 - p_0}{\gamma} = -1,767 \text{ m}$$

oder

$$p_1 - p_0 = -1767 \text{ kg/qm}.$$

Von diesem Vakuum entfällt auf die Geschwindigkeit allein ein Betrag von 1767 — 1500 = 267 kg/qm oder ebenso viele Millimeter Wassersäule.

IV. Es sei nunmehr allgemein die Radialgeschwindigkeit w_r eine reine Radialfunktion R, die Achsialkomponente w_z eine bloße Funktion Z von z, so daß also die erstere auf einem Zylindermantel um die Achse, die letztere über einem Normalschnitt zur Achse konstante Werte besitzen. Dann ist

$$\frac{\partial w_r}{\partial z} = \frac{\partial R}{\partial z} = 0, \quad \frac{\partial w_z}{\partial r} = \frac{\partial Z}{\partial r} = 0,$$

$$w_r r = Rr, \quad w_z r = Zr.$$

Nach der Kontinuitätsgleichung folgt daraus für konstantes γ

$$\frac{d(Rr)}{r\,dr} = -\frac{dZ}{dz},$$

d. h. die Gleichheit einer Funktion von r auf der linken mit der einer Funktion von Z auf der rechten Seite. Diese aber kann nur bestehen, wenn beide Seiten mit einer Konstanten, die wir mit $2A$ bezeichnen wollen, übereinstimmen. Alsdann ist

$$\frac{d(Rr)}{dr} = -2Ar, \quad \frac{dZ}{dz} = 2A$$

oder

$$Rr = -A\,(r^2 + C_1), \quad Z = 2Az + C_2,$$

$$w_r = -\frac{A}{r}\,(r^2 + C_1),\; w_z = 2Az + C_2.$$

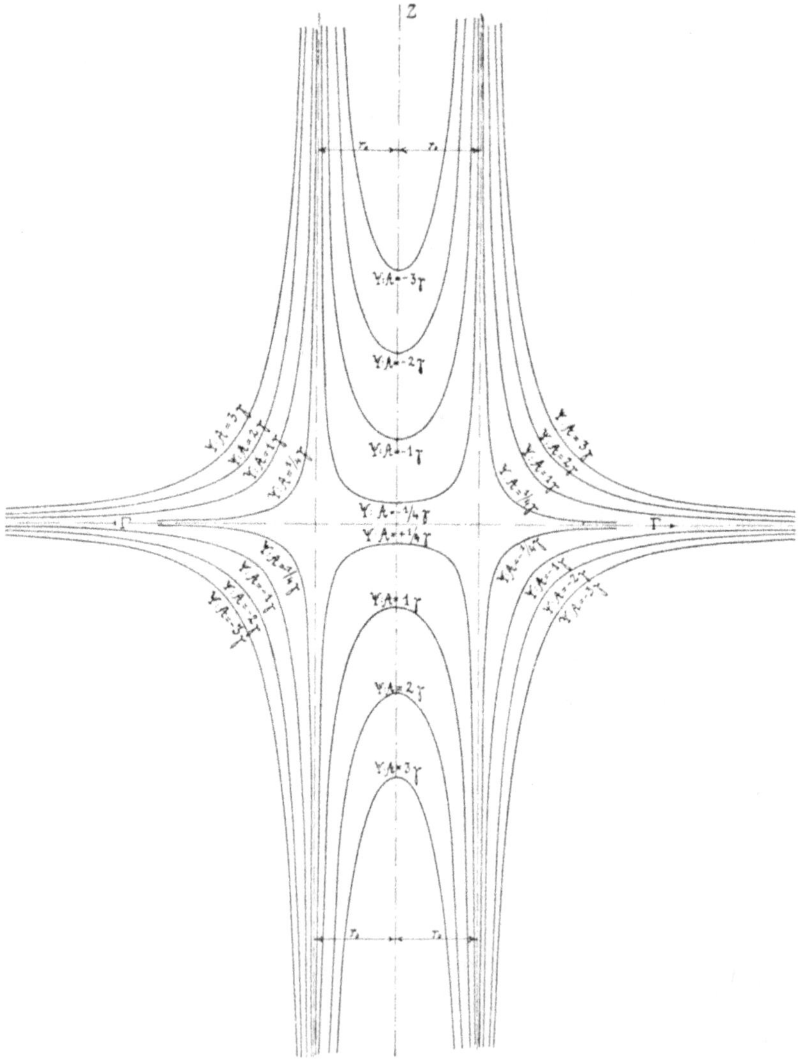

Fig. 14.

Verlangen wir nun, daß w_r verschwindet für $r = r_0$ und w_z für die Normalebene durch den Anfang, so wird $C_1 = -r_0^2$, $C_2 = 0$, also

$$w_r = -\frac{A}{r}(r^2 - r_0^2),\ w_z = 2Az \quad . \quad . \quad . \quad . \quad . \quad . \quad (15)$$

und daraus folgt

$$d\Psi = \gamma(w_z\, r dr - w_r r dz)$$

$$d\Psi = \gamma A\,(2 r z d r + (r^2 - r_0^2)\, dz)$$

und wenn $\Psi = 0$ sein soll für $z = 0$ und $r = r_0$

$$\Psi = \gamma A\,(r^2 - r_0^2)\, z \quad . \quad . \quad . \quad . \quad . \quad . \quad . \quad . \quad (16)$$

Diese durch Fig. 14 dargestellte Strömung geht für $r_0 = 0$ in die vorige über; nach ihr würde z. B. ein Saugrohr zu formen sein, durch welches eine zylindrische Welle vom Radius r_0 hindurchgeführt ist, die einen Kern um die Symmetrieachse aus der Strömung ausschaltet. Innerhalb des Zylinders vom Radius r_0 verlaufen übrigens auch Stromlinien, die negativen Werten von Ψ entsprechen und in die Achse $r = 0$ mit $w_r = \infty$ einmünden. Die Achse bildet demnach für diesen Teil der Strömung je nach ihrer durch das Vorzeichen von A bestimmten Richtung eine Quelle oder eine Senke. Wie aus der Form (16) für die Stromfunktion erhellt, kann die ganze vorstehende Strömung als eine Überlagerung der beiden unter I und III behandelten Vorgänge betrachtet werden.

§ 5. Strömung mit Rotation.

Verschwindet beim Vorhandensein einer um die z-Achse symmetrisch verlaufenden Strömung die Drehbeschleunigung q_n der äußeren Kräfte, so vereinfacht sich die von uns als Momentengleichung bezeichnete Bewegungsformel

$$q_n r = \frac{d(w_n r)}{dt}$$

in

$$\frac{d(w_n r)}{dt} = w_r \frac{\partial(w_n r)}{\partial r} + w_z \frac{\partial(w_n r)}{\partial z} = 0 \quad . \quad . \quad . \quad . \quad . \quad (1)$$

Diese Gleichung ist identisch erfüllt, wenn das Moment $w_n r$ der Rotationskomponente der Geschwindigkeit im ganzen Bereiche der Strömung einen konstanten Wert besitzt.

Ersetzen wir in ihr die Geschwindigkeitskomponenten durch die Ableitungen der Stromfunktion Ψ nach Gl. (5) § 3, so nimmt sie die Form

$$\frac{\partial\Psi}{\partial z}\frac{\partial(w_n r)}{\partial r} - \frac{\partial\Psi}{\partial r}\frac{\partial(w_n r)}{\partial z} = 0 \quad . \quad . \quad . \quad . \quad . \quad (1^a)$$

an. Dieser Bedingung wird offenbar genügt, wenn ganz allgemein

$$w_n r = f(\Psi)$$

ist, d. h. wenn das Produkt $w_n r$ selbst eine Funktion des Parameters der Stromfunktion ist, oder mit andern Worten, wenn es nur von einer zur andern Stromlinie, nicht aber längs einer solchen Änderungen erfährt.

Nehmen wir weiter an, daß außer der Schwere, welche in der z-Richtung wirkt, keine äußere Kraft vorhanden ist, so lauten die beiden andern Bewegungsgleichungen mit $q_r = 0$ und $q_z = g$

$$\left.\begin{aligned} -\frac{g}{\gamma}\frac{\partial p}{\partial r} &= w_r \frac{\partial w_r}{\partial r} + w_z \frac{\partial w_r}{\partial z} - \frac{w_n^2}{r} \\ g - \frac{g}{\gamma}\frac{\partial p}{\partial z} &= w_r \frac{\partial w_z}{\partial r} + w_z \frac{\partial w_z}{\partial z} \end{aligned}\right\} \quad . \quad . \quad . \quad . \quad (2)$$

Hierin können wir aber auch, da durch die als bekannt vorausgesetzte Zustandsänderung der im allgemeinen elastischen Flüssigkeit der Zusammenhang zwischen γ und p

$$\gamma = f(p) \quad . \quad . \quad . \quad . \quad . \quad . \quad . \quad . \quad . \quad . \quad (3)$$

gegeben ist, die Expansionsarbeit

$$\int \frac{dp}{\gamma} = F(p) \quad . \quad . \quad . \quad . \quad . \quad . \quad . \quad . \quad . \quad (3^a)$$

und damit

$$\frac{1}{\gamma}\frac{\partial p}{\partial r} = \frac{\partial F}{\partial r}, \quad \frac{1}{\gamma}\frac{\partial p}{\partial z} = \frac{\partial F}{\partial z} \quad . \quad . \quad . \quad . \quad . \quad . \quad . \quad . \quad (3^b)$$

setzen, wonach F eine mit dem Drucke im Raume stetig veränderliche Größe darstellt. Damit aber schreiben sich die Gl. (2)

$$\left.\begin{aligned} -g\frac{\partial F}{\partial r} &= w_r \frac{\partial w_r}{\partial r} + w_z \frac{\partial w_r}{\partial z} - \frac{w_n^2}{r} \\ g - g\frac{\partial F}{\partial z} &= w_r \frac{\partial w_z}{\partial r} + w_z \frac{\partial w_z}{\partial z} \end{aligned}\right\} \quad . \quad . \quad . \quad . \quad (2^a)$$

Differenzieren wir die erste dieser Formeln partiell nach z, die zweite nach r und beachten, daß wegen der stetigen Veränderlichkeit von F

$$\frac{\partial^2 F}{\partial r \, \partial z} = \frac{\partial^2 F}{\partial z \, \partial r}$$

ist, so erhalten wir durch Subtraktion als weitere Beziehung zwischen den Geschwindigkeitskomponenten

$$2\frac{w_n}{r^2}\frac{\partial(w_n r)}{\partial z} = w_r \frac{\partial}{\partial r}\left(\frac{\partial w_r}{\partial z} - \frac{\partial w_z}{\partial r}\right) + \frac{\partial w_r}{\partial r}\left(\frac{\partial w_r}{\partial z} - \frac{\partial w_z}{\partial r}\right)$$
$$+ w_z \frac{\partial}{\partial z}\left(\frac{\partial w_r}{\partial z} - \frac{\partial w_z}{\partial r}\right) + \frac{\partial w_z}{\partial z}\left(\frac{\partial w_r}{\partial z} - \frac{\partial w_z}{\partial r}\right).$$

Setzen wir der Kürze halber die in dieser Formel auftretende Differenz

$$\frac{\partial w_r}{\partial z} - \frac{\partial w_z}{\partial r} = 2\,\varepsilon_n \quad . \; . \; . \; . \; . \; . \; . \; . \quad (5)$$

so erhalten wir, indem wir außerdem noch Gl. (1) heranziehen, für die beiden partiellen Differentialquotienten von $w_n r$ die Gleichungen

$$\left.\begin{aligned} \frac{w_n}{r^2}\frac{\partial(w_n r)}{\partial z} &= w_r \frac{\partial \varepsilon_n}{\partial r} + w_z \frac{\partial \varepsilon_n}{\partial z} + \varepsilon_n\left(\frac{\partial w_r}{\partial r} + \frac{\partial w_z}{\partial z}\right) \\ -\frac{w_r w_n}{w_z r^2}\frac{\partial(w_n r)}{\partial r} &= w_r \frac{\partial \varepsilon_n}{\partial r} + w_z \frac{\partial \varepsilon_n}{\partial z} + \varepsilon_n\left(\frac{\partial w_r}{\partial r} + \frac{\partial w_z}{\partial z}\right) \end{aligned}\right\} \quad . \; . \quad (6)$$

Es entsteht nun die Frage nach der Bedeutung der durch (5) definierten Differenz ε_n, deren Verschwinden offenbar auch das Verschwinden der Werte von $\frac{\partial(w_n r)}{\partial z}$ und $\frac{\partial(w_n r)}{\partial r}$ und damit die Erfüllung von Gl. (1) zur Folge hätte, ohne daß diese Beziehung sich unter allen Umständen umkehren ließe. Zu diesem Zwecke betrachten wir den Meridianschnitt eines Volumenelementes $ABCD$ der Flüssigkeit (Fig. 15) während der Bewegung im Zeitelemente dt. Waren die Koordinaten der Eckpunkte in der Anfangslage:

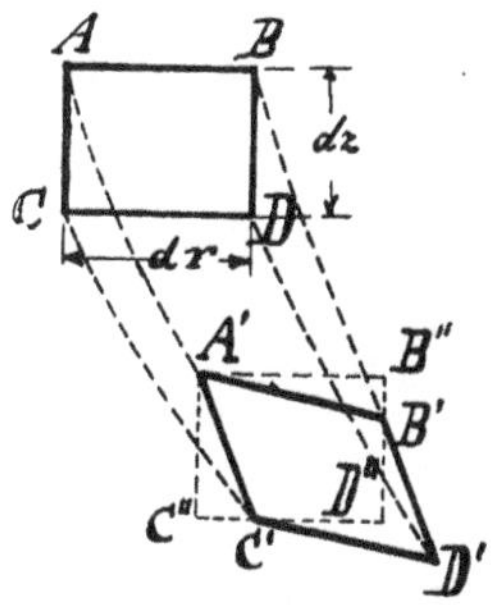

Fig. 15.

A	B	C	D
r	$r+dr$	r	$r+dr$
z	z	$z+dz$	$z+dz$

so werden dieselben, da die entsprechenden Geschwindigkeitskomponenten infolge ihrer stetigen Änderung durch

w_r	$w_r + \frac{\partial w_r}{\partial r}dr$	$w_r + \frac{\partial w_r}{\partial z}dz$	$w_r + \frac{\partial w_r}{\partial r}dr + \frac{\partial w_r}{\partial z}dz$
w_z	$w_z + \frac{\partial w_z}{\partial r}dr$	$w_z + \frac{\partial w_z}{\partial z}dz$	$w_z + \frac{\partial w_z}{\partial r}dr + \frac{\partial w_z}{\partial z}dz$

gegeben sind, in der Endlage anwachsen auf

A'	B'
$r + w_r dt$	$r + dr + \left(w_r + \frac{\partial w_r}{\partial r}dr\right)dt$
$z + w_z dt$	$z \quad + \left(w_z + \frac{\partial w_z}{\partial r}dr\right)dt$

$$\begin{array}{ll} C' & D' \\ r \quad +\left(w_r + \frac{\partial w_r}{\partial z} dz\right) dt & r + dr + \left(w_r + \frac{\partial w_r}{\partial r} dr + \frac{\partial w_r}{\partial z} dz\right) dt \\ z + dz + \left(w_z + \frac{\partial w_z}{\partial z} dz\right) dt & z + dz + \left(w_z + \frac{\partial w_z}{\partial r} dr + \frac{\partial w_z}{\partial z} dz\right) dt. \end{array}$$

Daraus geht hervor, daß jedes Flüssigkeitselement im allgemeinen nicht nur eine Verschiebung als Ganzes erleidet, sondern auch Verdrehungen seiner Seitenflächen unterworfen ist, welche die relativen Verschiebungen $B'\,B''$ und $C'\,C''$ hervorrufen. Die relative Verschiebung $D'\,D''$ des Punktes D gegenüber A brauchen wir dabei nicht weiter zu verfolgen, da sie sich offenbar als Resultante von $B'\,B''$ und $C'\,C''$ ergibt. Jedenfalls erleidet das Element auch als Ganzes eine Verdrehung um einen Winkel $d\tau$, der den Mittelwert der beiden entgegengesetzten Verdrehungswinkel $C'A'C''$ und $B'A'B''$ darstellt. Wir haben also

$$d\tau = \tfrac{1}{2}\left(\frac{C'\,C''}{A'\,C''} - \frac{B'\,B''}{A'\,B''}\right)$$

oder da

$$A'\,C'' = dz, \qquad A'\,B'' = dr,$$
$$C'\,C'' = \frac{\partial w_r}{\partial z}\,dz\,dt, \qquad B'\,B'' = \frac{\partial w_z}{\partial r}\,dr\,dt,$$

so ist

$$d\tau = \frac{1}{2}\left(\frac{\partial w_r}{\partial z} - \frac{\partial w_z}{\partial r}\right) dt.$$

Hiernach ergibt sich die durch (5) definierte Größe:

$$\varepsilon_n = \frac{d\tau}{dt} = \frac{1}{2}\left(\frac{\partial w_r}{\partial z} - \frac{\partial w_z}{dr}\right) \quad \ldots\ldots\ldots (5^a)$$

als die **Winkelgeschwindigkeit der Verdrehung des Flüssigkeitselements** um die Tangente zu einem Parallelkreis, bzw. eine Normale zur rz-Ebene. Man übersieht leicht, daß sich im allgemeinen Falle in derselben Weise noch zwei andere Größen

$$\varepsilon_z = \frac{1}{2r}\left(\frac{\partial(w_n r)}{\partial r} - \frac{\partial w_r}{\partial \varphi}\right), \quad \varepsilon_r = \frac{1}{2r}\left(\frac{\partial w_z}{\partial \varphi} - \frac{\partial(w_n r)}{\partial z}\right) \quad \ldots (7)$$

ableiten lassen, welche Winkelgeschwindigkeiten der Verdrehung des Elementes um die Achse Oz und um den Radius r darstellen (Fig. 16). In unserem Fall der um Oz symmetrischen Strömung verschwinden alle Differentialquotienten nach φ ohnehin, und wir erhalten an Stelle von (7)

$$\varepsilon_z = \frac{1}{2r}\frac{\partial(w_n r)}{\partial r}, \quad \varepsilon_r = -\frac{1}{2r}\frac{\partial(w_n r)}{\partial z} \quad \ldots\ldots (7^a)$$

Die soeben betrachtete Verdrehung der einzelnen Flüssigkeitselemente bezeichnet man nun als eine Wirbelung oder einen Wirbel, und demgemäß die drei Größen ε als die Komponenten der Wirbelgeschwindigkeit oder kurzweg als Wirbelkomponenten, und zwar ε_z als den Achsialwirbel, ε_r als den Radialwirbel und ε_n als den Ringwirbel. Differenziert man dann die Ausdrücke ε_n, $\varepsilon_z r$ und $\varepsilon_r r$ bzw. nach φ, z und r und addiert, so ergibt sich die der Kontinuitätsgleichung analoge Formel

$$\frac{\partial(\varepsilon_r r)}{\partial r} + \frac{\partial(\varepsilon_z r)}{\partial z} + \frac{\partial \varepsilon_n}{\partial \varphi} = 0 \quad (8),$$

die sich für die achsensymmetrische Strömung in

$$\frac{\partial(\varepsilon_r r)}{\partial r} + \frac{\partial(\varepsilon_z r)}{\partial z} = 0 \quad (8^a)$$

vereinfacht. In diesem Falle dürfen wir aber nicht nur die Geschwindigkeitskomponenten aus

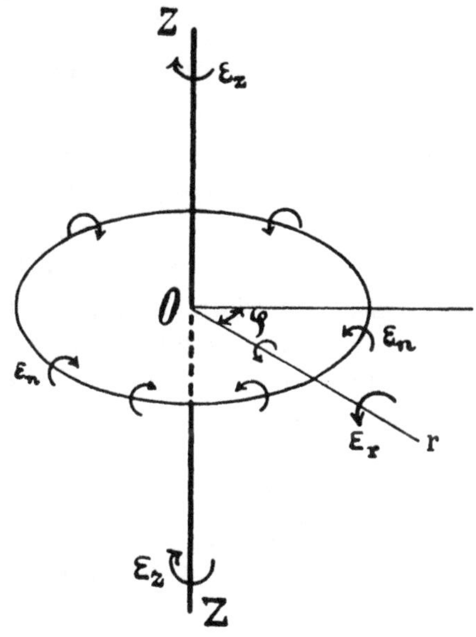

Fig. 16.

einer Stromfunktion Ψ, sondern auch die Wirbelkomponenten aus einer Wirbelfunktion Ω derart ableiten, daß

$$\varepsilon_r r = -\frac{\partial \Omega}{\partial z}, \quad \varepsilon_z r = +\frac{\partial \Omega}{\partial r} \quad . \; . \; . \; . \; . \; . \; . \; (8^b)$$

wird.

Weiter erkennt man sogleich, daß beim Verschwinden der Wirbelkomponenten (5) und (7)

$$\frac{\partial w_r}{\partial z} = \frac{\partial w_z}{\partial r}, \quad \frac{\partial(w_n r)}{\partial r} = \frac{\partial w_r}{\partial \varphi}, \quad \frac{\partial w_z}{\partial \varphi} = \frac{\partial(w_n r)}{\partial z} \quad . \; . \; . \; . \; (7^b)$$

wird, wonach die einzelnen Geschwindigkeitskomponenten auch als partielle Ableitungen

$$w_r = \frac{\partial \Phi}{\partial r}, \quad w_n = \frac{\partial \Phi}{r \partial \varphi}, \quad w_z = \frac{\partial \Phi}{\partial z} \quad . \; . \; . \; . \; . \; (9)$$

einer Funktion der Koordinaten, die alsdann das Geschwindigkeitspotential heißt, betrachtet werden können. Eine Flüssigkeitsbewegung, für welche ein Geschwindigkeitspotential existiert, verläuft demnach wirbelfrei.

Da nun

$$d\Phi = \frac{\partial \Phi}{\partial r} dr + \frac{\partial \Phi}{r \partial \varphi} r d\varphi + \frac{\partial \Phi}{\partial z} dz$$

oder

$$d\Phi = w_r dr + w_n r d\varphi + w_z dz \quad \ldots \ldots \quad (9^a)$$

ist, so folgt für eine dem Parameter $\Phi =$ Const. entsprechende sog. Äquipotentialfläche mit $d\Phi = 0$, für welche dr, $rd\varphi$, dz die Projektionen eines auf ihr verlaufenden Kurvenelementes ds darstellen,

$$w_r dr + w_n r d\varphi + w_z dz = 0 \quad \ldots \ldots \quad (9^b)$$

d. h. also eine Normalstellung der resultierenden Geschwindigkeit w auf ds. Mithin schneiden die Stromlinien, welche an jeder Stelle die Richtung der resultierenden Geschwindigkeit haben, alle Äquipotentialflächen senkrecht.

In unserem Falle der symmetrischen Strömung unter der Wirkung der Schwere parallel der Achse, also ohne Drehbeschleunigung, verschwinden in Gleichung (6) mit

$$\varepsilon_n = 0$$

auch die beiden anderen Wirbelkomponenten (7^a), so daß eine wirbelfreie symmetrische Strömung mit einer Rotation um die Achse bei konstantem $w_n r$ möglich ist. Dies trifft z. B. zu für die in § 4 untersuchten Strömungen durch ein vertikales zylindrisches Rohr und durch Rotationskörper nach der Gleichung $\Psi = A \gamma r^2 z$ bzw. $\Psi = A\gamma (r^2 - r_0^2) z$. In allen diesen Fällen ist

$$\frac{\partial w_r}{\partial z} = 0, \quad \frac{\partial w_z}{\partial r} = 0,$$

und die Flüssigkeit bewegt sich in spiralförmigen Linien nach Fig. 7 derart, daß

$$w_n r = C \quad \ldots \ldots \ldots \quad (1^b)$$

ist, also mit einer von außen nach innen zunehmenden Rotationsgeschwindigkeit. In der Achse selbst müßte diese Geschwindigkeit bis ins Unendliche ansteigen, würde aber schon in ihrer Nachbarschaft so hohe Werte annehmen, daß der Druck zu Null und damit der Zusammenhang der Flüssigkeit unter Bildung einer trichterförmigen Höhlung gestört würde. Man kann zwar diese Erscheinung durch Ausschaltung eines die Achse umgebenden Raumes nach Art von Fig. 9 und 14 vermeiden, wird aber wegen der nach innen stark zunehmenden Rotationsgeschwindigkeit stets mit hohen Beträgen der kinetischen Energie der Flüssigkeit während der Strömung rechnen müssen. Da diese Energie nicht ohne weiteres wieder gewonnen werden kann, so wird man tunlichst jede Rotation in den Saugrohren von Turbinen und Pumpen dadurch umgehen, daß man die Flüssigkeit nur mit einer im Meridianschnitt liegenden Totalgeschwindigkeit aus dem Saugrohr in die Pumpe oder aus der Turbine in das Saugrohr eintreten läßt. In diesem Rohr kann die Totalgeschwindigkeit dann wegen $d(w_n r) = 0$ überhaupt keine Rotationskomponente mehr annehmen.

Bemerkenswert ist jedenfalls, daß im Falle der symmetrischen wirbelfreien Rotation mit konstantem $w_n r$ doch die Ableitung des Geschwindigkeitspotentials Φ nach φ nicht verschwindet, sondern nach der zweiten Formel (9) den konstanten Wert $w_n r$ selbst besitzt. Mit jedem Umlauf um die Achse wächst demnach das Geschwindigkeitspotential um den Betrag $2\pi w_n r$, während wir allgemeiner mit einer willkürlichen Konstanten Φ_0

$$\Phi - \Phi_0 = w_n r \varphi + \int (w_r\, dr + w_z\, dz) \quad . \quad . \quad . \quad . \quad . \quad (9^c)$$

zu schreiben hätten, worin w_r und w_z nur mehr Funktionen von r und z darstellen, welche die Bedingungen (7^b) erfüllen.

Schließlich wollen wir noch den interessanten Spezialfall der reinen Flüssigkeitsrotation betrachten, welcher sich besonders leicht demonstrieren läßt. Hierbei beschreiben alle Teilchen lediglich Kreise um die z-Achse, besitzen also eine im allgemeinen veränderliche Winkelgeschwindigkeit ε, während $w_r = 0$ und $w_z = 0$ ist. Da nun $w_n = r\varepsilon$ gesetzt werden kann, so folgt aus der ersten Gleichung (7^a) für einen wirbelfreien Raum

$$\varepsilon r^2 = C_1 \text{ oder } \varepsilon = \frac{C_1}{r^2} \quad . \quad . \quad . \quad . \quad . \quad . \quad . \quad (10)$$

Erfüllt die Flüssigkeit den ganzen Raum einschließlich der Achse, so kann in der Nachbarschaft derselben die Formel (10) nicht gelten, da sie für die Achse selbst auf unendliche Werte von ε führen würde. Wir müssen uns also einen zylindrischen Raum um die Achse mit dem Radius r_0 abgrenzen, in welchem ein Achsialwirbel $\varepsilon_z = \varepsilon_0$ existiert. Damit schreibt sich die erste Gleichung (7^a), in der wir jetzt, da andere unabhängige Variabelen als r nicht in Frage kommen, die partielle Ableitung durch eine totale ersetzen dürfen

$$\frac{d(\varepsilon r^2)}{dr} = 2 r \varepsilon_0$$

und ergibt, integriert mit einer Konstanten C_2,

$$\varepsilon = \varepsilon_0 + \frac{C_2}{r^2}.$$

Der Zylinder r_0, innerhalb dessen die hierdurch gekennzeichnete Bewegung sich abspielt, enthält aber die Achse, in der ε des Zusammenhanges wegen nicht unendlich werden darf. Deshalb muß die Konstante C_2 von vornherein verschwinden, und es bleibt für den Innenraum

$$\varepsilon = \varepsilon_0 \quad . \quad . \quad . \quad . \quad . \quad . \quad . \quad . \quad . \quad (11)$$

Die Flüssigkeit rotiert also in der Umgebung der Achse mit konstanter Winkelgeschwindigkeit wie ein starrer Körper, während für $r > r_0$ die Winkelgeschwindigkeit umgekehrt proportional dem Quadrate des Achsenabstandes sich ändert. Der Raum wird daher von zwei Bewegungsarten erfüllt, welche stetig ineinander übergehen, wenn

$$C_1 = r_0^2 \varepsilon_0,$$

also im Außenraum

$$\varepsilon r^2 = \varepsilon_0 r_0^2 \quad . \quad . \quad . \quad . \quad . \quad . \quad . \quad . \quad (10^a)$$

gesetzt wird. Vollzieht sich der Vorgang im Beharrungszustand lediglich unter dem Einfluß der Schwere, so folgt mit $w_n = \varepsilon_0 r$ für den Innenraum aus (2)

$$g dz - \frac{g}{\gamma} dp + \varepsilon_0^2 r\, dr = 0$$

oder integriert mit $\gamma = \text{Const.}$

$$gz - \frac{g}{\gamma} p + \frac{\varepsilon_0^2 r^2}{2} = C_3 \quad . \quad . \quad . \quad . \quad . \quad . \quad (12)$$

Für den Außenraum dagegen ergibt (2) mit $w_n = \varepsilon r = \frac{\varepsilon_0 r_0^2}{r}$

$$g\, dz - \frac{g}{\gamma} dp + \frac{\varepsilon_0^2 r_0^4}{r^3} dr = 0$$

oder

$$gz - \frac{g}{\gamma} p - \frac{\varepsilon_0^2 r_0^4}{2 r^2} = C_4 \quad . \quad . \quad . \quad . \quad . \quad . \quad (13)$$

Die Gleichung bestimmt offenbar für konstante Werte von p Meridianschnitte von Flächen AA, welche sich asymptotisch einer Horizontalebene und der Achse nähern, während durch (12) Rotationsparaboloide BCB dargestellt werden. Beide Flächen schließen sich, wie aus Fig. 17 ersichtlich, innerhalb der rotierenden Flüssigkeit stetig aneinander an. Bezeichnen wir die Koordinaten der Übergangsstelle beider Flächen mit r_0 und z_0, so wird für einen Druck p_0 durch Abzug von (12) und (13)

$$C_3 - C_4 = \varepsilon_0^2 r_0^2.$$

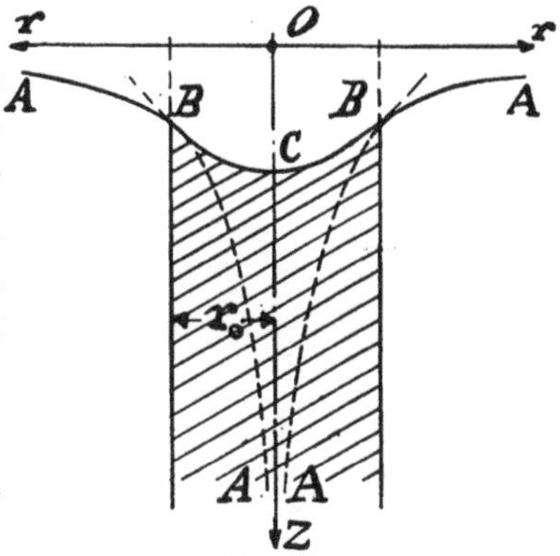

Fig. 17.

Außerdem aber legen wir die Ursprungsebene so, daß für den Atmosphärendruck $p = p_0$ die Oberfläche (13) im Außenraum sich ihr asymptotisch nähert, d. h., daß mit $z = 0$, $r = \infty$ wird. Alsdann folgt aus (13)

$$C_4 = -\frac{g}{\gamma} p_0, \text{ also } C_3 = \varepsilon_0^2 r_0^2 - \frac{g}{\gamma} p_0.$$

Eingesetzt in (12) und (13) gibt dies

für $r < r_0$ $$gz - \frac{\varepsilon_0^2}{2}(2r_0^2 - r^2) = \frac{g}{\gamma}(p - p_0) \quad \ldots \quad (12^a)$$

» $r > r_0$ $$gz - \frac{\varepsilon_0^2 r_0^4}{2r^2} = \frac{g}{\gamma}(p - p_0) \quad \ldots \quad (13^a)$$

woraus schließlich mit $p = p_0$ die Gleichungen der Oberfläche selbst

für $r < r_0$ $$z = \frac{\varepsilon_0^2}{2g}(2r_0^2 - r^2) \quad \ldots \quad (12^b)$$

« $r > r_0$ $$z = \frac{\varepsilon_0^2 r_0^4}{2gr^2} \quad \ldots \quad (13^b)$$

folgen. Es ist gewiß bemerkenswert, daß die durch (13^b) dargestellte Kurve der im vorigen Paragraphen benutzten Stromfunktion $\Psi = A\gamma r^2 z$ genügt. Dies trifft auch noch für die allgemeinere Gleichung (13^a) zu, wenn wir in dieser

$$z - \frac{p - p_0}{\gamma} = z'$$

setzen, woraus hervorgeht, daß die Flächen konstanten Druckes auseinander durch vertikale Parallelverschiebung hervorgehen. Die ganze Erscheinung läßt sich sehr schön in einem mit Flüssigkeit gefüllten Glasgefäß AA, Fig. 18, beobachten, durch dessen Boden ein von außen in rasche Umdrehung versetzter zylindrischer Metallstab BB vom Radius r_0 hineinragt. Dieser starre Zylinder tritt hier offenbar an Stelle der im Raume $r < r_0$ mit konstanter Winkelgeschwindigkeit rotierenden Flüssigkeit. Die Abnahme der Rotationsgeschwindigkeit mit zunehmendem Radius im Raume $r > r_0$ erkennt man am deutlichsten an fein verteilten eingestreuten festen Körpern, welche von der rotierenden Flüssigkeit mitgenommen werden.

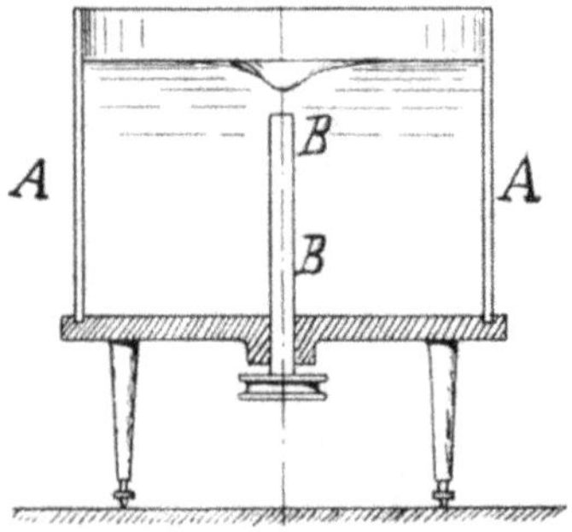

Fig. 18.

Denkt man sich im Meridianschnitt der rotierenden Flüssigkeit irgendeine Fläche, z. B. einen Kreis abgegrenzt, so entspricht dieselbe in der Gesamtmasse einem in sich zurücklaufenden Ring, den wir auch durch ein gekrümmtes Rohr ersetzen können. In einem solchen Rohr sind sonach Flüssigkeitsbewegungen mit normal zum Querschnitt gerichteter Geschwindigkeit wohl möglich nach den Gesetzen (10) und (11), niemals aber mit konstanten Werten von w_n. Dieses Ergebnis ist besonders wichtig für den Übergang gerader Rohre in gekrümmte (sog. Rohrkrümmer), da im geraden Rohr nach dem Beispiel II des vorigen Paragraphen die Stromgeschwindigkeit im Querschnitt nur eine Funktion des Rohrradius sein konnte. Daraus müssen wir schließen, daß bei einem solchen Übergang die ursprüngliche Parallelität der Flüssigkeitsbahnen immer mehr gestört werden muß, je schärfer die Rohrkrümmung gewählt wird, ohne daß man über den Verlauf der so gestörten Bewegung und die hierdurch bedingten Energieverluste etwas Näheres auszusagen imstande ist.

Dagegen läßt sich ein derartiger Übergang unter Aufrechterhaltung der Wirbelfreiheit mit hinreichender Annäherung erzielen, wenn man sich mit einem asymptotischen Anschluß des Krümmers in die geraden Rohre begnügt. Haben wir es z. B. mit einem rechtwinkligen Krümmer zu tun, so empfiehlt sich die Einführung eines Achsenkreuzes OXY, in dem die Kontinuitätsgleichung (6a § 1) unter Wegfall der Komponente w_z

$$\frac{\partial w_x}{\partial x} + \frac{\partial w_y}{\partial y} = 0 \quad . \; . \; . \; . \; . \; . \; . \; . \quad (14)$$

und die Bedingung der Wirbelfreiheit analog derjenigen im Meridianschnitt der achsensymmetrischen Strömung

$$\frac{\partial w_x}{\partial y} - \frac{\partial w_y}{\partial x} = 0 \quad . \; . \; . \; . \; . \; . \; . \; . \quad (15)$$

lautet. Beide Gleichungen werden am einfachsten erfüllt durch die Ansätze

$$w_x = Ax, \quad w_y = -Ay \quad \ldots \ldots \quad (16)$$

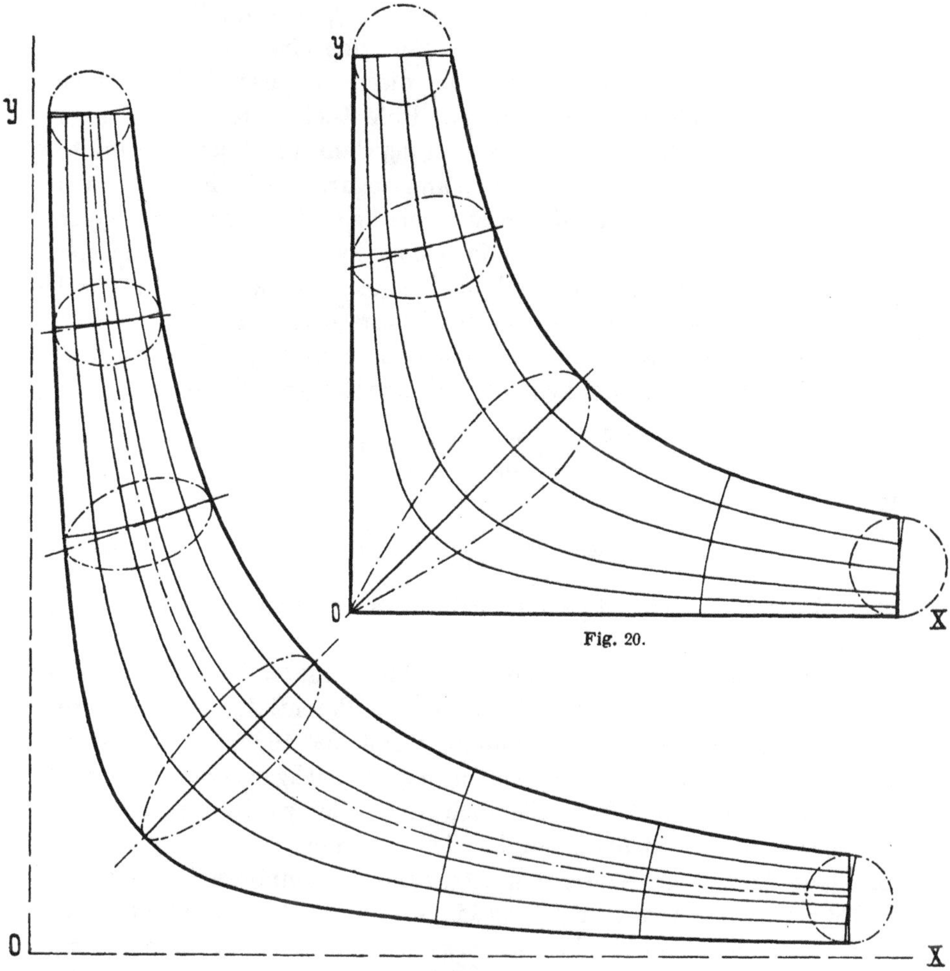

Fig. 20.

Fig, 19.

mit denen die Stromfunktion Ψ nach (14) durch

$$w_x = \frac{\partial \Psi}{\partial y}, \quad w_y = -\frac{\partial \Psi}{\partial x} \quad \ldots \ldots \quad (14^a)$$

zusammenhängt. Aus der Verbindung von (14a) und (16) folgt aber

$$d\Psi = \frac{\partial \Psi}{\partial x} dx + \frac{\partial \Psi}{\partial y} dy = A\, d(xy)$$

oder mit einer willkürlichen Konstanten Ψ_0

$$\Psi - \Psi_0 = A\,x\,y \quad \ldots \ldots \quad (17)$$

Die in einer rechtwinkligen Ecke verlaufenden Stromlinien sind hiernach gleichseitige Hyperbeln, die somit auch, wie in Fig. 19 und 20 angedeutet ist, zur Formung eines Rohrkrümmers verwendet werden dürfen. In diesen Figuren ist der Querschnitt der anschließenden geraden Rohrstücke kreisförmig angenommen worden, denen in der Krümmung dann erhebliche Verbreiterungen entsprechen. Insbesondere kann sogar, wie in Fig. 20, wenn man das Achsenkreuz in die Krümmerwand einbezieht, der Querschnitt durch den Koordinatenanfang eine Spitze enthalten, die aber praktisch unbedenklich ist, weil dort nach (16) mit $x = 0$, $y = 0$ auch die Geschwindigkeitskomponenten verschwinden.

In beiden Figuren sind auch noch die Linien gleicher Geschwindigkeitspotentiale eingetragen, die sich aus

$$d\Phi = \frac{\partial \Phi}{\partial x}\,dx + \frac{\partial \Phi}{\partial y}\,dy = w_x\,dx + w_y\,d_y$$

mit (16) zu

$$\Phi - \Phi_0 = \frac{A}{2}\,(x^2 - y^2) \quad \ldots \ldots \quad (18)$$

also wieder als gleichseitige, die Ψ-Kurven rechtwinklig schneidende Hyperbeln ergeben.

Derartige Hyperbelkrümmer, allerdings mit rechteckigen Querschnitten, hat bereits Grether (»Über Potentialbewegung tropfbarer Flüssigkeiten in gekrümmten Kanälen« 1909) vorgeschlagen und ihre günstige Wirkung versuchsmäßig nachgewiesen. Es steht demnach nichts im Wege, sie auch für beliebige Rohrquerschnitte zu verwenden. Jedenfalls ergibt sich aus den beiden Figuren im Einklang mit den achsensymmetrischen Strombildern, daß im Falle gekrümmter Flüssigkeitsbahnen stets die inneren Stromlinien die schwächere Krümmung aufweisen müssen, wogegen in der Praxis fast ausnahmslos verstoßen wird.

§ 6. Die wirbelfreie ebene Strömung.

Eine ebene Strömung findet dann statt, wenn unter Wegfall der Achsialkomponente w_z die Bewegung in allen Normalebenen zur Achse gleichartig verläuft. Alsdann können wir, wenn noch dazu die Wirkung der Schwere vernachlässigt wird, von der Bewegungsgleichung in der

Achsenrichtung ganz absehen. Wirken auf die Flüssigkeit überhaupt keine äußeren Kräfte, so fallen in den Formeln (10) des § 2 auch deren Beschleunigungskomponenten q_r und q_n fort, und wir erhalten einfach für die stationäre achsensymmetrische Strömung, bei der die Geschwindigkeitskomponenten und der Druck weder von der Zeit noch vom Drehwinkel φ abhängen können

$$\left.\begin{aligned} -\frac{g}{\gamma}\frac{\partial p}{\partial r} &= w_r \frac{\partial w_r}{\partial r} - \frac{w_n^2}{r} \\ 0 &= w_r \frac{\partial (w_n r)}{\partial r} \end{aligned}\right\} \quad \ldots \ldots \quad (1)$$

Da hiernach nur noch der Radius r als Unvariable übrig bleibt, so könnten wir auch die partiellen Ableitungen durch die totalen ersetzen, womit aus der zweiten dieser Formeln schon

$$w_n r = (w_n r)_0 = \text{Const.} \quad \ldots \ldots \quad (2)$$

hervorgeht. Ebenso liefert die Kontinuitätsgleichung (6) § 2 für unser Problem

$$\frac{\partial (\gamma w_r r)}{\partial r} = \frac{d(\gamma w_r r)}{dr} = 0$$

also auch

$$\gamma w_r r = \gamma_0 (w_r r)_0 = \text{Const.} \quad \ldots \ldots \quad (3)$$

wobei der Index 0, wie in Gl. (2), die Werte für einen Radius r_0 andeuten soll. Da nun wegen (2)

$$w_n dr + r dw_n = 0 \quad \ldots \ldots \quad (2^a)$$

ist, so dürfen wir für die erste Formel (1) auch schreiben

$$-\frac{g}{\gamma} dp = w_r dw_r + w_n dw_n = w\, d w \quad \ldots \ldots \quad (1^a)$$

wenn

$$w^2 = w_r^2 + w_n^2 \quad \ldots \ldots \quad (4)$$

die resultierende Geschwindigkeit w definiert. Gl. (1^a) ist aber nichts als die Energiegleichung, welche durch Integration übergeht in

$$g \int_{p_0}^{p} \frac{dp}{\gamma} + \frac{w^2 - w_0^2}{2} = 0 \quad \ldots \ldots \quad (5)$$

Die hierin angedeutete Integration ist immer ausführbar, wenn man die durch

$$\gamma = f(p) \quad \ldots \ldots \quad (6)$$

gegebene Zustandsänderung der strömenden Flüssigkeit kennt. Damit folgt dann aus (5) die Druckänderung, während sich diejenige der Geschwindigkeitskomponenten aus (2) und (3) berechnet. Weiter erkennt man noch durch Einsetzen der Ableitungen

$$\frac{\partial w_r}{\partial z} = 0, \quad \frac{\partial (w_n r)}{\partial r} = 0, \quad \frac{\partial (w_n r)}{\partial z} = 0, \quad \frac{\partial w_r}{\partial \varphi} = 0$$

mit $w_z = 0$ in die Formeln (5) und (7) des § 5, daß unsere Strömung durchaus w i r b e l f r e i verläuft.

Um nun die G l e i c h u n g d e r S t r o m l i n i e n in der Normalebene zur Achse zu finden, erinnern wir uns der Definition der Geschwindigkeitskomponenten für die stationäre Bewegung, nämlich

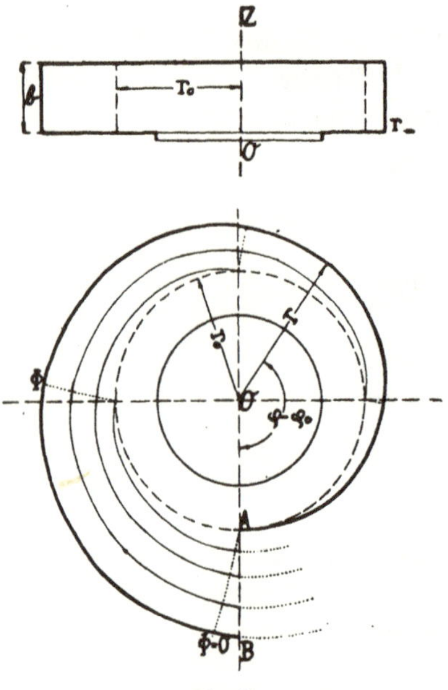

Fig. 21.

$$w_r = \frac{dr}{dt}, \quad w_n = \frac{r d\varphi}{dt} \quad . \quad (7).$$

aus denen

$$\frac{r d\varphi}{dr} = \frac{w_n}{w_r} = \frac{w_n r}{w_r r} \quad . \quad . \quad (7^a)$$

oder wegen (2) und (3)

$$\frac{r d\varphi}{dr} = \frac{\gamma_0 (w_n r)_0}{\gamma (w_r r)_0} = \frac{\gamma_0}{\gamma} \frac{w_{n0}}{w_{r0}} \quad . \quad (7^b)$$

folgt.

I. Ist im speziellen Falle einer i n k o m p r e s s i b l e n F l ü s s i g k e i t $\gamma = \gamma_0$, so wird daraus

$$d\varphi = \frac{(w_n r)_0}{(w_r r)_0} \frac{dr}{r}$$

oder integriert mit $\varphi = \varphi_0$ für $r = r_0$

$$\varphi - \varphi_0 = \frac{(w_n r)_0}{(w_r r)_0} \lg n \frac{r}{r_0}$$

$$= \frac{w_{n0}}{w_{r0}} \lg n \frac{r}{r_0} \quad . \quad . \quad . \quad (8)$$

Es ist dies die Gleichung einer Schar l o g a r i t h m i s c h e r S p i r a l e n für verschiedene Werte des Anfangswinkels φ_0, der somit einen Parameter der Stromlinien darstellt. Im Grundrisse der Fig. 21 sind vier solcher Spiralen eingezeichnet, deren Parameter φ_0 sich um $\frac{\pi}{2}$ unterscheiden; man erkennt leicht, daß jede derselben — unter der Voraussetzung einer reibungsfreien Flüssigkeit — als Begrenzung der ganzen Strömung benutzt werden kann. Verläuft diese, wie im Aufriß angedeutet, zwischen zwei festen ebenen Wänden, so sind die Seitenwände als Zylinder über den Begrenzungsspiralen auszubilden, woraus dann ein sog. S p i r a l g e h ä u s e hervorgeht.

Solche Gehäuse werden in der Neuzeit häufig bei Pumpen und Turbinen angewandt, worauf wir noch zurückkommen werden. In diesen Gehäusen berechnet sich der Druck nach (5) mit $\gamma = \text{Const.}$

$$\frac{p - p_0}{\gamma} = \frac{w_0^2 - w^2}{2g}$$

worin wegen (2), (3) und (4)

$$w^2 = \frac{(w_r r)^2 + (w_n r)^2}{r^2} = \frac{(w_r r)_0^2 + (w_n r)_0^2}{r^2} = w_0^2 \frac{r_0^2}{r^2} \quad . \quad . \quad (4^a)$$

zu setzen ist, so daß

$$\frac{p - p_0}{\gamma} = \frac{w_0^2}{2g}\left(1 - \frac{r_0^2}{r^2}\right) \quad . \quad . \quad . \quad . \quad . \quad . \quad . \quad (5^a)$$

wird. Dieses Ergebnis ist insofern von großer praktischer Bedeutung, weil es die Unmöglichkeit eines konstanten Druckes bzw. einer konstanten Stromgeschwindigkeit im Innern eines durch parallele Wände begrenzten Spiralgehäuses dartut. Der Druck wächst vielmehr vom Innenradius r_0 bis zum Außenradius mit abnehmender Geschwindigkeit, so daß wir also in dem Querschnitt AB nebeneinander Stromfäden von sehr verschiedenem Bewegungszustand haben, zwischen denen in dem dort beginnenden Druckstutzen ein Ausgleich herzustellen ist, der an dessen Einmündung in die Druckleitung wenigstens angenähert vollendet sein sollte. Die Lösung dieser Aufgabe ohne nennenswerte Energieverluste ist bei tangentialem Druckrohranschluß geschickten Konstrukteuren auf empirischem Wege gut gelungen, während die Hydrodynamik dafür versagt.

Verlangt man zur bequemeren Überführung in das kreisförmige Druckrohr einen quadratischen Endquerschnitt des Druckstutzens, so muß dessen Seitenlänge mit der konstanten Gehäusebreite b übereinstimmen. Durch einen Streifen von der radialen Höhe dr strömt demnach eine Flüssigkeitsmenge

$$dQ = \gamma b w_n dr = \gamma b (w_n r) \frac{dr}{r},$$

mithin ist die ganze Durchflußmenge mit $w_n r = (w_n r)_0$

$$Q = \gamma b (w_n r)_0 \int_{r_0}^{r_0 + b} \frac{dr}{r} = \gamma b (w_n r)_0 \lg n \left(1 + \frac{b}{r_0}\right) \quad . \quad . \quad . \quad . \quad (9),$$

Diese Formel kann zur näherungsweisen Berechnung der Gehäusebreite b benutzt werden, da sowohl Q

als auch γ und $(w_n r)_0$ bekannt sind. Schreibt man nämlich in erster Annäherung

$$\lg n\left(1+\frac{b}{r_0}\right)\sim\frac{b}{r_0},$$

so wird aus (9) mit $Q=\gamma V$

$$b^2=\frac{Q r_0}{\gamma (w_n r)_0}=\frac{Q}{\gamma w_{n0}}=\frac{V}{w_{n0}}.$$

Nach Einsetzen dieses Wertes in den Logarithmus ergibt sich als zweite Annäherung

$$b=\frac{Q}{\gamma w_{n0} r_0 \lg n\left(1+\frac{1}{r_0}\sqrt{\frac{Q}{\gamma w_{n0}}}\right)}=\frac{V}{w_{n0} r_0 \lg n\left(1+\frac{1}{r_0}\sqrt{\frac{V}{w_{n0}}}\right)} \quad . \quad . \quad . \quad (9^a)$$

die für praktische Zwecke stets hinreichen dürfte.

Die vorstehende Berechnung versagt natürlich bei Gehäusen mit kreisförmigem Querschnitt, in denen eine im hydrodynamischen Sinne geordnete Strömung überhaupt nicht zu erzielen ist. Solche Gehäuse können demnach nur dann als zulässig bezeichnet werden, wenn die Flüssigkeit in ihnen keine erhebliche Geschwindigkeit mehr besitzt, so daß Verluste an kinetischer Energie infolge der Mischung von Stromfäden keine nennenswerte Rolle spielen. Daraus folgt schon, daß derartige Gehäuse stets recht bedeutende Querschnitte besitzen müssen.

Schließlich ergibt sich das Geschwindigkeitspotential Φ unserer wirbelfreien Strömung mit den Gleichungen

$$\frac{\partial \Phi}{\partial r}=w_r=\frac{(w_r r)_0}{r}, \qquad \frac{\partial \Phi}{d\varphi}=w_n r=(w_n r)_0 \quad . \quad . \quad . \quad (10)$$

aus

$$\partial \Phi=\frac{\partial \Phi}{\partial r}dr+\frac{\partial \Phi}{\partial \varphi}d\varphi=(w_r r)_0\frac{dr}{r}+(w_n r)_0\, d\varphi$$

durch Integration zu

$$\Phi=(w_r r)_0 \lg n\frac{r}{r_0}+(w_n r)_0(\varphi-\varphi_0) \quad . \quad . \quad . \quad . \quad . \quad (10^a)$$

wenn wir seinen Wert für $r=r_0$ und $\varphi=\varphi_0$ willkürlich gleich Null setzen. Die diesem Anfangswert entsprechende Äquipotentialkurve, aus der die anderen naturgemäß durch bloße Drehung aus dem Anfang O hervorgehen, hat demnach die Gleichung

$$\varphi-\varphi_0=-\frac{w_{r0}}{w_{n0}}\lg n\frac{r}{r_0} \quad . \quad . \quad . \quad . \quad . \quad (10^b)$$

die ebenfalls einer logarithmischen Spirale zugehört. In Fig. 21 sind die durch die Schnittpunkte der Stromlinien mit dem Kreise $r = r_0$ gehenden Äquipotentialspiralen so weit punktiert eingetragen, als sie innerhalb der stark gezeichneten Begrenzung verlaufen. Man übersieht leicht, daß die vorstehende Strömung auch als Kombination der im letzten Paragraphen behandelten wirbelfreien Rotation mit der durch Fig. 10 dargestellten reinen Radialströmung aufgefaßt werden kann.

II. Haben wir es, wie in den Gehäusen von Schleudergebläsen, mit einer gasförmigen Flüssigkeit zu tun, so wird deren spezifisches Gewicht γ mit dem Drucke p im allgemeinen wachsen. Für die Zustandsänderung dürfen wir mit hinreichender Genauigkeit

$$p\gamma_0^{\varkappa} = p_0\gamma^{\varkappa} \quad . \; . \; . \; . \; . \; . \; . \; . \; . \quad (6^a)$$

setzen, worin der Exponent für die Isotherme den Wert $\varkappa = 1$, für die Adiabate im Falle atmosphärischer Luft dagegen $\varkappa = 1{,}41$ annimmt. In den fraglichen Gebläsegehäusen sind die Dichteänderungen stets nur so klein, daß wir mit hinreichender Genauigkeit

$$\gamma = \gamma_0 + \varDelta\gamma = \gamma_0\left(1 + \frac{\varDelta\gamma}{\gamma_0}\right) \quad . \; . \; . \; . \; . \quad (11)$$

setzen und daher an Stelle von (6^a) unter Vernachlässigung höherer Potenzen von $\varDelta\gamma : \gamma$

$$p = p_0\left(1 + \varkappa\,\frac{\varDelta\gamma}{\gamma_0}\right) \quad . \; . \; . \; . \; . \; . \; . \quad (6^b)$$

schreiben dürfen. Damit aber wird die Energiegleichung (5)

$$\int_{p_0}^{p}\frac{dp}{\gamma} = \frac{\varkappa\,p_0}{\gamma_0^2}\,\varDelta\gamma = \frac{w_0^2 - w^2}{2g} \quad . \; . \; . \; . \; . \quad (5^b)$$

worin mit Rücksicht auf (2), (3) und (4)

$$w^2 = \left(w_{n0}^2 + w_{r0}^2\,\frac{\gamma_0^2}{\gamma^2}\right)\frac{r_0^2}{r^2}$$

oder mit (11) unter Vernachlässigung der Potenzen von $\varDelta\gamma : \gamma$

$$w^2 = \left(w_{n0}^2 + w_{r0}^2 - 2\,w_{r0}^2\,\frac{\varDelta\gamma}{\gamma_0}\right)\frac{r_0^2}{r^2}$$

geschrieben werden darf. Da nun auch in diesem Falle ein der Fig. 21 ähnlicher Stromverlauf zu erwarten steht, bei dem die Radialgeschwindigkeit w_r offenbar klein gegen die Tangentialkomponente w_n ausfällt, so dürfen wir in der Klammer der letzten Formel unbedenklich das Produkt $2\,w_{r0}^2\frac{\Delta\gamma}{\gamma_0}$ vernachlässigen und kurzerhand, wie oben in (4ª)

$$w^2 = (w_{n0}^2 + w_{r0}^2)\frac{r_0^2}{r^2} = w_0^2\frac{r_0^2}{r^2} \quad . \quad . \quad . \quad . \quad . \quad (4^a)$$

setzen. Damit aber geht (5ᵇ) über in

$$\Delta\gamma = \frac{\gamma_0^2 w_0^2}{2\varkappa g p_0}\left(1 - \frac{r_0^2}{r^2}\right) \quad . \quad . \quad . \quad . \quad . \quad . \quad . \quad (12)$$

woraus sich mit (6ᵇ) die Drucksteigerung

$$\frac{p - p_0}{\gamma_0} = \frac{w_0^2}{2g}\left(1 - \frac{r_0^2}{r^2}\right) \quad . \quad . \quad . \quad . \quad . \quad . \quad . \quad (12^a)$$

ganz wie in (5ª) berechnet.

Zur Ermittelung des Stromverlaufes greifen wir nunmehr auf Gl. (7ᵇ) zurück, die mit (11) und (12) näherungsweise

$$\frac{r d\varphi}{dr} = \frac{w_{n0}}{w_{r0}}\left(1 - \frac{\Delta\gamma}{\gamma_0}\right) = \frac{w_{n0}}{w_{r0}}\left[1 - \frac{\gamma_0 w_0^2}{2\varkappa g p_0}\left(1 - \frac{r_0^2}{r^2}\right)\right]$$

oder auch

$$d\varphi = \frac{w_{n0}}{w_{r0}}\left[\left(1 - \frac{\gamma_0 w_0^2}{2\varkappa g p_0}\right)\frac{dr}{r} + \frac{\gamma_0 w_0^2 r_0^2}{2\varkappa g p_0}\frac{dr}{r^3}\right]$$

geschrieben werden kann. Sie liefert durch Integration mit der unteren Grenze φ_0 und r_0

$$\varphi - \varphi_0 = \frac{w_{n0}}{w_{r0}}\left[\left(1 - \frac{\gamma_0 w_0^2}{2\varkappa g p_0}\right)\lg n\frac{r}{r_0} + \frac{\gamma_0 w_0^2}{4\varkappa g p_0}\left(1 - \frac{r_0^2}{r^2}\right)\right] \quad . \quad (13)$$

als G l e i c h u n g d e r S t r o m l i n i e, die in $r_0\varphi_0$ beginnt und wie (8) einen spiralartigen Verlauf nimmt. Für $\varkappa = \infty$ geht sie entsprechend dem Verschwinden von $\Delta\gamma$ wieder in die logarithmische Spirale über. Von ihr unterscheidet sie sich wegen der Kleinheit der Zusatzglieder nur so wenig, daß sich eine besondere Aufzeichnung neben Fig. 21 erübrigt. Daher gelten auch für diesen Fall die obigen Bemerkungen über den Anschluß des Druckstutzens und die Gehäusebreite, deren Berechnung nach Gl. (9ª) mit dem Mittelwerte von γ durchgeführt werden kann. Will man, was übrigens praktisch kaum von Bedeutung ist, noch genauer rechnen, also stärkere Druck- und Dichteänderungen zulassen, so wird man auf Reihenentwicklungen geführt, die in einer Abhandlung von R. L o r e n z, »Die Spiralgehäuse von Turbinen, Kreiselpumpen usw.« (Zeitschrift f. d. ges. Turbinenwesen 1907) nachgelesen werden können.

III. Die im vorstehenden betrachteten ebenen Strömungen verlaufen außerdem noch achsensymmetrisch, so daß sämtliche Stromlinien einander kongruent waren und insbesondere den Innenkreis mit dem Radius r_0 eines danach geformten Gehäuses in gleichen Winkeln durchsetzten. Verlangen wir jedoch für das Gehäuse an Stelle der Symmetrie um die Radachse eine solche um eine Normale zu dieser in der Stromebene, also eine symmetrische Strömung für die beiden durch die Normale getrennten Gehäusehälften, so muß die Strömung in unendlicher Entfernung von der Radmitte in eine einfache Parallelströmung übergehen. Die Radmitte selbst erscheint hierbei als eine Quelle bzw. Senke mit radial einmündenden Stromlinien, die sich in ihrem weiteren Verlaufe der Parallelströmung anschließen, und insgesamt vom Parallelstrom durch eine ebenfalls als Stromlinie anzusehende Kurve getrennt sind, die wir dann als Gehäusewand benutzen können. Für die analytische Darstellung der so geschilderten Strömung greifen wir auf die allgemeine Kontinuitätsgleichung für inkompressible Flüssigkeiten zurück, die mit $w_z = 0$ sich in

$$\frac{\partial (w_r r)}{\partial r} + \frac{\partial w_n}{\partial \varphi} = 0 \quad \ldots \ldots \ldots \quad (14)$$

vereinfacht. Dazu tritt die Bedingung der Wirbelfreiheit, für die hier infolge des Wegfalls der Achsialbewegung nur der Achsialwirbel ε_z Gl. (7) § 5 in Frage kommt, und dessen Verschwinden auf

$$\frac{\partial (w_n r)}{\partial r} - \frac{\partial w_r}{\partial \varphi} = 0 \quad \ldots \ldots \ldots \quad (15)$$

führt.

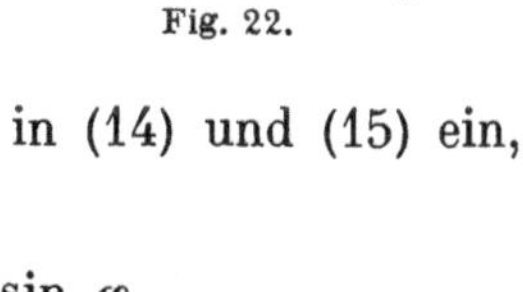

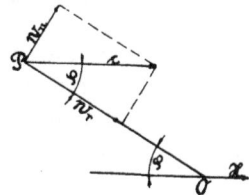

Fig. 22.

Hätten wir es nun mit einer reinen Parallelströmung in der x-Richtung zu tun, deren Geschwindigkeit überall c wäre, so müßte nach Fig. 22 im Punkt P mit $OP = r$

$$w_n = c \sin \varphi, \quad w_r = -c \cos \varphi$$

sein. Setzen wir hiervon den Ausdruck für w_n in (14) und (15) ein, so folgt

$$\frac{\partial (w_r r)}{\partial r} = -c \cos \varphi, \quad \frac{\partial (w_r r)}{r \partial \varphi} = c \sin \varphi$$

oder

$$d (w_r r) = \frac{\partial (w_r r)}{\partial r} dr + \frac{\partial (w_r r)}{\partial \varphi} d\varphi = -c\, d (r \cos \varphi)$$

mithin

$$w_r r = a - c r \cos \varphi, \quad w_n = c \sin \varphi \quad \ldots \ldots \quad (16)$$

worin a eine Integrationskonstante bedeutet, die im Falle der reinen Parallelströmung verschwindet. Zur Ermittelung der Stromlinienform führen wir eine der Kontinuitätsgleichung (14) genügende Stromfunktion Ψ durch die Formeln

$$\frac{\partial \Psi}{\partial r} = -\gamma w_n, \quad \frac{\partial \Psi}{\partial \varphi} = \gamma w_r r \quad \ldots \ldots \quad (14^a)$$

ein, woraus mit (16)

$$d\Psi = \frac{\partial \Psi}{\partial \varphi} d\varphi + \frac{\partial \Psi}{\partial r} dr = \gamma \left(a \, d\varphi - c \, d(r \sin \varphi) \right)$$

oder nach Integration mit einer Konstanten Ψ_0

$$\Psi - \Psi_0 = \gamma (a \varphi - c r \sin \varphi) \quad \ldots \ldots \quad (17)$$

folgt. Die in den Formeln (16) und (17) auftretende Konstante a bestimmen wir aus der Überlegung, daß es auf der Symmetriegeraden ($\varphi = 0$) einen Punkt $r = r_0$ geben wird, in dem die Wirkung der Quelle und die des Parallelstromes sich gerade aufheben, in dem also sowohl w_n als auch w_r verschwinden. Dann aber ist nach (16)

$$a = c r_0 \quad \ldots \ldots \ldots \ldots \quad (18)$$

so daß wir auch für (16) und (17) schreiben dürfen

$$w_r r = c (r_0 - r \cos \varphi), \quad w_n = c \sin \varphi \quad \ldots \quad (16^a)$$

$$\Psi - \Psi_0 = \gamma c (r_0 \varphi - r \sin \varphi) \quad \ldots \ldots \quad (17^a)$$

Für die resultierende Geschwindigkeit ergibt sich weiter mit (16^a)

$$w^2 = w_r^2 + w_n^2 = c^2 \left(1 + \frac{r_0^2}{r^2} - 2 \frac{r_0}{r} \cos \varphi \right) \quad \ldots \quad (16^b)$$

woraus deren Übergang in c für $r = \infty$ ohne weiteres erhellt. Sie ergibt sich übrigens sofort bei gegebenem c in dem Dreieck r, r_0 aus dem eingeschlossenen Winkel φ als die diesem gegenüberliegende Seite. Auf dem Kreise mit dem Radius r_0 wird ferner nach (16^a) und (16^b)

$$w_r = c (1 - \cos \varphi) = 2 c \sin^2 \frac{\varphi}{2}$$

$$w_0 = 2 c \sin \frac{\varphi}{2}.$$

Die Konstante Ψ_0 bestimmen wir nun durch die Festsetzung, daß auf der positiven Symmetriegeraden, also für $\varphi = 0$, $\Psi = 0$, sein soll, woraus mit (17^a) $\Psi_0 = 0$ folgt. Alsdann wird

$$\Psi = \gamma c (r_0 \varphi - r \sin \varphi) \quad \ldots \ldots \quad (17^b)$$

die Gleichung der Stromlinien, von denen die beiden mit den Parametern $\Psi = 0$ und $\Psi = 2 \pi c r_0 \gamma$ den Kreis r_0 im Punkte $\varphi = 0$ berühren. Zu ihnen gehört natürlich auch das Stück OA der positiven Symmetriegeraden innerhalb des Kreises r_0, während sie für $\varphi = \pm \pi$ je einer Asymptote im Abstande $\pm \pi r_0$ von der Symmetriegeraden zustreben (Fig. 23). Für die Konstruktion dieser beiden kon-

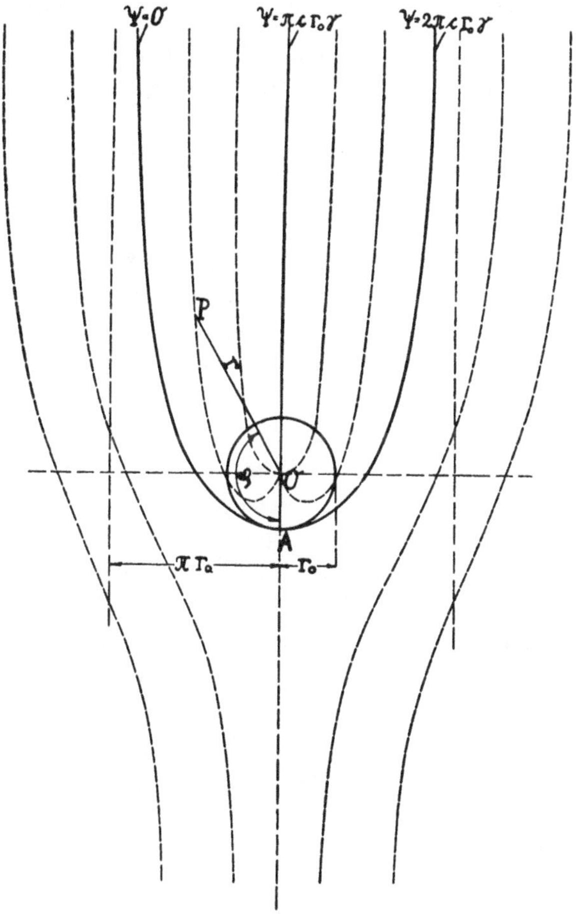

Fig. 23.

gruenten Stromlinienzweige, welche die Begrenzungslinien des Gehäuses bilden, genügt es, sich auf $\Psi = 0$ mit der Gleichung

$$r = r_0 \frac{\varphi}{\sin \varphi} \quad \ldots \ldots \ldots \quad (18)$$

zu beschränken, und die andere $\Psi = 2\pi\, c r_0$ als Spiegelbild aufzuzeichnen. Die außerhalb dieses in Fig. 23 stark ausgezogenen Linienpaares punktiert eingetragenen Kurven gehören der Strömung um das

Quellenbereich an und haben für die Gehäuseform keine praktische Bedeutung. Dasselbe gilt auch für den punktierten Stromlinienverlauf innerhalb des Kreises r_0, von dem uns nur der Winkel φ_0 des Schnittpunktes einer Stromlinie vom Parameter $\Psi = \frac{2\pi c r_0}{n}$ mit dem Kreis r_0 interessiert. Dieser bestimmt sich durch Einsetzen des Parameters mit $r = r_0$ in (17^b), also durch die transzendente Gleichung

$$\varphi_0 - \sin\varphi_0 = \frac{2\pi}{n} \quad . \; . \; . \; . \; . \; . \; . \; . \quad (19)$$

und liefert offenbar eine sehr ungleichförmige Teilung des Kreisumfangs durch Stromlinien mit gleichen Parameterdifferenzen, aus denen mit der Gehäusebreite b, die wie früher normal zur Bildebene zu verstehen ist, sich die Durchflußvolumina bzw. Gewichte $Q = V\gamma = b\Psi$ ergeben. Schließlich berechnet sich noch der Winkel β der Stromlinien mit dem Radius r_0 am Schnitte mit dem Kreis r_0 aus (16^a) mit $r = r_0$ und $\varphi = \varphi_0$ durch

$$\operatorname{tg}\beta = \frac{w_n}{w_r} = \frac{\sin\varphi_0}{1 - \cos\varphi_0} = \operatorname{cotg}\frac{\varphi_0}{2} \quad . \; . \; . \; . \quad (20)$$

Dieser Winkel ist, wie wir später noch erkennen werden, maßgebend für die Form der Leitschaufeln, welche die Überführung der Flüssigkeit zwischen dem Kreiselrad und dem Gehäuse vermitteln.

Die — meines Wissens bisher noch nicht versuchte — Verwendung der eben geschilderten Gehäuseform dürfte insbesondere dann in Betracht kommen, wenn man, wie gelegentlich bei Ventilatoren, die Luft in einen breiten Kanal mit rechteckigem Querschnitt fördern sollte. Jedenfalls kann man nicht erwarten, mit anderen Formen, z. B. einer Zusammenziehung des Gehäuses zu einer quadratischen Mündung eine wirbelfreie Strömung zu erhalten.

§ 7. Allgemeine Theorie achsensymmetrischer Strömungen ohne Ringwirbel.

Wegen ihrer großen Bedeutung für die Ermittelung von Strombildern zur Begrenzung der Profile von Kreiselrädern wollen wir noch die Bedingung ableiten, welche eine ringwirbelfreie Stromfunktion ψ allgemein zu erfüllen hat. Zu diesem Zwecke erinnern wir uns der Tatsache, daß im Falle des Verschwindens des Ringwirbels, d. h., wenn

$$\frac{\partial w_r}{\partial z} = \frac{\partial w_z}{\partial r} \quad . \; . \; . \; . \; . \; . \; . \; . \; . \; . \quad (1)$$

ist, die Strömung ein Geschwindigkeitspotential Φ derart besitzt, daß (Gl. (9) § (5)

$$w_r = \frac{\partial \Phi}{\partial r}, \quad w_z = \frac{\partial \Phi}{\partial z} \quad \ldots \ldots \ldots \quad (1^a)$$

gesetzt werden kann, wobei wir von dem Verhalten der Rotationskomponente zunächst ganz absehen wollen. Da nun anderseits (Gl. (5) § 3)

$$\gamma w_r r = -\frac{\partial \Psi}{\partial z}, \quad \gamma w_z r = +\frac{\partial \Psi}{\partial r} \quad \ldots \ldots \quad (2)$$

so folgt auch

$$\frac{\partial \Phi}{\partial r} = -\frac{1}{\gamma r}\frac{\partial \Psi}{\partial z}, \quad \frac{\partial \Phi}{\partial z} = +\frac{1}{\gamma r}\frac{\partial \Psi}{\partial r} \quad \ldots \ldots \quad (3)$$

woraus durch partielle Differentiation nach z bzw. r sowie nach Subtraktion dieser Gleichungen voneinander unter gleichzeitiger Elimination von Φ

$$\frac{\partial}{\partial z}\left(\frac{1}{\gamma r}\frac{\partial \Psi}{\partial z}\right) + \frac{\partial}{\partial r}\left(\frac{1}{\gamma r}\frac{\partial \Psi}{\partial r}\right) = 0 \quad \ldots \ldots \quad (4)$$

oder

$$\frac{\partial}{\partial z}\left(\frac{1}{r}\frac{\partial \Psi}{\partial z}\right) + \frac{\partial}{\partial r}\left(\frac{1}{r}\frac{\partial \Psi}{\partial r}\right) = \frac{1}{\gamma r}\left(\frac{\partial \Psi}{\partial z}\frac{\partial \gamma}{\partial z} + \frac{\partial \Psi}{\partial r}\frac{\partial \gamma}{\partial r}\right) \quad \ldots \quad (4^a)$$

hervorgeht. Eliminieren wir aber umgekehrt nach Multiplikation von (3) mit γr die Stromfunktion Ψ, so ergibt sich für das Geschwindigkeitspotential Φ die Differentialgleichung

$$\frac{\partial}{\partial z}\left(\gamma r\frac{\partial \Phi}{\partial z}\right) + \frac{\partial}{\partial r}\left(\gamma r\frac{\partial \Phi}{\partial r}\right) = 0 \quad \ldots \ldots \quad (5)$$

oder

$$\frac{\partial}{\partial z}\left(r\frac{\partial \Phi}{\partial z}\right) + \frac{\partial}{\partial r}\left(r\frac{\partial \Phi}{\partial r}\right) = \frac{r}{\gamma}\left(\frac{\partial \Phi}{\partial z}\frac{\partial \gamma}{\partial z} + \frac{\partial \Phi}{\partial r}\frac{\partial \gamma}{\partial r}\right) \quad \ldots \quad (5^a)$$

Wir wissen nun schon aus § 5, Gl. (9^a), daß die Stromlinien die Flächen gleichen Geschwindigkeitspotentials, denen im Meridianschnitt bestimmte Äquipotentialkurven entsprechen, normal durchsetzen, und zwar ganz unabhängig von der Natur und Zustandsänderung der Flüssigkeit. Die Bedingung hierfür erhalten wir somit aus den beiden Formeln (3) durch Elimination von γr, nämlich

$$\frac{\partial \Phi}{\partial r}\frac{\partial \Psi}{\partial r} + \frac{\partial \Phi}{\partial z}\frac{\partial \Psi}{\partial z} = 0 \quad \ldots \ldots \ldots \quad (6)$$

Dann aber verschwindet die rechte Seite von (4^a) und damit der Einfluß der veränderlichen Dichte auf den Verlauf der Stromlinien, wenn das spezifische Gewicht selbst längs der Äquipotentialkurven konstante Werte besitzt, d. h. wenn γ und damit der Druck p eine

Funktion des Geschwindigkeitspotentials ist. Schreiben wird diese Funktion

$$\left.\begin{aligned} \lg n\, \gamma &= F(\Phi) \\ \frac{1}{\gamma}\frac{\partial \gamma}{\partial r} = F'(\Phi)\frac{\partial \Phi}{\partial r}\,, &\quad \frac{1}{\gamma}\frac{\partial \gamma}{\partial z} = F'(\Phi)\frac{\partial \Phi}{\partial z} \end{aligned}\right\} \quad . \quad . \quad . \quad . \quad (7)$$

so geht unter Beachtung von (1) bzw. nach Einführung der resultierenden Geschwindigkeit w durch

$$w^2 = w_r^2 + w_z^2 = \left(\frac{\partial \Phi}{\partial r}\right)^2 + \left(\frac{\partial \Phi}{\partial z}\right)^2 \quad . \quad . \quad . \quad . \quad . \quad . \quad . \quad (8)$$

Gl. (5^a) über in

$$\frac{\partial}{\partial z}\left(r\frac{\partial \Phi}{\partial z}\right) + \frac{\partial}{\partial r}\left(r\frac{\partial \Phi}{\partial r}\right) = -\, r w^2 F'(\Phi) \quad . \quad . \quad . \quad (5^b)$$

während (4^a) sich vereinfacht in

$$\frac{\partial}{\partial z}\left(\frac{1}{r}\frac{\partial \Psi}{\partial z}\right) + \frac{\partial}{\partial r}\left(\frac{1}{r}\frac{\partial \Psi}{\partial r}\right) = 0 \quad . \quad . \quad . \quad . \quad . \quad . \quad (4^b)$$

Diese Gleichung besteht natürlich auch, wenn die Flüssigkeit inkompressibel, also $\gamma = \gamma_0 =$ Const. ist, womit auch (5^a) sich in

$$\frac{\partial}{\partial z}\left(r\frac{\partial \Phi}{\partial z}\right) + \frac{\partial}{\partial r}\left(r\frac{\partial \Phi}{\partial r}\right) = 0 \quad . \quad . \quad . \quad . \quad . \quad . \quad (5^c)$$

vereinfacht. Diesen Fall wollen wir nun für die folgenden Entwicklungen zugrundelegen, die sich somit auf die Ermittelung von Stromfunktionen und dazugehöriger Geschwindigkeitspotentiale wirbelfreier achsensymmetrischer Strömungen inkompressibler Flüssigkeiten erstrecken. Dabei können wir nun so vorgehen, daß wir durch probeweises Einsetzen beliebiger Funktionen den Differentialgleichungen (4^b) und (5^c) zu genügen suchen und nachträglich deren Konstante aus den äußeren Bedingungen des erhaltenen Strombildes bestimmen.

I. Der Gl. (4^b) wird z. B. durch die Bedingung genügt, daß mit einer Konstanten C

$$\left.\begin{aligned} \frac{\partial}{\partial z}\left(\frac{1}{r}\frac{\partial \Psi}{\partial z}\right) &= -\,C \\ \frac{\partial}{\partial r}\left(\frac{1}{r}\frac{\partial \Psi}{\partial r}\right) &= +\,C \end{aligned}\right\} \quad . \quad . \quad . \quad . \quad . \quad . \quad . \quad . \quad (9)$$

ist. Integriert man die erste dieser Formeln nach z, die zweite nach r, so folgt mit einer reinen Radialfunktion R und einer Funktion Z von z allein

$$\left.\begin{aligned} \frac{1}{r}\frac{\partial \Psi}{\partial z} &= -\,Cz + R \\ \frac{1}{r}\frac{\partial \Psi}{\partial r} &= +\,Cr + Z \end{aligned}\right\} \quad . \quad . \quad . \quad . \quad . \quad . \quad . \quad (9^a)$$

woraus

$$\frac{\partial \Psi}{\partial z} = - C r z + R r$$
$$\frac{\partial \Psi}{\partial r} = + C r^2 + Z r$$

hervorgeht. Differentiert man die erste dieser Formeln nach r, die zweite nach z, so wird daraus

$$\frac{d(Rr)}{dr} - Cz = \frac{\partial^2 \Psi}{\partial r \partial z} = r \frac{dZ}{dz},$$

eine Beziehung, die nur bestehen kann für $C = 0$, womit wegen (9) und (9ᵃ)

$$\gamma w_r = R \quad , \quad \gamma w_z = Z$$

sich ergibt. Dies führt aber auf den in § 4 unter IV behandelten Fall, der in Fig. 14 dargestellten Stromfunktion $\Psi = A_0 (r^2 - r_0^2) z = A\gamma (r^2 - r_0^2) z$ mit den Geschwindigkeitskomponenten

$$\left.\begin{aligned} w_r &= -\frac{A_0}{\gamma}\left(r - \frac{r_0^2}{r}\right) = -A\left(r - \frac{r_0^2}{r}\right) \\ w_z &= 2\frac{A_0}{\gamma} z \qquad\qquad = 2Az. \end{aligned}\right\} \quad . \quad . \quad . \quad (9^b)$$

Ihr Geschwindigkeitspotential Φ folgt aus

$$d\Phi = w_z dz + w_r dr = 2Az dz - A\left(r - \frac{r_0^2}{r}\right) dr$$

durch Integration zu

$$\Phi = A\left(z^2 - \frac{1}{2}(r^2 - r_0^2) + r_0^2 \lg n \frac{r}{r_0}\right) \quad . \quad . \quad . \quad (10)$$

wenn wir seinen Wert für $r = r_0$ und $z = 0$ willkürlich zu Null annehmen. Es bietet natürlich gar keine Schwierigkeit, die konstanten Werte der Φ zugehörigen Ä q u i p o t e n t i a l k u r v e n , welche die Stromlinien normal schneiden, in die Fig. 14 einzutragen, was dem Leser zur Übung empfohlen werden möge. Ohne weiteres übersieht man, daß sie für $r = r_0$, also $\Psi = A\gamma r^2 z$ in Hyperbeln übergehen, deren Asymptoten die Gleichung $r = \pm z\sqrt{2}$ besitzen.

II. Zur Auffindung weiterer Stromfunktionen schreiben wir nunmehr die Gleichungen (7ᵇ) und (5ᶜ) für inkompressible Flüssigkeiten in der Form

$$\left.\begin{aligned} \frac{\partial^2 \Psi}{\partial z^2} + \frac{\partial^2 \Psi}{\partial r^2} - \frac{1}{r}\frac{\partial \Psi}{\partial r} &= 0 \\ \frac{\partial^2 \Phi}{\partial z^2} + \frac{\partial^2 \Phi}{\partial r^2} + \frac{1}{r}\frac{\partial \Phi}{\partial r} &= 0 \end{aligned}\right\} \quad . \quad . \quad . \quad . \quad . \quad . \quad (11)$$

aus der wir zunächst erkennen, daß die Funktionen Φ und Ψ nicht miteinander vertauschbar sind. Dies würde erst mit $r = \infty$, d. h. für eine ebene Strömung eintreten, da hierbei die letzten Glieder links verschwinden und damit beide Gleichungen (11) dieselbe Form annehmen. Einige solcher ebenen Strömungen haben wir in § 6 schon besprochen, weitere werden in den Lehrbüchern der Hydrodynamik eingehend untersucht. Da sie für uns keine praktische Bedeutung haben, so wollen wir uns damit auch nicht aufhalten.

Wir wollen nun versuchen, ob die Gleichungen (11) nicht durch den Ansatz

$$\Psi = R Z \quad \ldots \ldots \ldots \quad (12)$$

befriedigt werden, worin R wie früher eine bloße Funktion von r, Z eine solche von z bedeuten mögen. Durch Einsetzen erhalten wir zunächst

$$R \frac{d^2 Z}{d z^2} + Z \left(\frac{d^2 R}{d r^2} - \frac{1}{r} \frac{d R}{d r} \right) = 0$$

oder

$$\frac{1}{R} \left(\frac{d^2 R}{d r^2} - \frac{1}{r} \frac{d R}{d r} \right) = - \frac{1}{Z} \frac{d^2 Z}{d z^2} \quad \ldots \ldots \quad (12^a)$$

Diese Gleichung kann aber nur bestehen, wenn sowohl die rechte als auch die linke Seite einer und derselben Konstanten gleich werden. Ist diese positiv, so können wir dafür auch α^2 schreiben und erhalten aus (9^a)

$$\left. \begin{aligned} & \frac{d^2 Z}{d z^2} + \alpha^2 z = 0 \\ & \frac{d^2 R}{d r^2} - \frac{1}{r} \frac{d R}{d r} = \alpha^2 R \end{aligned} \right\} \quad \ldots \ldots \ldots \quad (12^b)$$

Die erste dieser Gleichungen besitzt nun das allgemeine mit zwei willkürlichen Konstanten A und B behaftete Integral

$$Z = A \cos \alpha z + B \sin \alpha z \quad \ldots \ldots \quad (13)$$

womit schon Z selbst bestimmt ist. Die zweite Gl. (12^b) für R läßt sich nicht in geschlossener Form auswerten, wir versuchen daher die Reihenentwicklung

$$R = C_0 + C_1 r + C_2 r^2 + C_3 r^3 + C_4 r^4 + C_5 r^5 + \ldots \quad (14)$$

woraus

$$\left. \begin{aligned} & \frac{1}{r} \frac{dR}{dr} = \frac{C_1}{r} + 2 C_2 + 3 C_3 r + 4 C_4 r^2 + 5 C_5 r^3 + \ldots \\ & \frac{d^2 R}{d r^2} = 2 C_2 + 2 \cdot 3 \cdot C_3 r + 3 \cdot 4 \cdot C_4 r^2 + 4 \cdot 5 \cdot C_5 r^3 + \ldots \end{aligned} \right\} \quad (14^a)$$

folgt. Setzen wir diese Reihen in die zweite Formel (12^b) ein, so liefert die Methode der unbestimmten Koeffizienten, die auf das Verschwinden der Faktoren aller algebraisch summierten Potenzen von r hinausläuft,

$$0 = C_0 = C_1 = C_3 = C_5 = \dots$$
$$C_4 = \frac{\alpha^2 C_2}{2 \cdot 4}, \quad C_6 = \frac{\alpha^2 C_4}{4 \cdot 6} = \frac{\alpha^4 C_2}{2 \cdot 4 \cdot 4 \cdot 6}$$
$$C_8 = \frac{\alpha^2 C_6}{6 \cdot 8} = \frac{\alpha^6 C_2}{2 \cdot 4 \cdot 4 \cdot 6 \cdot 6 \cdot 8} \text{ usw.}$$

so daß also das Integral der zweiten Differentialgleichung (12^b) mit $C_2 = C$

$$R = Cr^2 \left(1 + \frac{\alpha^2 r^2}{2 \cdot 4} + \frac{\alpha^4 r^4}{2 \cdot 4 \cdot 4 \cdot 6} + \frac{\alpha^6 r^6}{2 \cdot 4 \cdot 4 \cdot 6 \cdot 6 \cdot 8} + \dots \right) \quad (14^b)$$

lautet. Da diese Lösung nur eine willkürliche Konstante, nämlich C besitzt, die Differentialgleichung für R aber von zweiter Ordnung ist, deren allgemeines Integral zwei solcher Konstanten besitzen muß, so kann (14^b) nur ein partikuläres Integral darstellen, das wir einmal mit R_1 bezeichnen wollen. Dann gilt sowohl für R_1 als auch für R

$$\left.\begin{aligned} \frac{d^2R}{dr^2} - \frac{1}{r}\frac{dR}{dr} &= \alpha^2 R \\ \frac{d^2R_1}{dr^2} - \frac{1}{r}\frac{dR_1}{dr} &= \alpha^2 R_1 \end{aligned}\right\} \quad \dots \dots \quad (15)$$

Multiplizieren wir die erste dieser Formeln mit R_1, die zweite mit R und subtrahieren, so ergibt sich unter Wegfall von $\alpha^2 R R_1$

$$R_1 \frac{d^2R}{dr^2} - R \frac{d^2R_1}{dr^2} = \frac{1}{r}\left(R_1 \frac{dR}{dr} - R \frac{dR_1}{dr}\right) \quad \dots \quad (15^a)$$

oder mit der Abkürzung

$$R_1 \frac{dR}{dr} - R \frac{dR_1}{dr} = R_1^2 \frac{d}{dr}\left(\frac{R}{R_1}\right) = U \quad \dots \quad (16)$$

auch

$$\frac{dU}{dr} = \frac{U}{r} \quad \dots \dots \quad (15^b)$$

oder mit einer weiteren Konstanten D

$$U = Dr. \quad \dots \dots \quad (15^c)$$

Dies liefert in (16) eingesetzt

$$\frac{d}{dr}\left(\frac{R}{R_1}\right) = \frac{U}{R_1^2} = \frac{Dr}{R_1^2}$$

oder integriert

$$R = CR_1 + DR_1 \int \frac{rdr}{R_1^2} \quad \ldots \ldots \quad (17)$$

wofür wir auch mit

$$R_1 \int \frac{rdr}{R_1^2} = R_2 \quad \ldots \ldots \quad (18)$$

kürzer

$$R = CR_1 + DR_2 \quad \ldots \ldots \quad (18^a)$$

schreiben dürfen. Daraus erkennen wir, daß R_2 das zweite, uns noch fehlende partikuläre Integral darstellt, welches mit R_1 zusammen nach der letzten Gleichung das vollständige Integral der ersten Gl. (15) bildet, und welches in der Tat die beiden Konstanten C und D besitzt. Setzen wir die Reihe (14^b) in (18) für R_1 ein und führen unter erneuter Anwendung der Methode der unbestimmten Koeffizienten die Integration aus, so ergibt sich

$$\frac{R_2}{R_1} = -\frac{1}{C^2}\left(\frac{1}{2r^2} + \frac{\alpha^2}{4} \lg n \, \alpha r - \frac{7\alpha^4 r^2}{2^2 \cdot 4^2 \cdot 6} + \frac{19\alpha^6 r^4}{2^3 \cdot 4^3 \cdot 6^2} - \ldots\right)$$

oder

$$R_2 = -\frac{R_1}{C^2 r^2}\left(\frac{1}{2} + \frac{\alpha^2 r^2}{4} \lg n \, \alpha r - \frac{7\alpha^4 r^4}{2^2 \cdot 4^2 \cdot 6} + \frac{19\alpha^6 r^6}{2^3 \cdot 4^3 \cdot 6^2} - \ldots\right) \quad (18^b)$$

Verbinden wir schließlich die Ergebnisse (13) mit (18^a) nach Gl. (12), so erhalten wir für die gesuchte Stromfunktion

$$\Psi = (A \cos \alpha z + B \sin \alpha z)(CR_1 + DR_2) \quad \ldots \quad (19)$$

deren Parameter mithin beim Fortschreiten auf der z-Achse periodische Schwankungen erleidet. Verlangen wir, daß er für zwei von Anfang gleichweit entfernte Normalebenen $z = \pm z_0$ unabhängig von r verschwindet, so wird

$$0 = A \cos \alpha z_0 + B \sin \alpha z_0$$

Soll weiterhin die Radialgeschwindigkeit

$$w_r = -\frac{1}{\gamma r} \frac{\partial \Psi}{\partial z} = \alpha (A \sin \alpha z - B \cos \alpha z) \frac{CR_1 + DR_2}{\gamma r}$$

in der Normalebene durch den Anfang verschwinden, so ist $B = 0$, und mit $\Psi = 0$ für die Ebenen $z = \pm z_0$,

$$A \cos \alpha z_0 = 0, \quad \alpha z_0 = \frac{\pi}{2} \quad \ldots \ldots \quad (20)$$

Dann aber können wir in der vereinfachten Gleichung (19)

$$\Psi = AC\left(R_1 + \frac{D}{C} R_2\right) \cos \alpha z$$

wegen der schon in A steckenden Willkürlichkeit kurzerhand $C = 1$ setzen und mit Beachtung von (20)

$$\Psi = A(R_1 + DR_2)\cos\frac{\pi}{2}\frac{z}{z_0} \quad . \quad . \quad . \quad . \quad . \quad (19^a)$$

schreiben. Hieraus ist dann wegen $C = 1$ nach (14^b) und (18^b)

$$R_1 = r^2\left(1 + \frac{\pi^2}{2 \cdot 4 \cdot 2^2}\left(\frac{r}{z_0}\right)^2 + \frac{\pi^4}{2 \cdot 4 \cdot 4 \cdot 6 \cdot 2^4}\left(\frac{r}{z_0}\right)^4 + \ldots\right) \quad . \quad (14^c)$$

$$R_2 = -\frac{R_1}{r^2}\left(\frac{1}{2} + \frac{\pi^2}{4 \cdot 2^2}\left(\frac{r}{z_0}\right)^2 \operatorname{lgn}\left(\frac{\pi r}{2 z_0}\right) - \frac{7\pi^4}{2^7 \cdot 4^3 \cdot 6}\left(\frac{r}{z_0}\right)^2 + \ldots\right) \quad (18^c)$$

Die beiden Geschwindigkeitskomponenten berechnen sich nunmehr zu

$$\left.\begin{aligned} w_r &= -\frac{1}{\gamma r}\frac{\partial\Psi}{\partial z} = \frac{\alpha A}{\gamma}\frac{R_1 + DR_2}{r}\sin\alpha z \\ w_z &= +\frac{1}{\gamma r}\frac{\partial\Psi}{\partial r} = \frac{A}{\gamma}\frac{1}{r}\left(\frac{dR_1}{dr} + D\frac{dR_2}{dr}\right)\cos\alpha z \end{aligned}\right\} \quad . \quad . \quad (21)$$

Verlangen wir, daß die erstere für $r = r_0$, d. h. längs eines Zylinders vom Radius r_0 um die Achse verschwindet, so bestimmt sich die Konstante D mit (18^b) zu

$$D = -\left(\frac{R_1}{R_2}\right)_{r_0} = \frac{r_0^2}{\frac{1}{2} + \frac{\alpha^2 r_0^2}{4}\operatorname{lgn}\alpha r_0 - \frac{7\alpha^4 r_0^2}{2^3 \cdot 4^3 \cdot 6} + \ldots} \quad . \quad (21^a)$$

Der Verlauf (Fig. 24) der durch (19^a) definierten Strömung läßt sich unter Hinzunahme der Ableitung

$$\frac{dz}{dr} = \frac{w_z}{w_r} = \frac{\operatorname{cotg}\alpha z}{\alpha} \cdot \frac{\frac{dR_1}{dr} + D\frac{dR_2}{dr}}{R_1 + DR_2} \quad . \quad . \quad . \quad . \quad (21^b)$$

bequem übersehen, die für $r = r_0$, mit $R_1 + DR_2 = 0$ unendlich wird, so daß wir also innerhalb wie außerhalb des Zylinders $r = r_0$ eine Parallelströmung zur Mantelfläche haben. Für $z = z_0$, also $\alpha z = \frac{\pi}{2}$ wird $\operatorname{cotg}\alpha z_0 = 0$, d. h. längs der beiden Ebenen $z = \pm z_0$ ist $w_z = 0$, so daß dort nur eine Radialbewegung übrig bleibt, die beim Durchgang durch die Zylinderfläche r_0 mit $R_1 + DR_2$ ihr Vorzeichen wechselt. Die Radialgeschwindigkeit verschwindet überdies allgemein für $z = 0$, d. h. in einer Normalebene zur Achse durch den Anfang. In der Achse selbst ($r = 0$) werden beide Geschwindigkeitskomponenten unendlich groß, während dort die Ableitung (21^b) verschwindet, so daß die innerhalb des Zylinders $r = r_0$ verlaufenden

Stromlinien normal in die Achse münden, die hierfür als Quelle bzw. Senke anzusehen ist. Außerhalb des Zylinders $r = r_0$ reicht die Strömung unter fortwährender Zunahme der Radialgeschwindigkeit w_r mit wachsendem Radius r bis ins unendliche. Geht man in Fig. 24 über z_0 beidseitig hinaus, so wiederholt sich einfach das Strombild unendlich oft.

Für den Spezialfall $r_0 = 0$ verschwindet die Konstante D und mit ihr der Einfluß des zweiten partikulären Integrals R_2 auf Stromfunktion, die sich jetzt auf

$$\Psi = A R_1 \cos \alpha z \quad . \quad . \quad . \quad . \quad . \quad . \quad . \quad (19^b)$$

reduziert und den in Fig. 25 verzeichneten Verlauf besitzt. Auch hier wiederholt sich das Bild unendlich oft in der Richtung der Achse.

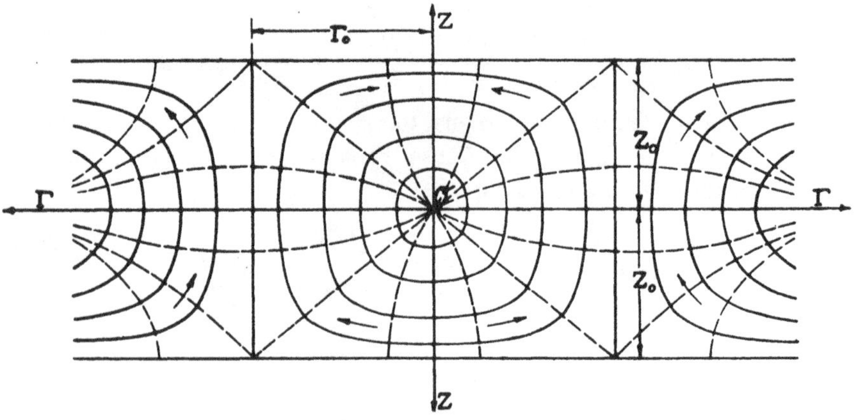

Fig. 24.

Aus den Geschwindigkeitskomponenten (21) ergibt sich schließlich das Geschwindigkeitspotential

$$\Phi = \int (w_r dr + w_z dz)$$

zu

$$\Phi - \Phi_0 = -\frac{A}{\gamma} \sin \alpha z \left(\frac{1}{\varepsilon r} \left(\frac{d R_1}{dr} + D \frac{d R_2}{dr} \right) - \alpha \int (R_1 + D R_2) \frac{dr}{r} \right) \quad (22)$$

worin die Integration nach Einführung der Reihen für R_1 und R_2 keine Schwierigkeiten bietet. Zu seiner Ermittelung hätte man natürlich auch auf die zweite Gl. (11) zurückgreifen und in ihr $\Phi = ZR$ setzen können, woraus sich dann für R eine ähnliche Differentialgleichung wie die oben integrierte ergeben hätte. Die Äquipotentialkurven sind übrigens in Fig. 24 und 25 punktiert eingetragen, man erkennt daraus deutlich ihre asymptotische Annäherung an die r-Achse, während die Stromlinien sich den Geraden $z = \pm z_0$ im Meridianschnitt asymptotisch nähern.

Von den beiden Strombildern Fig. 24 und 25 wurde das letztere von Prašil zur Profilgestaltung von Kreiselrädern vorgeschlagen. Schließlich sei noch bemerkt, daß man natürlich die vorstehende Untersuchung auch mit einer negativen Konstante $-\alpha^2$ in der ersten Gl. (12^b) wiederholen kann. Verlangt man, daß auch in diesem Falle für $z = 0$ die Radialgeschwindigkeit verschwindet, so ergibt sich eine Stromfunktion

$$\Psi = A\left(e^{\alpha z} + e^{-\alpha z}\right)(R_1 + DR_2) \quad . \quad . \quad . \quad . \quad (23)$$

worin die beiden Integrale R_1 und R_2 aus den Reihen (14^b) und (18^b)

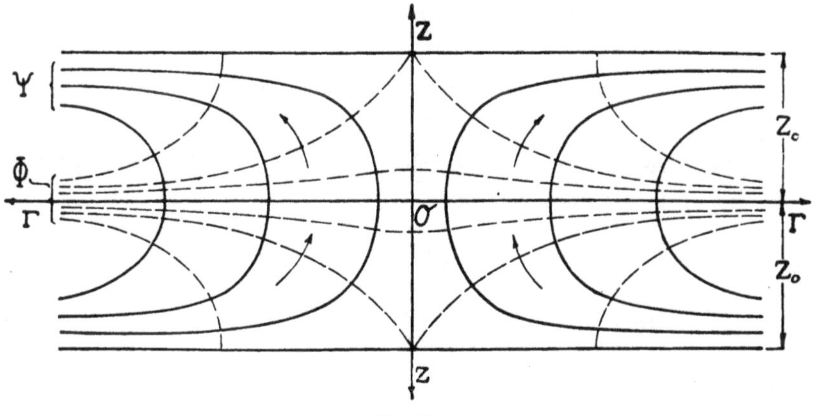

Fig. 25.

einfach durch Vertauschen der Vorzeichen von α^2 gewonnen werden, wenn man die ganze Rechnung hierfür nicht wiederholen will. Die Diskussion der Stromfunktion (23), die dem Leser zur Übung empfohlen sein möge, führt auf ein Strombild, welches sich ersichtlich nach allen Richtungen ins unendliche erstreckt.

III. Befindet sich wie im III. Beispiel des § 6 im Koordinatenanfang eine Quelle, der in der Sekunde ein Flüssigkeitsvolumen V entspringt, das wir als ihre Ergiebigkeit bezeichnen wollen, so wird infolge der gleichartigen Ausbreitung in konzentrischen Kugeln im Abstande $OP = \varrho = \sqrt{r^2 + z^2}$ die Geschwindigkeit

$$w_\varrho = \frac{V}{4\pi\varrho^2}$$

bestehen. Daraus erfolgt alsdann für die Radial- und Achsialkomponente in Zylinderkoordinaten

$$w_r = w_\varrho \frac{r}{\varrho} = \frac{Vr}{4\pi\varrho^3} = \frac{ar}{\varrho^3}$$

$$w_z = w_\varrho \frac{z}{\varrho} = \frac{Vz}{4\pi\varrho^3} = \frac{az}{\varrho^3}$$

Tritt hierzu noch eine konstante Achsialgeschwindigkeit c, so erhalten wir ohne Änderung der Radialkomponente

$$w_r = \frac{ar}{\varrho^3}, \quad w_z = c + \frac{az}{\varrho^3} \quad \ldots \ldots \quad (24)$$

also eine durch die Wirkung der Quelle (oder Senke) gestörte Parallelströmung. Da

$$\frac{\partial w_r}{\partial z} = -\frac{3ar}{\varrho^4}\frac{\partial\varrho}{\partial z} = -\frac{3arz}{\varrho^5}$$

$$\frac{\partial w_z}{\partial r} = -\frac{3az}{\varrho^4}\frac{\partial\varrho}{\partial r} = -\frac{3arz}{\varrho^5}$$

ist, so verschwindet der Ringwirbel, und die Strömung besitzt ein Potential, welches sich aus

$$d\Phi = w_r dr + w_z dz = a\frac{rdr + zdz}{\varrho^3} + cdz$$

$$d\Phi = cdz + a\frac{d\varrho}{\varrho^2}$$

durch Integration zu

$$\Phi - \Phi_0 = cz - \frac{a}{\varrho} = cz - \frac{a}{\sqrt{r^2 + z^2}} \quad \ldots \quad (25)$$

bis auf eine willkürliche Konstante Φ_0 ergibt.

Ebenso erhalten wir mit

$$\frac{\partial\Psi}{\partial r} = \gamma w_z r, \quad \frac{\partial\Psi}{\partial z} = -\gamma w_r r$$

für die Stromfunktion bei konstantem γ

$$d\Psi = \gamma(w_z r dr - w_r r dz) = \gamma\left(crdr + \frac{azrdr}{\varrho^3} - \frac{ar^2dz}{\varrho^3}\right)$$

$$= \gamma\left(crdr + \frac{azrdr}{\varrho^3} + \frac{az^2dz}{\varrho^3} - \frac{adz}{\varrho}\right)$$

$$= \gamma\left(crdr + az\frac{rdr + zdz}{\varrho^3} - \frac{adz}{\varrho}\right)$$

oder

$$d\Psi = \gamma\left(cr\,dr - \frac{\varrho dz - z\,d\varrho}{\varrho^2}\right) = \gamma\left[c\,rdr - a\,d\left(\frac{z}{\varrho}\right)\right]$$

sowie nach Integration mit einer Konstanten Ψ_0

$$\Psi - \Psi_0 = \gamma\left(\frac{cr^2}{2} - \frac{a\,z}{\varrho}\right) = \gamma\left(\frac{cr^2}{2} - \frac{a\,z}{\sqrt{r^2+z^2}}\right) \quad . \quad . \quad (26)$$

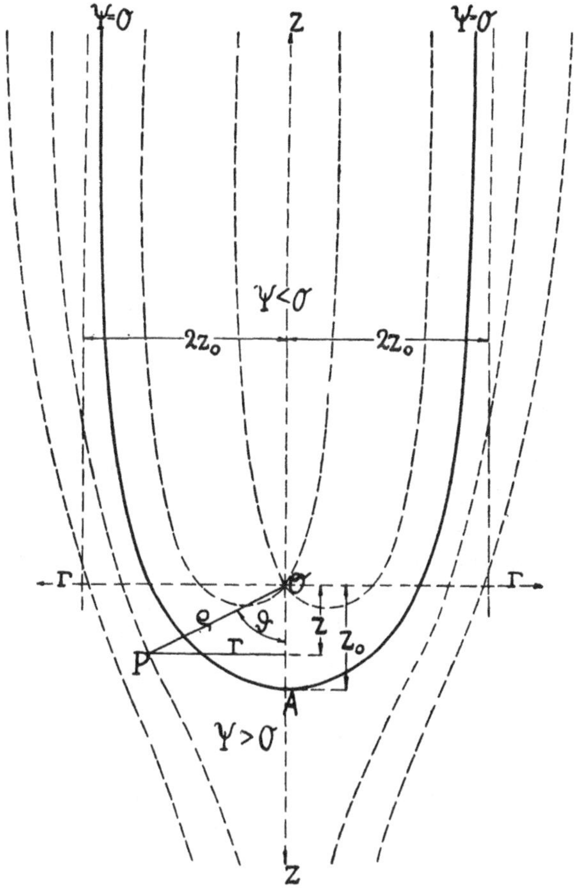

Fig. 26.

Die in den Formeln (24), (25), (26) auftretende Konstante a bestimmen wir durch Festlegung des Punktes A auf der Achse (Fig. 26), in dem sich die Wirkung der Quelle und der Parallelströmung gerade aufheben, so daß dort mit $r = 0$, $z = \varrho = z_0$, $w_r = w_z = 0$ wird. Alsdann folgt aus der zweiten Formel (24)

$$a = -c\,z_0^{\,2}$$

und wir erhalten an Stelle der vorstehenden Formeln

$$w_r = -c\frac{z_0^2 r}{\varrho^3}, \quad w_z = c\left(1 - \frac{z_0^2 z}{\varrho^3}\right) \quad . \quad . \quad . \quad . \quad (24^a)$$

$$\Phi - \Phi_0 = c\left(z + \frac{z_0^2}{\varrho}\right) \quad . \quad . \quad . \quad . \quad . \quad . \quad . \quad . \quad (25^a)$$

$$\Psi - \Psi_0 = \gamma c\left(\frac{r^2}{2} + \frac{z_0^2 z}{\varrho}\right) \quad . \quad . \quad . \quad . \quad . \quad . \quad . \quad (26^a)$$

Setzen wir für die Achse, d. h. für $r = 0$, $z = \varrho$, $\Psi = 0$, so folgt

$$-\Psi_0 = \gamma c z_0^2$$

oder nach Abzug von (26^a)

$$\Psi = \gamma c\left[\frac{r^2}{2} - z_0^2\left(1 - \frac{z}{\varrho}\right)\right] \quad . \quad . \quad . \quad . \quad . \quad (27)$$

Dafür können wir aber unter Einführung des Winkels ϑ des Fahrstrahls OP eines Stromlinienpunktes mit der Achse, d. h. mit

$$r = \varrho \sin\vartheta, \quad z = \varrho\cos\vartheta \quad . \quad . \quad . \quad . \quad . \quad . \quad (28)$$

schreiben

$$\Psi = \gamma c\left(\frac{\varrho^2}{2}\sin^2\vartheta - z_0^2(1 - \cos\vartheta)\right) = 2\gamma c \sin^2\frac{\vartheta}{2}\left(\varrho^2\cos^2\frac{\vartheta}{2} - z_0^2\right).$$

Daraus erkennt man, daß außer der Achse selbst noch die durch den Punkt A mit $r = 0$, $\varrho = z_0$ hindurchgehende, in Fig. 26 stark ausgezogene Stromlinie den Parameter $\Psi = 0$ besitzt, so daß ihre Gleichung in Polarkoordinaten

$$\varrho\cos\frac{\vartheta}{2} = z_0 \quad . \quad . \quad . \quad . \quad . \quad . \quad . \quad . \quad . \quad (29)$$

lautet. Mit der ersten Formel (25) liefert dies

$$r = 2\varrho\cos\frac{\vartheta}{2}\sin\frac{\vartheta}{2} = 2z_0\sin\frac{\vartheta}{2} \quad . \quad . \quad . \quad . \quad . \quad (29^a)$$

also für $\vartheta = \pi$ entsprechend $\varrho = z = \infty$ den Achsenabstand $r = 2z_0$ eines Asymptotenpaares der Stromlinie (29), die sich somit zur Gestaltung des Endes eines in den Strom eingebauten Zylinders vom Radius $2z_0$ besonders eignet. Sie wurde denn auch schon von Blasius für die Formung des Kopfendes von Pitotschen Röhren zur Messung der Wassergeschwindigkeit vorgeschlagen. (Zentralblatt der Bauverwaltung 1909).

Kapitel II.

Die Radialräder.

---

§ 8. Grundlagen der Theorie.

Die Kreiselräder bestehen immer aus einer Anzahl von Schaufeln, welche vermittelst einer Nabe um die Achse gruppiert und gegebenenfalls außen durch einen festen Ring umschlossen sind. Die Flüssigkeit, welche ein solches in Rotation befindliches sog. Laufrad durchströmt, gibt alsdann an die Schaufeln Energie ab oder nimmt solche von ihnen auf, je nachdem es sich um einen Motor oder um eine Arbeitsmaschine handelt. Die als Motoren wirkenden Kreiselräder bezeichnet man als Turbinen, während die als Umkehrung dieser Turbinen aufzufassenden Arbeitsmaschinen Pumpen oder Gebläse heißen, je nachdem die durch sie hindurchtretende Flüssigkeit inkompressibel oder elastisch ist. Das Laufrad der Turbinen ist außerdem stets von einem festen Schaufelkranze, dem sog. Leitapparate oder Leitrad umgeben, in dem der Arbeitsflüssigkeit unter gleichzeitiger Druckänderung diejenige Geschwindigkeit nach Größe und Richtung erteilt wird, welche der augenblicklichen Winkelgeschwindigkeit ω des Laufrades und seinem Drehmomente entspricht. Zur Anpassung an die durch Betriebsschwankungen bedingten Änderungen des letzteren werden die Leitschaufeln von Turbinen gewöhnlich verstellbar angeordnet, während sie bei Pumpen und Gebläsen, wenn überhaupt vorhanden, stets ihre Lage beibehalten. Die Gebläse wiederum werden häufig in Ventilatoren und Kompressoren unterschieden, von denen die ersteren die elastische Flüssigkeit auf einen niederen Druck, die letzteren, auch Turbokompressoren genannt, auf einen höheren Druck zu bringen haben. Wir werden später sehen, daß diese nur quantitative Unterscheidung sachlich bedeutungslos ist. Dagegen werden wir als eine Abart der Arbeitsmaschinen Vorrichtungen kennen lernen, deren Aufgabe lediglich in der Erteilung einer bestimmten Geschwindigkeit an die ursprünglich ruhende Flüssigkeit besteht, ohne daß eine Druckerhöhung beabsichtigt wird. Diese Maschinen wollen wir allgemein als Propeller bezeichnen; sie werden hauptsächlich zum Vorwärtstreiben von Fahrzeugen benutzt. Schließlich unterscheidet man die Turbinen noch in Vollturbinen und Freistrahlturbinen, je nachdem die zwischen den Schaufeln und Wandungen des Laufrads eingeschlossenen rotierenden Kanäle von der Flüssigkeit ganz oder nur teilweise erfüllt sind.

Der Energieaustausch zwischen der Flüssigkeit und den Schaufeln des Laufrades aller vorgenannten Maschinen bedingt nun, daß diese Schaufeln auf die anstoßenden Elemente einen Druck ausüben, der sich innerhalb der strömenden Flüssigkeit, d. h. zwischen je zwei Schaufeln nach allen Richtungen hin, entsprechend den hydrodynamischen Bewegungsformeln, stetig ändert. Verlängern wir dann die Richtungslinie, längs deren wir die Druckänderung verfolgen, durch eine Schaufel, die natürlich eine endliche Dicke hat, hindurch, so zeigt sich zwischen der Ein- und Austrittsstelle der Linie auf beiden Seiten der Schaufel ein starker Druckunterschied, der auch nicht verschwindet, wenn wir die Schaufeldicke und damit den Abstand der beiden Stellen beliebig verkleinern. Dieser Drucksprung ist in der Tat die wahre Ursache der Wirkung zwischen der Schaufel und der Flüssigkeit, so daß es praktisch keinen Sinn hätte, seine Beseitigung anzustreben. Damit entfällt auch die Möglichkeit der Unterdrückung der stetigen Druckänderung innerhalb der Flüssigkeit zwischen je zwei Schaufeln etwa längs eines Parallelkreises um die Achse. Infolge dieser Druckunterschiede zwischen zwei beliebigen Punkten dieses Kreises werden dann auch die dort momentan befindlichen Flüssigkeitselemente verschiedene Bewegungszustände aufweisen, womit eine achsensymmetrische Strömung innerhalb eines Kreiselrades ausgeschlossen erscheint.

Wollen wir zur Vereinfachung der theoretischen Untersuchung trotzdem an der Achsensymmetrie festhalten, so bleibt nichts weiter übrig, als die nunmehr unendlich zahlreichen und unendlich dünnen Schaufeln durch ein auf die Flüssigkeit wirkendes Kraftfeld zu ersetzen, dem eine Zwangsbeschleunigung q mit denKomponenten q_r, q_n und q_z entspricht (Fig. 27), die sich genau wie die Beschleunigungen äußerer (sog. eingeprägter) Kräfte verhalten. Wirkt außerdem noch die Schwere, die wir indessen nur dann zu berücksichtigen brauchen, wenn es sich um Räder mit vertikaler Achse handelt, so ist darum die lediglich von der Schaufel herrührende Komponente q_z um die Erdbeschleunigung g zu vermehren. Damit lauten die Bewegungsgleichungen, wenn wir, der symmetrischen Strömung um die Achse entsprechend, die partiellen Ableitungen nach φ unterdrücken;

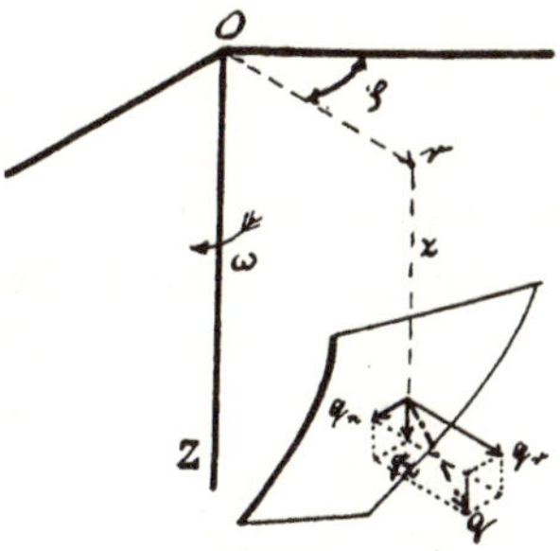

Fig. 27.

$$\left.\begin{aligned} q_r - \frac{g}{\gamma}\frac{\partial p}{\partial r} &= \frac{dw_r}{dt} - \frac{w_n^2}{r} \\ q_n r &= \frac{d(w_n r)}{dt} \\ q_z + g - \frac{g}{\gamma}\frac{\partial p}{\partial z} &= \frac{dw_z}{dt} \end{aligned}\right\} \quad . \; . \; . \; . \; . \quad (1)$$

Multiplizieren wir dieselben der Reihe nach mit den Projektionen der Bahnelemente dr, $rd\varphi$, dz eines Flüssigkeitsteilchens und addieren, so ergibt sich wieder unter Einführung der Totalgeschwindigkeit

$$w^2 = w_r^2 + w_n^2 + w_z^2 \quad . \; . \; . \; . \; . \; . \; . \quad (2)$$

als Differentialgleichung der Energie längs eines stationären Stromfadens

$$q_r dr + q_n r d\varphi + q_z dz + gdz - g\frac{dp}{\gamma} = wdw \quad . \; . \quad (3)$$

Hierin stellt die Summe

$$q_r dr + q_n r d\varphi + q_z dz = dE \quad . \; . \; . \; . \; . \quad (4)$$

das Element der von der Masseneinheit Flüssigkeit von den Schaufeln auf dem Wegelement dr, $rd\varphi$, dz aufgenommenen Arbeit dar, so daß wir an Stelle von (3) auch

$$dE + gdz - \frac{g}{\gamma}dp = wdw \quad . \; . \; . \; . \; . \; . \; . \; . \quad (3^a)$$

oder

$$dE = \frac{g}{\gamma}dp + wdw - gdz \quad . \; . \; . \; . \; . \; . \; . \; . \quad (3^b)$$

schreiben dürfen. Es heißt dies nichts anderes, als daß die von den Schaufeln bzw. dem sie ersetzenden Kraftfelde auf die Flüssigkeit übertragene Energie zur Erhöhung des Druckes und der Geschwindigkeit sowie zur Hebung der Flüssigkeit verwendet wird, und zwar unabhängig von der Form des Stromfadens. Infolgedessen darf unsere Energiegleichung auf die ganze das Rad durchströmende Flüssigkeitsmasse ausgedehnt werden, womit auch die Beschränkung der Differentiale dr, dz, $d\varphi$ in Gl. (4) auf die Strombahnen sich erledigt. Dann aber ist dE ganz allgemein als ein vollständiges Differential anzusehen und kann unbedenklich aus der Verfolgung eines Massenelementes längs einer beliebigen Strombahn abgeleitet werden. Zu diesem Zwecke multiplizieren wir die zweite Gl. (1), die sog. Momentenformel beiderseits mit dem Massenelement

$$dm = \frac{\gamma}{g} r\,dr\,dz\,d\varphi \quad . \; . \; . \; . \; . \; . \quad (5)$$

und erhalten daraus das Element des von den Schaufeln auf die Flüssigkeit ausgeübten Drehmomentes $\mathfrak{M}$

$$d\mathfrak{M} = q_n r\,dm = dm \frac{d(w_n r)}{dt} \quad . \; . \; . \; . \; . \quad (6)$$

Die in der Zeiteinheit von den Schaufeln auf das Massenelement der Flüssigkeit übertragene Arbeit dL ist aber nichts anderes als das Produkt des Momentes (6) mit der in der Folge stets als konstant angesehenen Winkelgeschwindigkeit ω der mit der Achse fest verbundenen Schaufeln, so daß wir auch haben

$$dL = \omega\,d\mathfrak{M} = \omega\,dm \frac{d(w_n r)}{dt} \quad . \; . \; . \; . \; . \; . \quad (7)$$

Mithin ist

$$\frac{dL}{dm} = \omega \frac{d(w_n r)}{dt}$$

die auf die Masseneinheit in der Zeiteinheit übertragene Arbeit und

$$dE = \frac{dL}{dm} dt = \omega\,d(w_n r) \quad . \; . \; . \; . \; . \; . \quad (8)$$

das schon durch (4) gegebene Arbeitselement, welches auf die Masseneinheit im Zeitelemente dt, dem ein Wegelement mit den Komponenten dr, $r d\varphi$ und dz entspricht, übertragen wurde. Führen wir den Ausdruck (8), aus dem man dE klar als vollständiges Differential[1])

[1]) Daraus darf natürlich nicht geschlossen werden, daß die drei Komponenten q_r, q_z und $q_n r$ partielle Ableitungen von E nach r, z und φ darstellen, weil für die achsensymmetrische Strömung φ keine unabhängige Variable ist.

erkennt, in die Energiegleichung (3^a) ein, so schreibt sich dieselbe

$$\omega d(w_n r) + g dz - \frac{g}{\gamma} dp = w dw \quad . \quad . \quad . \quad . \quad (8^a)$$

und gilt in dieser Form ebenfalls für die ganze das Rad durchströmende Flüssigkeitsmasse.

Wegen der zweiten Gl. (1) haben wir aber auch

$$q_n r \omega dt + g dz - \frac{g}{\gamma} dp = w dw \quad . \quad . \quad . \quad . \quad (8^b)$$

Subtrahieren wir diese Form der Energiegleichung von der ursprünglichen (3), so bleibt

$$q_r dr + q_z dz + q_n r (d\varphi - \omega dt) = 0.$$

Nun bedeutet aber

$$d\varphi - \omega dt = d\chi \quad . \quad . \quad . \quad . \quad . \quad . \quad . \quad . \quad (9)$$

nichts anderes als den elementaren Drehwinkel der Fahrstrahlen der Relativbahn der Flüssigkeit, welche längs einer Schaufel verläuft. Wir dürfen daher an Stelle der obigen Formel auch schreiben

$$q_r dr + q_n r d\chi + q_z dz = 0 \quad . \quad . \quad . \quad . \quad . \quad (10)$$

worin jetzt $d\chi$ die Projektion des Bogenelementes der Relativbahn auf eine Normalebene zur Achse bedeutet, während die Koordinatenzuwächse dr und dz offenbar der Relativbahn und dem absoluten Flüssigkeitswege gemeinsam angehören. Dividieren wir nun (10) mit dem Produkte der resultierenden Zwangsbeschleunigung q und dem Elemente ds der Relativbahn längs einer Schaufel, so folgt

$$\frac{q_r}{q}\frac{dr}{ds} + \frac{q_n}{q}\frac{r\,d\chi}{ds} + \frac{q_z}{q}\frac{dz}{ds} = 0 \quad . \quad . \quad . \quad . \quad . \quad (10^a)$$

worin die Quotienten $q_r : q$, $q_n : q$, $q_z : q$ die Richtungskosinus der Zwangsbeschleunigung und

$$\frac{dr}{ds}, \ \frac{r d\chi}{ds}, \ \frac{dz}{ds}$$

diejenigen der Relativbahn auf der Schaufel sind. Die Gleichungen (10^a) und auch (10) besagen daher nur, daß die Zwangsbeschleunigung q auf der Relativbahn und mit dieser auf der Schaufel selbst senkrecht stehen, ein aus der Mechanik wohlbekanntes Resultat, von dem wir später noch weiteren Gebrauch machen werden.

Zunächst wollen wir die Energiegleichung (3) und (4) noch einmal ins Auge fassen und integrieren. Bezeichnen wir den Zustand der Flüssigkeit, bevor sie in die Zuleitung der Maschine tritt, mit dem Index 0, beim Eintritt in das Laufrad mit 1, beim Austritt aus demselben mit 2 und schließlich beim Verlassen der Austrittsleitung mit 3, so erhalten wir, da — abgesehen von den hier vernachlässigten Reibungsverlusten — in der Zu- und Ableitung von der Flüssigkeit keine Arbeit aufgenommen oder geleistet wird,

$$\left.\begin{aligned} g(z_1 - z_0) - g\int_0^1 \frac{dp}{\gamma} &= \frac{w_1^2 - w_0^2}{2} \\ E + g(z_2 - z_1) - g\int_1^2 \frac{dp}{\gamma} &= \frac{w_2^2 - w_1^2}{2} \\ g(z_3 - z_2) - g\int_2^3 \frac{dp}{\gamma} &= \frac{w_3^2 - w_2^2}{2} \end{aligned}\right\} \quad . \; . \; . \quad (11)$$

Addieren wir diese Gleichungen für den Fall einer inkompressiblen Flüssigkeit, d. h. für eine Turbine oder Pumpe, so wird

$$\int_0^1 \frac{dp}{\gamma} = \frac{p_1 - p_0}{\gamma}, \quad \int_1^2 \frac{dp}{\gamma} = \frac{p_2 - p_1}{\gamma}, \quad \int_2^3 \frac{dp}{\gamma} = \frac{p_3 - p_2}{\gamma}$$

und es ergibt sich

$$E + g(z_3 - z_0) + \frac{p_3 - p_0}{\gamma} = \frac{w_3^2 - w_0^2}{2} \quad . \; . \; . \quad (11^a)$$

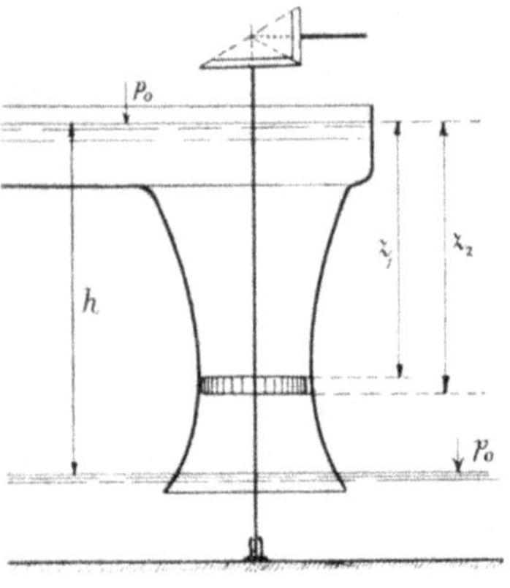

Fig. 28.

Strömt die Flüssigkeit von einem Oberwassergraben durch die Turbine in einen Unterwassergraben bzw. durch die Pumpe umgekehrt, so stellt mit $z_0 = 0$, $z_3 = h$ die Distanz der Spiegelhöhe beider Gräben, das sog. Gefälle bzw. die Förderhöhe dar, in dem überdies die Flüssigkeit beide Male unter dem Atmosphärendruck p_0 steht (Fig. 28), so daß mit $p_3 = p_0$ aus (11^a)

$$E = -gh + \frac{w_3^2 - w_0^2}{2} \quad (11^b)$$

wird. Soll dann die potentielle Energie der Flüssigkeit in der Turbine voll ausgenutzt bzw. die Pumpenarbeit nur in Hubarbeit der Flüssigkeit umgewandelt werden, so muß auch noch die Zu- und Abflußgeschwindigkeit in beiden Gräben einander gleich, also mit $w_3 = w_0$

$$E = -gh \quad . \quad . \quad . \quad . \quad . \quad . \quad . \quad . \quad (11^c)$$

sein. Da Gl. (11^a) die Koordinaten z_1 und z_2 der Ein- und Austrittsstelle der Flüssigkeit am Laufrade nicht enthält, so folgt daraus auch noch, daß die Höhenlage dieses Rades für die Energieausnutzung gleichgültig ist. Dagegen ist die Höhenlage an die Bedingung geknüpft, daß der absolute Druck der Flüssigkeit nirgends negativ werden darf, d. h. also, daß nach Gl. (11) für inkompressible Flüssigkeiten mit $p_3 = p_0$ und $w_3 = w_0$

$$\frac{g\,p_0}{\gamma} + g\,(z_1 - z_0) - \frac{w_1^2 - w_0^2}{2} = \frac{g\,p_1}{\gamma} > 0$$

$$\frac{g\,p_0}{\gamma} - g\,(z_3 - z_2) - \frac{w_2^2 - w_0^2}{2} = \frac{g\,p_2}{\gamma} > 0$$

bleibt.

Soll im allgemeinen Falle das Laufrad total mit Flüssigkeit erfüllt sein, wobei wir von dem durch die Schaufeln in Anspruch genommenen Raum natürlich absehen müssen, so genügen nach den Sätzen des § 3 über die zweidimensionale Strömung die Radwandungen (Fig. 9) bzw. die inneren und äußeren Schaufelkanten einer Stromfunktion

$$\Psi = f_1\,(r, z) \quad . \quad . \quad . \quad . \quad . \quad . \quad . \quad . \quad (12)$$

aus der sich, wenn Ψ' den Parameter der Außenwand, Ψ'' denjenigen der Innenwand bedeutet, das in der Zeiteinheit durch das Rad strömende Flüssigkeitsgewicht zu

$$Q = 2\pi\,(\Psi' - \Psi'') \quad . \quad . \quad . \quad . \quad . \quad . \quad . \quad (13)$$

ergibt. Das längs eines unendlich dünnen Stromfadens fließende Element dieses Gewichts ist demnach

$$dQ = 2\pi\,d\,\Psi = g\,\frac{dm}{dt} \quad . \quad . \quad . \quad . \quad . \quad . \quad . \quad (13^a)$$

so daß wir auch für die Momentengleichung (6) schreiben dürfen

$$d\mathfrak{M} = \frac{dQ}{g}\,d\,(w_n r) = \frac{2\pi}{g}\,d\,\Psi\,d\,(w_n r) \quad . \quad . \quad . \quad . \quad (6^a)$$

Damit haben wir das Drehmoment und mit ihm das Element der im Rade in der Zeiteinheit aufgenommenen oder abgegebenen Energie, nämlich

$$dL = \frac{\omega}{g}\,dQ\,d\,(w_n r) = \frac{2\pi\omega}{g}\,d\Psi d\,(w_n r) \quad . \quad . \quad . \quad (7^a)$$

in den beiden Veränderlichen $w_n r$ und Q bzw. Ψ ausgedrückt, die ebenso wie die Urvariabelen r und z der achsensymmetrischen Strömung benutzt werden können, und daher voneinander unabhängig sein müssen. Dies läßt sich auch durch folgende Überlegung dartun. Schreiben wir nämlich

$$\frac{d(w_n r)}{dt} = w_r \frac{\partial(w_n r)}{\partial r} + w_z \frac{\partial(w_n r)}{\partial z}$$

und setzen darin nach früherem

$$w_r = -\frac{1}{\gamma r}\frac{\partial \Psi}{\partial z}, \quad w_z = +\frac{1}{\gamma r}\frac{\partial \Psi}{\partial r},$$

so geht mit (5) die Momentengleichung (6) über in

$$d\mathfrak{M} = \frac{1}{g}\left(\frac{\partial \Psi}{\partial r}\frac{\partial(w_n r)}{\partial z} - \frac{\partial \Psi}{\partial z}\frac{\partial(w_n r)}{\partial r}\right) dr\, dz\, d\varphi$$

oder nach Ausführung der Integration über φ

$$d\mathfrak{M} = \frac{2\pi}{g}\left(\frac{\partial \Psi}{\partial r}\frac{\partial(w_n r)}{\partial z} - \frac{\partial \Psi}{\partial z}\frac{\partial(w_n r)}{\partial r}\right) dr\, dz \quad . \quad . \quad . \quad (6^b)$$

Hierin verschwindet aber mit dem Klammerausdruck, den man in der Mathematik wohl auch als die Funktionaldeterminante bezeichnet, das Moment, wenn $w_n r = f(\Psi)$, d. h. wenn die Funktionen $w_n r$ und Ψ durch irgendeine Beziehung miteinander verknüpft sind, oder mit anderen Worten, wenn $w_n r$ sich längs einer Strombahn nicht ändern würde.

Soll nun das Rad so vollkommen als möglich arbeiten, so muß auf jedes Element dQ derselbe Betrag der von außen eingeleiteten bzw. nach außen in der Zeiteinheit abgegebenen Energie L entfallen. Bezeichnen wir jetzt den Wert des Geschwindigkeitsmomentes $(w_n r)$ beim Eintritt in das Rad mit $(w_n r)_1$, beim Austritt mit $(w_n r)_2$, so ergibt die Integration von (6ᵃ) das gesamte Drehmoment des Rades

$$\mathfrak{M} = \frac{Q}{g}\left((w_n r)_2 - w_n r)_1\right) \quad (14)$$

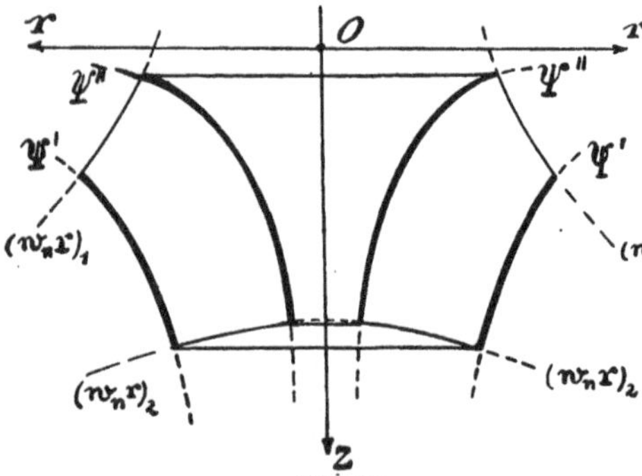

Fig. 29.

Diese, schon von dem Mathematiker Euler 1754

abgeleitete Formel setzt also voraus, daß über die ganze Eintrittsöffnung sowohl wie über die Austrittsöffnung des Rades das Produkt $(w_n r)$ die obigen konstanten Werte besitzt, deren Differenz die Größe des Momentes bestimmt. Die beiden Öffnungen stellen aber im Meridianschnitt des Rades (Fig. 29) Kurven dar, deren Verlauf zunächst ganz beliebig erscheint. Erinnern wir uns aber, daß der ganze Bewegungszustand unserer auch innerhalb des Kreiselrades zweidimensionalen Strömung durch die beiden Variabelen r und z allein gegeben sein muß, so erkennen wir, daß auch diese beiden Linien einer Kurvenschar

$$(w_n r) = f_2 (r z) \quad . \quad . \quad . \quad . \quad . \quad . \quad . \quad (15)$$

angehören müssen, deren Parameter eben die Werte des Produktes $(w_n r)$ sind. Dies wird besonders deutlich durch Gleichsetzen der Formeln (6^a) und (6^b), wonach

$$\left(\frac{\partial \Psi}{\partial r}\frac{\partial (w_n r)}{\partial z} - \frac{\partial \Psi}{\partial z}\frac{\partial (w_n r)}{\partial r}\right) dr\, dz = d\Psi\, d(w_n r)$$

ist. Diese Formel ermöglicht nämlich ganz allgemein die Umformung eines Differentialausdruckes mit den Koordinaten r und z in einen solchen mit den Parametern Ψ und $w_n r$, die ebenfalls als Koordinaten in einem neueren System angesehen werden können.

Wir erhalten also als Ergebnis der bisherigen Untersuchung den Satz: Die Flüssigkeitsbewegung in einem ökonomisch arbeitenden Kreiselrade ist vollständig durch zwei Kurvenscharen im Meridianschnitt gegeben, von denen die erste die Meridianschnitte der Stromlinienrotationsflächen darstellt, während längs der zweiten die Momente der absoluten Rotationsgeschwindigkeit der Flüssigkeit konstante Werte besitzen.

§ 9. Einführung der Wirbelkomponenten.

Durch Auflösung der Beschleunigungskomponenten in ihre Einzelbestandteile gehen die Bewegungsgleichungen (1) des § 8 für die stationäre achsensymmetrische Strömung über in

$$\left.\begin{aligned} q_r &= \frac{g}{\gamma}\frac{\partial p}{\partial r} + w_r\frac{\partial w_r}{\partial r} + w_z\frac{\partial w_r}{\partial z} - \frac{w_n^2}{r} \\ q_n r &= \qquad\quad w_r\frac{\partial (w_n r)}{\partial r} + w_z\frac{\partial (w_n r)}{\partial z} \\ g + q_z &= \frac{g}{\gamma}\frac{\partial p}{\partial z} + w_r\frac{\partial w_z}{\partial r} + w_z\frac{\partial w_z}{\partial z} \end{aligned}\right\} \quad . \quad . \quad . \quad (1)$$

Fügen wir dann in der ersten dieser Formeln $w_z \frac{\partial w_z}{\partial r} - w_z \frac{\partial w_z}{\partial r}$, in der dritten $w_r \frac{\partial w_r}{\partial z} - w_r \frac{\partial w_r}{\partial z}$ hinzu, so wird daraus

$$\left.\begin{aligned} q_r &= \frac{g}{\gamma}\frac{\partial p}{\partial r} + \frac{\partial}{\partial r}\left(\frac{w_r^2 + w_z^2}{2}\right) + w_z\left(\frac{\partial w_r}{\partial z} - \frac{\partial w_z}{\partial r}\right) - \frac{w_n^2}{r} \\ g + q_z &= \frac{g}{\gamma}\frac{\partial p}{\partial z} + \frac{\partial}{\partial z}\left(\frac{w_r^2 + w_z^2}{2}\right) - w_r\left(\frac{\partial w_r}{\partial z} - \frac{\partial w_z}{\partial r}\right) \end{aligned}\right\} \qquad (1^a)$$

Weiterhin ist in der ersten dieser Gleichungen

$$w_n = \frac{\partial(w_n r)}{\partial r} - r\frac{\partial w_n}{\partial r}$$

$$\frac{w_n^2}{r} = \frac{w_n}{r}\frac{\partial(w_n r)}{\partial r} - \frac{1}{2}\frac{\partial w_n^2}{\partial r},$$

während man für die zweite Gl. (1^a) rechts durch Hinzufügung von

$$0 = \frac{w_n}{r}\frac{\partial(w_n r)}{\partial z} - w_n\frac{\partial w_n}{\partial z} = \frac{w_n}{r}\frac{\partial(w_n r)}{\partial z} - \frac{1}{2}\frac{\partial w_n^2}{\partial z}$$

ergänzen kann. Dies liefert unter gleichzeitiger Einführung der resultierenden Geschwindigkeit durch

$$w_r^2 + w_z^2 + w_n^2 = w^2 \quad . \quad . \quad . \quad . \quad . \quad . \quad . \qquad (2)$$

sowie wegen

$$\frac{dp}{\gamma} = \frac{1}{\gamma}\frac{\partial p}{\partial r}dr + \frac{1}{\gamma}\frac{\partial p}{\partial z}dz$$

$$\left.\begin{aligned} q_r &= \frac{\partial}{\partial r}\left(g\int\frac{dp}{\gamma} + \frac{w^2}{2}\right) + w_z\left(\frac{\partial w_r}{\partial z} - \frac{\partial w_z}{\partial r}\right) - \frac{w_n}{r}\frac{\partial(w_n r)}{\partial r} \\ g + q_z &= \frac{\partial}{\partial z}\left(g\int\frac{dp}{\gamma} + \frac{w^2}{2}\right) - w_r\left(\frac{\partial w_r}{\partial z} - \frac{\partial w_z}{\partial r}\right) - \frac{w_n}{r}\frac{\partial(w_n r)}{\partial z} \end{aligned}\right\} . \qquad (1^b)$$

Nun folgt aber aus der Energiegleichung (8^a) des § 8 durch Integration

$$\omega\, w_n r + g\, z = g\int\frac{dp}{\gamma} + \frac{w^2}{2} + C \quad . \quad . \quad . \quad . \qquad (3)$$

worin wegen des gleichen Anfangszustandes aller Flüssigkeitselemente vor Eintritt in die Zuleitung des Kreiselrades die Konstante C allen gemeinsam ist. Mithin haben wir aus (3) durch partielle Differentiation

$$\left.\begin{aligned} \frac{\partial}{\partial r}\left(g\int\frac{dp}{\gamma} + \frac{w^2}{2}\right) &= \omega\frac{\partial(w_n r)}{\partial r} \\ -g + \frac{\partial}{\partial z}\left(g\int\frac{dp}{\gamma} + \frac{w^2}{2}\right) &= \omega\frac{\partial(w_n r)}{\partial z} \end{aligned}\right\} . \quad . \quad . \quad . \qquad (3^a)$$

wodurch schließlich (1^b) unter Hinzunahme der zweiten Gl. (1) übergeht in

$$\left.\begin{aligned} q_r &= w_z\left(\frac{\partial w_r}{\partial z}-\frac{\partial w_z}{\partial r}\right)-\left(\frac{w_n}{r}-\omega\right)\frac{\partial (w_n r)}{\partial r} \\ q_z &= w_r\left(\frac{\partial w_z}{\partial r}-\frac{\partial w_r}{\partial z}\right)-\left(\frac{w_n}{r}-\omega\right)\frac{\partial (w_n r)}{\partial z} \\ q_n &= \frac{w_r}{r}\frac{\partial (w_n r)}{\partial r}+\frac{w_z}{r}\frac{\partial (w_n r)}{\partial z} \end{aligned}\right\} \quad . \quad . \quad (4)$$

Erinnern wir uns nunmehr der Ausdrücke für die Wirbelkomponenten Gl. (5^a) und (7^a) § 5, nämlich

$$\left.\begin{aligned} \frac{\partial w_r}{\partial z}-\frac{\partial w_z}{\partial r} &= 2\varepsilon_n \\ \frac{1}{r}\frac{\partial (w_n r)}{\partial r} = 2\varepsilon_z, \quad \frac{1}{r}\frac{\partial (w_n r)}{\partial z} &= -2\varepsilon_r \end{aligned}\right\} \quad . \quad . \quad . \quad (5)$$

so vereinfachen sich unter gleichzeitiger Einführung der relativen Rotationskomponente

$$w_n - \omega r = u_n \quad . \quad . \quad . \quad . \quad . \quad . \quad . \quad . \quad (6)$$

die Formeln (4) in die ganz gleichartig gebauten

$$\left.\begin{aligned} q_r &= 2(w_z\varepsilon_n - u_n\varepsilon_z) \\ q_z &= 2(u_n\varepsilon_r - w_r\varepsilon_n) \\ q_n &= 2(w_r\varepsilon_z - w_z\varepsilon_r) \end{aligned}\right\} \quad . \quad . \quad . \quad . \quad . \quad . \quad (4^a)$$

Aus diesen von Bauersfeld aufgestellten Gleichungen erhellt sofort, daß mit Wegfall der Wirbelkomponenten auch die Zwangsbeschleunigung verschwindet, so daß also die letztere und mit ihr das die Schaufeln ersetzende Kraftfeld ohne Wirbel nicht bestehen kann.

Verschwindet aber das Kraftfeld, so gilt dies nicht ohne weiteres von den Wirbeln, da alsdann wegen $q_r = q_z = q_n = 0$ mit einer Konstante λ

$$\frac{\varepsilon_r}{w_r} = \frac{\varepsilon_z}{w_z} = \frac{\varepsilon_n}{u_n} = \lambda \quad . \quad . \quad . \quad . \quad . \quad . \quad . \quad (7)$$

oder

$$\varepsilon_r = \lambda w_r, \quad \varepsilon_z = \lambda w_z, \quad \varepsilon_n = \lambda u_n \quad . \quad . \quad . \quad . \quad . \quad (7^a)$$

wird. Die Wirbelkomponenten sind demnach in diesem Falle den relativen Geschwindigkeitskomponenten proportional, was auch für den resultierenden Wirbel ε und die resultierende Relativgeschwindigkeit u gilt, da

$$\left.\begin{aligned}\varepsilon^2 &= \varepsilon_r{}^2 + \varepsilon_z{}^2 + \varepsilon_n{}^2 \\ u^2 &= w_r{}^2 + w_z{}^2 + u_n{}^2\end{aligned}\right\} \quad \ldots\ldots \quad (8)$$

also $\varepsilon = \lambda\, u$ ist. Damit aber haben wir an Stelle von (7ª)

$$\frac{\varepsilon_r}{\varepsilon} = \frac{w_r}{u}, \quad \frac{\varepsilon_z}{\varepsilon} = \frac{w_z}{u}, \quad \frac{\varepsilon_n}{\varepsilon} = \frac{u_n}{u}. \quad \ldots\ldots \quad (7^b)$$

so daß also auch die Richtungskosinus des Wirbels und der Relativgeschwindigkeit nach Wegfall der Zwangsbeschleunigung übereinstimmen. *Dann aber stellt die Tangente der Strombahn selbst an jeder Stelle die Drehachse der Wirbelgeschwindigkeit dar, und die in ihr befindlichen Flüssigkeitsteilchen bilden einen sog. Wirbelfaden.*

Im allgemeinen, d. h. bei endlichen Werten von q_r, q_z, q_n folgt aus Gl. (4ª) durch Multiplikation mit ε_r bzw. ε_z und ε_n und Addition, wobei sich alle rechts stehenden Glieder aufheben,

$$q_r \varepsilon_r + q_z \varepsilon_z + q_n \varepsilon_n = 0 \quad \ldots\ldots \quad (9)$$

d. h. *eine Normalstellung der Zwangsbeschleunigung q zur Wirbelachse, die somit selbst in der Schaufel liegen muß.* Danach können wir uns die ganze Flüssigkeitsbewegung als ein Abrollen von Wirbelfäden längs der Schaufelfläche vorstellen, die man alsdann auch als eine *Wirbelfläche* bezeichnet. Daß die längs der Schaufel verlaufende relative Flüssigkeitsbahn selbst normal zur Zwangsbeschleunigung steht, folgt ebenfalls aus (4ª) nach sukzessiver Multiplikation mit w_r, w_z und u_n und Addition, wobei wieder die rechtsstehenden Glieder sich derart aufheben, daß

$$q_r w_r + q_z w_z + q_n u_n = 0 \quad \ldots\ldots \quad (10)$$

übrig bleibt. Diese Formel ist natürlich gleichbedeutend mit Gl. (10) § 8, nämlich

$$q_r\, dr + q_z\, dz + q_n r\, d\chi = 0 \quad \ldots\ldots \quad (10^a)$$

für die wir auch

$$-d\chi = \frac{q_r}{q_n r}\, dr + \frac{q_z}{q_n r}\, dz \quad \ldots\ldots \quad (10^b)$$

schreiben dürfen. Diese Gleichung stellt aber, wie *Bauersfeld* bemerkt hat, die Differentialgleichung der Schaufelfläche dar, welche den Relativwinkel χ als eine Funktion von r und z erscheinen läßt. Dann muß auch

$$d\chi = \frac{\partial \chi}{\partial r}\, dr + \frac{\partial \chi}{\partial z}\, dz \quad \ldots\ldots \quad (11)$$

oder nach Vergleich mit (10^b)

$$\frac{\partial\chi}{\partial r}=-\frac{q_r}{q_n r},\quad \frac{\partial\chi}{\partial z}=-\frac{q_z}{q_n r}\quad . \quad . \quad . \quad . \quad . \quad . \quad (11^a)$$

und schließlich

$$\frac{\partial}{\partial z}\left(\frac{q_r}{q_n r}\right)=\frac{\partial}{\partial r}\left(\frac{q_z}{q_n r}\right)\quad . \quad . \quad . \quad . \quad . \quad . \quad . \quad (12)$$

sein, eine Bedingung, welche die Komponenten der Zwangsbeschleunigung stets erfüllen müssen, um die Normalstellung von q auf der Schaufel einzuhalten.

Führen wir nunmehr die beiden Ausdrücke für q_r und q_z aus (4) in (10^b) ein, so ergibt sich für das Element des Schaufelwinkels

$$d\chi=\frac{w_n-\omega r}{q_n r^2}\left(\frac{\partial(w_n r)}{\partial r}dr+\frac{\partial(w_n r)}{\partial z}dz\right)-\left(\frac{\partial w_r}{\partial z}-\frac{\partial w_z}{\partial r}\right)\frac{w_z dr-w_r dz}{q_n r}\quad (10^c)$$

worin

$$\frac{\partial(w_n r)}{\partial r}dr+\frac{\partial(w_n r)}{\partial z}dz=d(w_n r)$$

$$\frac{\partial w_r}{\partial z}-\frac{\partial w_z}{\partial r}=2\varepsilon_n$$

$$w_z dr-w_r dz=\frac{1}{\gamma r}\left(\frac{\partial\Psi}{\partial r}dr+\frac{\partial\Psi}{\partial z}dz\right)=\frac{d\Psi}{\gamma r}$$

zu setzen ist. Damit aber vereinfacht sich (10^c) in die Gleichung

$$d\chi=\frac{w_n-\omega r}{q_n r^2}d(w_n r)-\frac{2\varepsilon_n}{\gamma q_n r^2}d\Psi\quad . \quad . \quad . \quad . \quad (13)$$

in der an Stelle der beiden Veränderlichen r und z die Parameter $w_n r$ und Ψ getreten sind, weshalb man auch (13) als die Differentialgleichung der Schaufelfläche in Parameterdarstellung bezeichnen kann. Sie drückt nur aus, daß der Schaufelwinkel χ sich im allgemeinen bei unserer achsensymmetrischen Strömung nicht nur mit $w_n r$, also mit dem von der Masseneinheit Flüssigkeit längs seiner Strombahn auf die Schaufeln ausgeübten Drehmoment, sondern auch beim Übergange von einem Stromfaden zum andern stetig ändert, die sich im Meridianschnitte nur durch ihre Parameter Ψ unterscheiden. Dieser letztere Anteil ist aber dem Ringwirbel ε_n proportional, der, wie aus der dritten Formel (4^a) ersichtlich, in die Drehbeschleunigung q_n nicht eingeht und daher für den Energieumsatz keine Rolle spielt. Dagegen beeinflußt der Ringwirbel die Form der Radwandungen, die wegen

$$w_r=-\frac{1}{\gamma r}\frac{\partial\Psi}{\partial z},\quad w_z=\frac{1}{\gamma r}\frac{\partial\Psi}{\partial r}\quad . \quad . \quad . \quad . \quad . \quad . \quad (14)$$

für inkompressible Flüssigkeiten die Bedingung

$$2\varepsilon_n = \frac{\partial w_r}{\partial z} - \frac{\partial w_z}{\partial r} = -\frac{1}{\gamma}\left[\frac{\partial}{\partial z}\left(\frac{1}{r}\frac{\partial \Psi}{\partial z}\right) + \frac{\partial}{\partial r}\left(\frac{1}{r}\frac{\partial \Psi}{\partial r}\right)\right] \quad . \quad (14^a)$$

erfüllen, ein Ausdruck, der für die wirbelfreie Zu- und Ableitung zu den mit Schaufeln erfüllten Räumen verschwindet. Der stetige Übergang des Radprofils in diese Zu- oder Ableitungen wird aber nur dann vollkommen gewährleistet, wenn beide im Meridianschnitt einer Stromlinie angehören, bzw. einer und derselben Stromfunktion Ψ gehorchen. Diese muß nach (7^a) ringwirbelfrei sein, da in den Zu- und Ableitungen keine Rotationen stattfinden sollen, womit dort sowohl ω, als auch w_n und folglich auch u_n verschwinden. Durch diese Überlegung tritt die große Bedeutung ringwirbelfreier Strombilder, die wir im ersten Kapitel näher studiert haben, für die Profilgestaltung von Kreiselrädern klar hervor. Außerdem aber vereinfacht sich bei verschwindendem ε_n die Differentialgleichung (13) der Schaufelfläche in

$$d\chi = \frac{w_n - \omega r}{q_n r^2}\, d(w_n r) = \frac{u_n}{q_n r^2}\, d(w_n r) \quad . \quad . \quad . \quad . \quad (13^a)$$

wonach konstanten Werten von $w_n r$ auch konstante Schaufelwinkel χ zugeordnet sind. Das ist aber, da nach früherem $\omega\, w_n r$ den Energieumsatz darstellt, nur möglich, wenn alle Punkte mit konstantem Energieinhalte der Flüssigkeit längs einer Schaufel auf einem und demselben Meridianschnitte liegen, eine Schlußfolgerung, die ebenfalls von Bauersfeld aus der von ihm nicht weiter geprüften Forderung des verschwindenden Ringwirbels gezogen wurde.

Das Bestehen der Gl. (13^a) bedingt nun weiter, daß die totale Ableitung

$$\frac{d\chi}{d\,(w_n r)} = \frac{w_n - \omega r}{q_n\, r^2} = f\,(w_n r) \quad . \quad . \quad . \quad . \quad . \quad (13^b)$$

also eine reine Funktion des Parameters $w_n r$ ist. Dies ergibt sich auch durch Einsetzen der durch $\varepsilon_n = 0$ vereinfachten Ausdrücke (4) bzw. (4^a), nämlich

$$\left.\begin{aligned} q_r &= -\left(\frac{w_n}{r} - \omega\right)\frac{\partial\,(w_n\, r)}{\partial\, r} = -\,2\,u_n\,\varepsilon_z \\ q_z &= -\left(\frac{w_n}{r} - \omega\right)\frac{\partial\,(w_n\, r)}{\partial z} = +\,2\,u_n\,\varepsilon_r \end{aligned}\right| \quad . \quad . \quad . \quad (4^b)$$

in die Bedingungsgleichung (12) für die Normalstellung der Zwangsbeschleunigung q auf der Schaufelfläche. Umgekehrt erkennt man sofort deren identische Erfüllung durch die Ausdrücke (4[b]) im Verein mit dem analog gebauten

$$q_n r = \left(\frac{w_n}{r} - \omega\right) \frac{1}{f(w_n r)} \quad . \quad . \quad . \quad . \quad . \quad . \quad (13^c)$$

der aus (13[b]) hervorgeht. Setzt man in (13[b]) für $q_n r$ seinen Wert aus (4) ein, so wird

$$\frac{w_n}{r} - \omega = \left(w_r \frac{\partial (w_n r)}{\partial r} + w_z \frac{\partial (w_n r)}{\partial z}\right) f(w_n r) \quad . \quad . \quad . \quad (15)$$

eine Gleichung, der jedenfalls die Funktion $w_n r$ genügen muß. Sie ist als Integral von (12) anzusehen und kann somit diese Bedingung vollständig ersetzen. Obwohl sie eine willkürliche Funktion $f(w_n r)$ enthält, so beschränkt sie doch die Abhängigkeit des Produktes $w_n r$ selbst von r und z in hohem Maße, wie man leicht durch Einsetzen beliebiger einfacher Ausdrücke für $w_n r$ feststellen kann.

§ 10. Folgerungen für die Gestaltung von Kreiselrädern.

Wir wollen nunmehr versuchen, aus den allgemeinen Ergebnissen des letzten Abschnittes einige für die praktische Ausgestaltung von Kreiselrädern wichtige Folgerungen zu ziehen.

I. Zunächst haben wir gesehen, daß der gleiche Energieumsatz aller Flüssigkeitselemente im Rad unter der Voraussetzung einer ringwirbelfreien achsensymmetrischen Strömung ganz allgemein Schnittkurven der Schaufeln mit den Rotationsflächen gleichen Energieinhaltes der Flüssigkeit bedingt, die auf Meridianebenen liegen, so daß also denselben Werten von $w_n r$ auch gleiche Schaufelwinkel χ entsprechen. Verlangen wir dann weiter, daß ein und derselbe Energieumsatz aller Elemente gleichzeitig erfolgt, wonach alle mit einem Parameter $(w_n r)_1$ in das Rad eintretenden Flüssigkeitsteilchen es nach Ablauf derselben Zeit mit einem andern Parameter $(w_n r)_2$ verlassen, so muß in der Momentenformel

$$q_n r = \frac{d(w_n r)}{dt} = \frac{\partial (w_n r)}{\partial r} w_r + \frac{\partial (w_n r)}{\partial z} w_z$$

das für die Änderung von $w_n r$ längs eines Stromfadens erforderliche Zeitelement

$$dt = \frac{\partial (w_n r)}{\partial r} \frac{dr}{q_n r} + \frac{\partial (w_n r)}{\partial z} \frac{dz}{q_n r} = \frac{d(w_n r)}{q_n r} \quad . \quad . \quad . \quad . \quad (1)$$

für alle anderen Stromfäden denselben Wert besitzen. Es darf mithin nicht mit dem Parameter Ψ der Stromlinien, sondern nur mehr mit $w_n r$ variieren, was nach (1) nur möglich ist, wenn $q_n r$ selbst eine reine Funktion von $w_n r$ ist. Dann aber folgt aus Gl. (13[c]) § 9 mit $q_n r \cdot f(w_n r) = F(w_n r)$

$$F(w_n r) = \frac{w_n r}{r^2} - \omega \quad . \quad . \quad . \quad . \quad . \quad . \quad . \quad (2)$$

d. h. also eine bloße Abhängigkeit des Parameters $w_n r$ von r allein, oder

$$w_n r = f_2(r) \quad . \quad . \quad . \quad . \quad . \quad . \quad . \quad . \quad (3)$$

und nach Einsetzen in die Gl. (15) § 9

$$\frac{f_2(r)}{r^2} - \omega = w_r \frac{dF}{dr}.$$

Diese Gleichung kann aber nur bestehen, wenn w_r allein von r abhängt, woraus dann mit Rücksicht auf

$$\frac{\partial w_r}{\partial z} = 0 = \frac{\partial w_z}{\partial r}$$

auch die bloße Abhängigkeit der Achsialgeschwindigkeit w_z von z sich ergibt. Wir erhalten also

$$w_r = R, \quad w_z = Z \quad . \quad . \quad . \quad . \quad . \quad . \quad . \quad (4)$$

wenn R und Z reine Funktionen von r bzw. z bedeuten. Die diesen Bedingungen entsprechende Stromfunktion für eine inkompressible Flüssigkeit lautete dann nach § 4, IV

$$\Psi = A\gamma(r^2 - r_0^2)\,z$$

wofür man mit einer andern Wahl des Koordinatenanfangs auf der Symmetrieachse noch etwas allgemeiner auch

$$\Psi = A\gamma(r^2 - r_0^2)(z - z_0) \quad . \quad . \quad . \quad . \quad . \quad . \quad (5)$$

mit den Geschwindigkeitskomponenten

$$\left.\begin{aligned} w_r &= -\frac{1}{\gamma r}\frac{\partial \Psi}{\partial z} = -A\left(r - \frac{r_0^2}{r}\right) \\ w_z &= +\frac{1}{\gamma r}\frac{\partial \Psi}{\partial r} = 2A(z - z_0) \end{aligned}\right\} \quad . \quad . \quad . \quad . \quad (6)$$

schreiben kann. Der zugehörige Stromverlauf ist aus Fig. 14 ersichtlich, in der $z_0 = 0$ gewählt wurde.

Mit $z_0 = 0$, $r_0 = 0$ vereinfachen sich die Formeln (5) und (6) in

$$\Psi = A\gamma r^2 z \quad . \quad . \quad . \quad . \quad . \quad . \quad . \quad . \quad (5^a)$$

$$w_r = -Ar, \quad w_z = 2Az \quad . \quad . \quad . \quad . \quad . \quad . \quad . \quad (6^a)$$

entsprechend der in § 4, III behandelten und durch Fig. 13 dargestellten Strömung. Setzen wir dann noch in (5) und (6) $A = 0$, $r_0^2 = \infty$, $Ar_0^2 = -A_0$, so ergibt sich

$$\Psi = A_0 \gamma (z - z_0) \quad . \quad . \quad . \quad . \quad . \quad . \quad . \quad (5^b)$$

$$w_r = -\frac{A_0}{r}, \quad w_z = 0 \quad . \quad . \quad . \quad . \quad . \quad . \quad (6^b)$$

d. h. eine reine Radialströmung, wie sie in § 4 unter I im Anschluß an Fig. 10 besprochen wurde. Ebenso folgt mit $A = 0$, $z_0 = \infty$, $Az_0 = -A_0$ aus (5) und (6)

$$\Psi = A_0 \gamma r^2 \quad . \quad . \quad . \quad . \quad . \quad . \quad . \quad . \quad (5^c)$$

$$w_r = 0, \quad w_z = 2 A_0 \quad . \quad . \quad . \quad . \quad . \quad . \quad (6^c)$$

also eine reine Achsialströmung, die wir in § 4, II an Hand der Fig. 11 diskutierten.

Schließlich erhalten wir noch mit $A = 0$, $r_0^2 = \infty$, $z_0 = \infty$, $Ar_0^2 = A_0$, $Az_0 = B$

$$\Psi = \gamma (Br^2 - A_0 z) \quad . \quad . \quad . \quad . \quad . \quad . \quad . \quad (5^d)$$

$$w_r = \frac{A_0}{r}, \quad w_z = 2B \quad . \quad . \quad . \quad . \quad . \quad . \quad (6^d)$$

also eine Schar von kongruenten Parabeln, Fig. 30, deren Scheitel in der Symmetrieachse liegen. Diese ist alsdann für die Strömung als eine Quelle oder Senke zu betrachten, wie für den innern Teil der Fig. 14, bzw. für die durch (5^b) und (6^b) definierte reine Radialströmung. Infolgedessen muß natürlich bei der Benutzung dieser Strombilder für die Profilgestaltung von Kreiselrädern ein zentraler Kern um die Achse ausgeschaltet werden, damit die Geschwindigkeit nicht Werte überschreitet, welche negative Drücke und damit eine Störung der Kontinuität zur Folge haben würden.

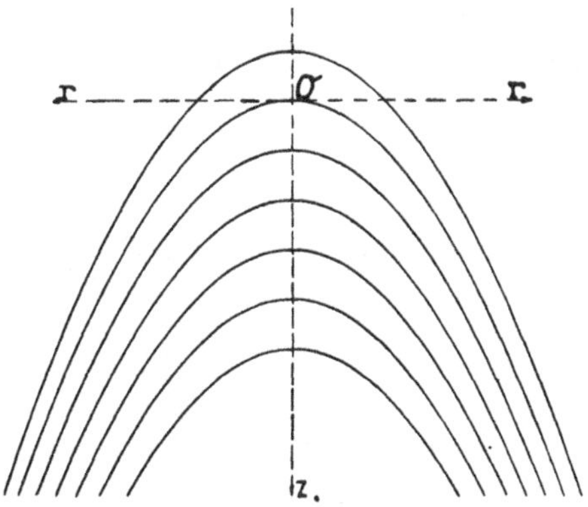

Fig. 30.

Die bloße Abhängigkeit des Produktes $w_n r$ von r bedingt weiterhin nach (5) § 9 das Verschwinden des Radialwirbels ε_r, so daß, da auch $\varepsilon_n = 0$ war, nach Gl. 4 bzw. (4^a) § 9 $q_z = 0$ wird. Die Zwangsbeschleunigung fällt alsdann ganz in Normalebenen zur Achse, die von der Schaufel senkrecht geschnitten werden, oder mit andern Worten, die Schaufelflächen bilden Zylinder mit Erzeugenden parallel zur Achse. Räder, welche diese Bedingungen erfüllen, wollen wir allgemein als Radialräder bezeichnen.

II. Soll $w_n r$ nur von z abhängen, so würde mit $\varepsilon_n = 0$ nach (4) § 9 $q_r = 0$, d. h. die Fahrstrahlen normal zur Achse verlaufen längs der Schaufeln, die hierdurch als Schraubenflächen gekennzeichnet sind. Zur Feststellung der diesen Bedingungen genügenden Strömung setzen wir

$$f(w_n r)\frac{\partial (w_n r)}{\partial z} = \frac{\partial F(w_n r)}{\partial z} = \frac{dF}{dz}$$

und erhalten dann aus (15) § 9 mit $w_n r = f_2(z)$

$$\frac{f_2(z)}{r^2} - \omega = w_z \frac{dF}{dz}$$

oder

$$w_z = \frac{f_2(z)}{r^2 \frac{dF}{dz}} - \frac{\omega}{\frac{dF}{dz}} = \frac{1}{r^2}\frac{dZ_2}{dz} - Z_1 \quad . \quad . \quad . \quad . \quad (3^a)$$

worin Z_1 und Z_2 wieder reine Funktionen von z bedeuten. Daraus folgt

$$\frac{\partial w_r}{\partial z} = \frac{\partial w_z}{\partial r} = -\frac{2}{r^3}\frac{dZ_2}{dz}$$

und mit einer Funktion R von r allein

$$w_r = R - \frac{2}{r^3} Z_2 \quad . \quad . \quad . \quad . \quad . \quad . \quad . \quad (3^b)$$

Da weiterhin

$$\frac{\partial (w_r r)}{\partial r} = \frac{d(Rr)}{dr} + \frac{4}{r^3} Z_2$$

$$\frac{\partial (w_z r)}{\partial z} = \frac{1}{r}\frac{d^2 Z_2}{dz^2} - r\frac{dZ_1}{dz},$$

so erfordert die Kontinuitätsgleichung, daß

$$\frac{d(Rr)}{dr} + \frac{4}{r^3} Z_2 + \frac{1}{r}\frac{d^2 Z_2}{dz^2} - r\frac{dZ_1}{dz} = 0.$$

Diese Gleichung kann aber für beliebige r nur bestehen, wenn $Z_2 = 0$ ist, während $\frac{dZ_1}{dz} = c$ konstant sein muß. Dann aber verschwindet nach der Definition von Z_2 durch Gl. (3^a) auch $f_2(z) = w_n r$, d. h. es existiert für endliche Werte von $w_n r$ keine achsensymmetrische Strömung, in der neben dem Ringwirbel auch der Achsialwirbel verschwindet.

III. Verläuft die Strömung lediglich parallel der Achse, so erhalten wir mit $w_r = 0$, $w_z = c$ aus Gl. (15) § 8

$$\frac{w_n}{r} - \omega = c\,\frac{\partial (w_n r)}{\partial z}\,f(w_n r) \quad . \quad . \quad . \quad . \quad . \quad . \quad (7)$$

Setzen wir hierin $f(w_n r) = k$, also einer Konstanten, so wird mit $kc = \frac{1}{\varkappa_0}$

$$\frac{w_n r - \omega r^2}{r^2} = \frac{1}{\varkappa_0}\,\frac{\partial (w_n r)}{\partial z}$$

oder

$$\frac{\varkappa_0}{r^2} = \frac{\partial}{\partial z}\,\mathrm{lgn}\,(w_n r - \omega r^2),$$

oder mit einer reinen Radialfunktion R

$$\mathrm{lgn}\,\frac{w_n r - \omega r^2}{R} = \frac{\varkappa_0 z}{r^2}$$

$$w_n r - \omega r^2 = R\,e^{\frac{\varkappa_0 z}{r^2}} \quad . \quad . \quad . \quad . \quad . \quad . \quad . \quad (7^a)$$

Soll insbesondere für $z = 0$, $w_n r = 0$ sein, so wird $R = -\omega r^2$, also ist

$$w_n r = \omega r^2 \left(1 - e^{\frac{\varkappa_0 z}{r^2}}\right) \quad . \quad . \quad . \quad . \quad . \quad . \quad . \quad (7^b)$$

oder

$$\frac{w_n}{r} - \omega = -\,\omega\,e^{\frac{\varkappa_0 z}{r^2}}$$

Hiernach hat man

$$q_r = \left(\omega - \frac{w_n}{r}\right)\frac{\partial (w_n r)}{\partial r} = -\frac{1}{\varkappa_0}\,\frac{\partial (w_n r)}{\partial z}\,\frac{\partial (w_n r)}{\partial r}$$

$$q_z = \left(\omega - \frac{w_n}{r}\right)\frac{\partial (w_n r)}{\partial z} = -\frac{1}{\varkappa_0}\left(\frac{\partial (w_n r)}{\partial z}\right)^2$$

$$q_n r = w_z\,\frac{\partial (w_n r)}{\partial z} = c\,\frac{\partial (w_n r)}{\partial z},$$

so daß

$$\frac{q_r}{q_n r} = \frac{1}{\varkappa_0 c}\,\frac{\partial (w_n r)}{\partial r}, \quad \frac{q_z}{q_n r} = \frac{1}{\varkappa_0 c}\,\frac{\partial (w_n r)}{\partial z}$$

und die Bedingung (12) § 9 identisch erfüllt wird. Ergibt sich im Sonderfalle, daß $w_n r$ gegen ωr^2 stets nur kleine Werte annimmt, so dürfen wir an Stelle von (7^b) mit

$$1 - e^{\frac{\varkappa_0 z}{r^2}} \sim -\frac{\varkappa_0 z}{r^2}$$

auch angenähert schreiben

$$w_n r = -\,\omega \varkappa_0 z \quad . \quad . \quad . \quad . \quad . \quad . \quad . \quad . \quad (7^c)$$

Von dieser Näherungsformel, die ersichtlich mit $q_r = 0$ auf Schraubenflächen für die Schaufeln führt, werden wir bei der Behandlung der Achsialräder noch Gebrauch machen. Setzt man in Gl. (4^c) für $f(w_n r)$ beliebige Funktionen ein, so erhält man natürlich neue Integrale, aus denen sich aber $w_n r$ nicht immer explizit darstellen läßt.

IV. Leider ist es bisher nicht gelungen, aus der Grundformel (15) § 9 Ausdrücke für $w_n r$ abzuleiten, die der radial-achsialen Strömung in einer Francisturbine allgemein genügen. Zwar könnte man der am Eintritt vorwiegend radialen Wasserbewegung, entsprechend dem unter I besprochenen Falle, durch ein zylindrisches Schaufelende mit Erzeugenden parallel der Achse gerecht werden und sich für das andere Ende mit vorherrschender Achsialbewegung der Formel (7^a) etwa mit $R = \omega_0 r^2$ bedienen, wobei die Konstante $\omega_0 \neq \omega$ ist. Diese Gleichung liefert indessen parabelartige, nach der Achse zu konkave Kurven, während man in der Praxis einen konvexen Verlauf bevorzugt, und damit insbesondere bei sog. Schnelläufern ausgezeichnete Ergebnisse erzielt hat.

Die Berechtigung solcher Formen läßt sich in der Tat für die an das Saugrohr anschließenden Schaufelenden nachweisen, längs denen aus früher erörterten Gründen $w_n r = 0$ gesetzt wird. Damit aber geht die Gleichung (15) § 9 über in

$$\left(w_r \frac{\partial (w_n r)}{\partial r} + w_z \frac{\partial (w_n r)}{\partial z}\right) f(w_n r) = -\omega \quad . \quad . \quad . \quad (8)$$

Die Gültigkeit dieser Vereinfachung darf nun auch über einen endlichen, an die Schaufelkante angrenzenden Flächenstreifen ausgedehnt werden, solange nur dort $w_n r$ gegen ωr^2 vernachlässigt werden kann. Führen wir dann noch die schon oben einmal benutzte Abkürzung

$$f(w_n r)\, d(w_n r) = dF(w_n r)$$

ein, so wird aus (5)

$$w_r \frac{\partial F}{\partial r} + w_z \frac{\partial F}{\partial z} = -\omega \quad . \quad . \quad . \quad . \quad . \quad . \quad (8^a)$$

Setzen wir hierin beispielsweise $w_r = -Ar$, $w_z = 2Az$ entsprechend der in § 4 unter III behandelten Stromfunktion $\Psi = A\gamma r^2 z$, so wird aus (8^a)

$$r \frac{\partial F}{\partial r} - 2z \frac{\partial F}{\partial z} = \frac{\omega}{A} \quad . \quad . \quad . \quad . \quad . \quad . \quad . \quad (8^b)$$

und mit

$$F(w_n r) = R + Z \quad . \quad . \quad . \quad . \quad . \quad . \quad . \quad . \quad (9)$$

worin R und Z reine Funktionen von r bzw. z bedeuten,

$$r\frac{dR}{dr} - 2z\frac{dZ}{dz} = \frac{\omega}{A}$$

Diese Gleichung wird erfüllt, wenn mit einer neuen Konstanten C

$$r\frac{dR}{dr} = \frac{\omega + C}{A}, \quad 2z\frac{dZ}{dz} = \frac{C}{A}$$

oder

$$R = \frac{(\omega + C)}{A}\,\mathrm{lgn}\,\frac{r}{r_0}, \quad Z = \frac{C}{2A}\,\mathrm{lgn}\,\frac{z}{z_0}$$

ist, so daß schließlich für das Schaufelende die Gleichung

$$A\,F(w_n r) = (\omega + C)\,\mathrm{lgn}\,\frac{r}{r_0} + \frac{C}{2}\,\mathrm{lgn}\,\frac{z}{z_0} \quad . \quad . \quad . \quad . \quad (9^a)$$

resultiert, für die wir auch

$$2\,F(w_n r) = \mathrm{lgn}\left(\left(\frac{r}{r_0}\right)^{2\frac{\omega+C}{A}}\left(\frac{z}{z_0}\right)^{\frac{C}{A}}\right) \quad . \quad . \quad . \quad . \quad (9^b)$$

schreiben dürfen. Dies liefert für konstante $w_n r$ parabolische Kurven, die gegen die Achse konkav oder konvex gekrümmt sind, je nachdem

$$C \lesseqgtr 2(\omega + C)$$

oder

$$-C \gtreqless 2\,\omega$$

gewählt wird, so daß also wirklich eine weitgehende Freiheit in der Formung der Austrittskanten besteht, von der die Praxis umfassenden Gebrauch macht.

§ 11. Profile von Radiallaufrädern.

Wir wollen uns nun in der Folge auf solche Räder beschränken, deren Berechnung ohne nennenswerte Vernachlässigungen sowohl für tropfbare als auch für elastische Flüssigkeiten durchgeführt werden kann. Es sind dies nach den Ausführungen des letzten Abschnittes die sog. Radialräder, in denen

$$w_z = Z, \quad w_r = R_1, \quad w_n r = R_2 \quad . \quad . \quad . \quad . \quad . \quad (1)$$

zu setzen war, wenn Z eine reine Funktion von z, R_1 und R_2 dagegen zwei voneinander verschiedene Funktionen von r allein bedeuten. Daraus ergab sich für tropfbare Flüssigkeiten (mit konstantem γ) die allgemeine Stromfunktion

$$\Psi = A\gamma(r^2 - r_0^2)(z - z_0) \quad . \quad . \quad . \quad . \quad . \quad (2)$$

mit den Geschwindigkeitskomponenten im Meridianschnitt

$$w_z = 2A\,(z - z_0),\quad w_r = A\left(\frac{r_0^2}{r} - r\right) \quad . \quad . \quad . \quad . \quad (1^a)$$

während die Abhängigkeit des Produktes $w_n r$ bzw. der Rotationskomponente w_n von r allein ganz willkürlich blieb. Diese Willkür erstreckt sich dann naturgemäß auch auf den Grundriß der zylindrischen Schaufeln, deren Begrenzungen jedenfalls Mantelgerade parallel der Drehachse sein müssen. Da dies sowohl für die Laufräder, als auch für die Leitapparate der hier ins Auge gefaßten Maschinen gilt, so sind bei vorgelegten Meridiankurven sowie gegebenen Innen- und Außenradien deren Profile vollkommen vorgeschrieben. Für deren praktische Verwendung erübrigt sich dann nur noch die Herstellung von stetigen Übergängen sowohl am Spalt als auch für die Anschlüsse des Rades an den Saugraum, und des Leitapparates an den Druckraum bzw. das Spiralgehäuse, deren Gestaltung wir bereits in § 6 kennen gelernt haben. Wir wollen uns an dieser Stelle zunächst mit der Profilgestaltung der Laufräder und ihres Anschlusses an den Saugraum beschäftigen, während diejenige der Leitapparate mit dem Übergang in den Druckraum im folgenden Paragraphen abgehandelt werden sollen.

Bezeichnen wir nun wieder, wie in § 8 den Zustand der Flüssigkeit außerhalb des Saugrohres mit dem Index 0, beim Übergang zwischen Saugrohr und Laufrad mit 1, im Spalt zwischen Laufrad und Leitapparat mit 2 und schließlich am Ende des Druckraumes mit 3, so dürfen wir unter der Annahme einer tropfbaren Flüssigkeit für die Gleichungen (11) § 8 schreiben

$$\left.\begin{aligned} g\,(z_1 - z_0) - g\,\frac{p_1 - p_0}{\gamma} &= \frac{w_1^2 - w_0^2}{2} \\ E + g\,(z_2 - z_1) - g\,\frac{p_2 - p_1}{\gamma} &= \frac{w_2^2 - w_1^2}{2} \\ g\,(z_3 - z_2) - g\,\frac{p_3 - p_2}{\gamma} &= \frac{w_3^2 - w_2^2}{2} \end{aligned}\right\} \quad . \quad . \quad . \quad (3)$$

Hierin ist nach Gl. (8) § 8

$$E = \omega[(w_n r)_2 - (w_n r)_1] \quad . \quad . \quad . \quad . \quad . \quad . \quad (4)$$

die auf die Masseneinheit Flüssigkeit entfallende Energie, die entweder (bei Pumpen) von außen eingeleitet oder (bei Turbinen) nach dort vermittelst der Schaufeln abgegeben wird. Bei der Berechnung des Rades, die sich auf den normalen Bewegungszustand bezieht, werden wir nun stets $(w_n r)_1 = 0$ setzen, d. h. im Saugraum keine Flüssigkeitsrotation annehmen, zu deren Entstehung bei Pumpen kein Anlaß vorliegt, während bei Turbinen der ihr entsprechende Energiebetrag nicht mehr nutzbar gemacht werden kann. Damit aber vereinfacht sich (4) in

$$E = \omega\,(w_n r)_2 \quad \ldots\ldots\ldots \quad (4^a)$$

so daß also durch das Moment der Rotationskomponente beim Übergang der Flüssigkeit zwischen Laufrad und Leitapparat schon die auf die Masseneinheit entfallende Energie bestimmt ist. Addieren wir nun diese drei Formeln (3), so wird mit (4)

$$\omega\,(w_n r)_2 = g\,\frac{p_3 - p_0}{\gamma} + \frac{w_3^2 - w_0^2}{2} - g\,(z_3 - z_0) \quad \ldots \quad (5)$$

wonach sich die übertragene Energie einfach aus dem Anfangs- und Endzustand der Betriebsflüssigkeit berechnet. Um nun noch die unvermeidlichen Bewegungswiderstände zu berücksichtigen, welche bei Turbinen die Energieausbeute vermindern, bei Pumpen dagegen den Energieaufwand vergrößern, multiplizieren wir die rechte Seite von (5) mit einem Faktor $\xi \lesseqgtr 1$, je nachdem es sich um eine Turbine oder Pumpe handelt, und bezeichnen alsdann die Größe

$$\omega\,(w_n r)_2 = \xi\left(g\,\frac{p_3 - p_0}{\gamma} + \frac{w_3^2 - w_0^2}{2} - g\,(z_3 - z_0)\right) = C \quad . \quad (5^a)$$

als die Radkonstante, welche der ganzen Berechnung zugrundezulegen ist.

Insbesondere wird für eine Turbine der Unterschied der kinetischen Flüssigkeitsenergie im Anfangs- und Endzustand praktisch verschwindend klein, außerdem aber ruht auf den Spiegeln des Ober- und Unterwassergrabens der Atmosphärendruck p_0, dessen Differenz auch bei großen Höhenunterschieden $z_0 - z_3 = h$ nicht ins Gewicht fällt. Wir dürfen daher für diese Maschinen sowie für Pumpen, die unter denselben Verhältnissen arbeiten, mit hinreichender Genauigkeit

$$\omega\,(w_n r)_2 = C = \xi g h \quad \ldots\ldots\ldots \quad (5^b)$$

setzen, während im Falle eines Niederdruckgebläses, in dem die Dichteänderung der elastischen Arbeitsflüssigkeit ebenso vernachlässigt werden kann, wie die Höhendifferenz $z_3 - z_0$, hinreichend genau

$$\omega\,(w_n r)_2 = \xi\left(g\,\frac{p_3 - p_0}{\gamma} + \frac{w_3^2 - w_0^2}{2}\right) \quad \ldots \quad (5^c)$$

geschrieben werden kann.

Da weiterhin nach § (3)

$$Q = 2\pi\Psi \quad \ldots\ldots\ldots \quad (6)$$

das zwischen einer Stromlinie mit dem Parameter Ψ und der Achse bzw. dem Zylinder mit dem Radius r_0 in der Sekunde strömende Flüssigkeitsgewicht darstellte, so ist

$$V = \frac{Q}{\gamma} = 2\pi\frac{\Psi}{\gamma} \quad \ldots\ldots\ldots \quad (6^a)$$

dessen Volumen, das wir somit für tropfbare Flüssigkeiten ebenfalls einführen können.

Besitzt das Rad dagegen eine äußere Begrenzung mit dem Parameter Ψ', eine innere mit Ψ'', so ergibt sich das zwischen ihnen, also im Profil strömende Flüssigkeitsvolumen bzw. Gewicht aus

$$V = \frac{Q}{\gamma} = \frac{2\pi}{\gamma}(\Psi' - \Psi'') = 2\pi\cdot\frac{\Psi'}{\gamma}\left(1 - \frac{\Psi''}{\Psi'}\right) \quad \ldots \quad (6^b)$$

worin das Verhältnis $\Psi' : \Psi''$ zunächst ganz willkürlich erscheint. Nach einer Entscheidung hierüber aus praktischen, später noch zu behandelnden Gesichtspunkten dient Gl. (6^b), da im konkreten Falle stets die Durchflußmenge Q bzw. deren Volumen vorgeschrieben sind, zur Berechnung der Parameter Ψ' und Ψ''. Die Aufzeichnung der ihnen entsprechenden Begrenzungskurven des Radprofils erfordert aber nach (2) noch die Kenntnis der Konstanten A, r_0 und z_0, während diejenige von γ aus der Natur der Arbeitsflüssigkeit als bekannt vorauszusetzen ist. Da von diesen Konstanten, die nach (1a) in den Formeln für die Geschwindigkeitskomponenten wieder erscheinen, die Gestalt der Profilkurven abhängt, so wollen wir die praktisch wichtigsten Einzelfälle besonders untersuchen.

I. Die einfachste Form der Radialräder ergibt sich unstreitig aus der Profilbegrenzung durch zwei radiale Gerade, denen am Rad ebene Wandungen entsprechen (Fig. 31). Nach Gl. (5^c) und (6^c) § 10 folgt diese Gestalt aus (2) und (1a) mit $A = 0$, $r_0^2 = \infty$, $Ar_0^2 = -A_0$, so daß wir hierfür auch mit $z_0 = 0$ kurz

$$\left.\begin{aligned} \Psi &= A_0\gamma z \\ w_r = -\frac{A_0}{r}&, \quad w_z = 0 \end{aligned}\right\} \quad \ldots\ldots\ldots \quad (7)$$

schreiben dürfen. Es bleibt also, wenn wir z. B. das Verhältnis $\Psi'' : \Psi' = 0$ setzen, die eine Wand Ψ'' mithindurch den Anfang 0 hindurch legen, wonach der Parameter der andern sich aus $Q = 2\pi\Psi'$ berechnet, nur noch eine Konstante A_0 zu bestimmen, was durch Festlegung der Radialgeschwindigkeit w_r für einen der beiden Radien, etwa r_1 geschehen kann. Wir werden später noch sehen, daß damit zugleich der Schaufelwinkel am Saugraumende des Laufrades bestimmt ist, von dem man zweckmäßig ausgehen wird. Der praktische Mangel dieser reinen Radialräder beruht in der Unbequemlichkeit eines guten Anschlusses an den Saugraum, da sich schon mit Rücksicht auf die als Quelle bzw. Senke wirkende Achse nur bei relativ großem Innenradius überwinden läßt. Dann allerdings zeichnen sich diese Räder durch leichte Herstellbarkeit vor anderen vorteilhaft aus, so daß sie in der Praxis für Pumpen eine umfassende Verwendung finden. Als Radialturbinen — entsprechend der Urausführung von Fourneyron — kommen sie dagegen kaum noch in Frage.

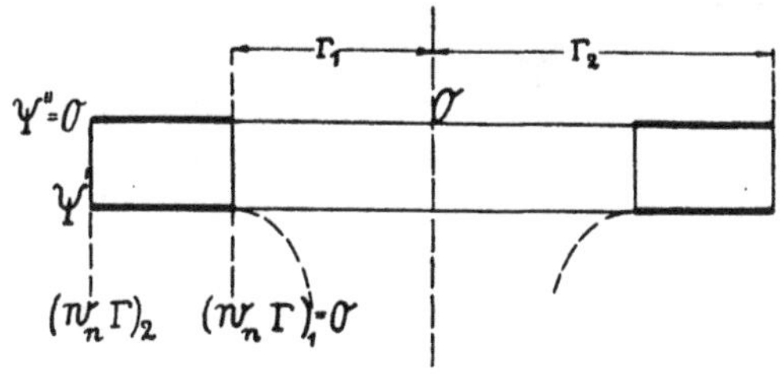

Fig. 31.

II. Erteilen wir der Arbeitsflüssigkeit unter sonst gleichen Bedingungen wie unter I noch eine konstante Achsialgeschwindigkeit $-2B$ so wird nach Gl. (5^d) und (6^d) § 10 aus (2) mit $A = 0$, $z_0 = \infty$, $r_0^2 = \infty$, $Ar_0^2 = -A_0$, $Az_0 = B$

$$\left.\begin{aligned} \Psi &= A_0 \gamma z - B \gamma r^2 \\ w_r &= -\frac{A_0}{r}, \quad w_z = -2B \end{aligned}\right\} \quad \ldots \ldots \quad (8)$$

so daß die Radwandungen aus zwei kongruenten Rotationsparaboloiden bestehen (Fig. 32). Diese sind alsdann um den Betrag des Abstandes der Wandebenen in Fig. 31 gegeneinander achsial verschoben, ohne daß sich sonst an der Berechnung gegen I etwas ändert. Wenn sich auch dieses Radprofil, das unseres Wissens bisher noch keine praktische Verwendung gefunden hat, leichter als Fig. 31

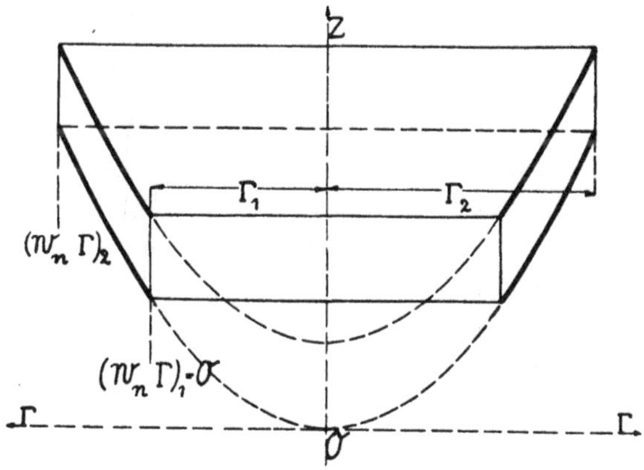

Fig. 32.

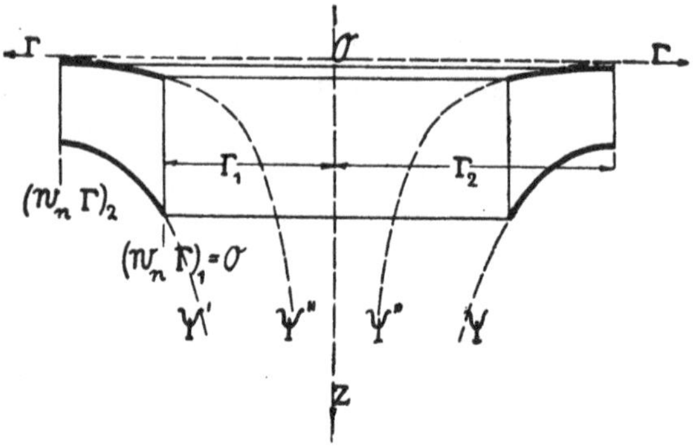

Fig. 33.

an den Saugraum anpassen läßt, so dürfte doch sein Anschluß an den Leitapparat erhebliche Schwierigkeiten bereiten. Wir wollen uns darum mit dieser Form in der Folge nicht weiter befassen.

III. Den Übergang einer vorwiegend radialen Strömung im Laufrad in die achsiale des Saugrohres vermittelt sehr günstig die aus (2) mit $r_0 = 0$ und $z_0 = 0$ hervorgehende Stromfunktion

$$\left.\begin{aligned} \Psi &= A\gamma r^2 z \\ w_r = -Ar, \quad w_z &= 2Az \end{aligned}\right\} \quad . \quad . \quad . \quad . \quad . \quad . \quad (9)$$

die wir schon in § 3 für die äußere Erweiterung des Saugrohres selbst benutzt haben. Sie liefert bei vorgelegten Werten der Parameter Ψ' und Ψ'' und bekannter Konstante A das in Fig. 33 dargestellte Radprofil. bei dem man den punktierten Teil der Stromlinien Ψ'' in Verbindung mit der Radnabe zu einem Führungstrichter ausgestalten kann, der dann natürlich durch eine Haube geschlossen wird. Dabei wird man zweckmäßig das Verhältnis $\Psi'' : \Psi'$ mit dem Verhältnis des von den Laufradschaufeln eingenommenen Raumes zu dem durch das Schaufelprofil bestimmten Gesamtraum des Laufrades identifizieren. Hierdurch wird der Saugraum in der Nachbarschaft dieses Rades entsprechend verkleinert, wenn man unter Herstellung eines sanften Überganges die eine Radwand nahezu eben gestaltet und mit der Normalebene durch den Anfang O zusammenfallen läßt.

Das Saugrohr selbst schließt sich alsdann ohne Schwierigkeit an die Meridiankurve Ψ' nahezu zylindrisch auf den Radius r_0 an, wenn man es nicht vorzieht, ihm nach Fig. 34 eine Erweiterung nach außen zu geben, deren Berechnung nach § 4 Beispiel III durchzuführen ist.

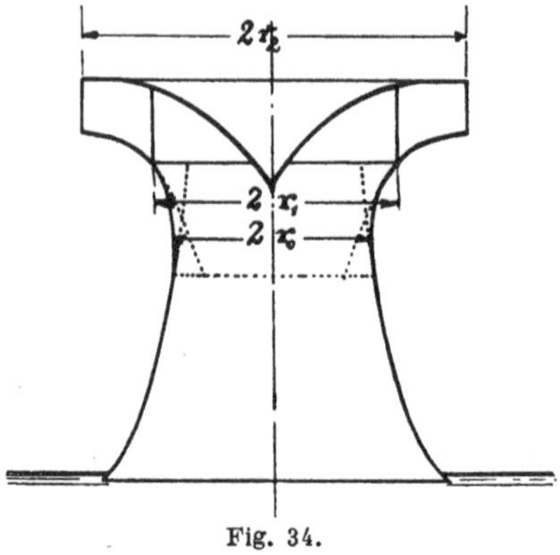

Fig. 34.

IV. Wird der Saugraum in seiner ganzen Länge von einer Welle durchsetzt, deren Querschnitt gegen denjenigen des Saugrohres nicht vernachlässigt werden darf, so ist zu beachten, daß an der Oberfläche dieser zylindrischen Welle vom Radius r_0 die Radialkomponente w_r naturgemäß verschwindet. Dieser Bedingung genügt alsdann der äußere Teil der durch die allgemeine Gl. (2) dargestellten Strömung (Fig. 14), in der wir unbedenklich $z_0 = 0$ setzen und daher

$$\left.\begin{aligned} \Psi &= A\gamma(r_0^2 - r^2)z \\ w_r &= A\left(\frac{r_0^2}{r} - r\right), \\ w_z &= 2Az \end{aligned}\right\} \quad (10)$$

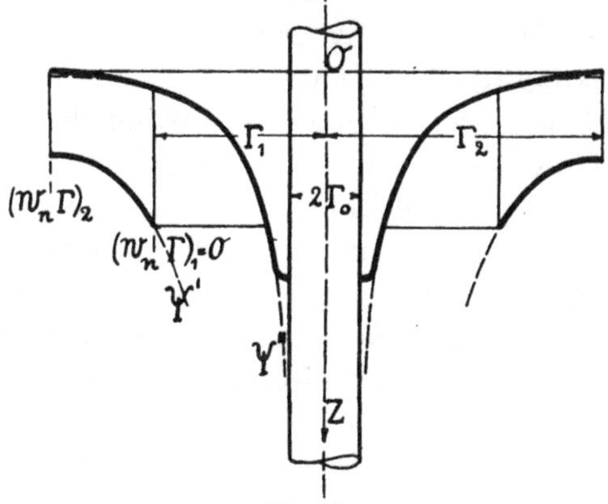

Fig. 35.

schreiben dürfen. Mit Benutzung zweier verschiedener Werte Ψ' und Ψ'' auf Grund der Überlegungen unter III erhalten wir dann das Radprofil Fig. 35, in dem sich der Führungstrichter bequem zur Nabe ausbilden läßt.

V. Auch der innere Teil der durch Gl. (10) definierten Strömung (Fig. 14) kann zur Profilgestaltung von Laufrädern benutzt werden, die alsdann in einem Rohre vom Durchmesser $2r_0$ arbeiten, an dessen Oberfläche wieder $w_r = 0$ wird. Derartige Räder mit Profilen nach Fig. 36 würden sich besonders für **Radialturbinen mit innerer Beaufschlagung** eignen, die dann unmittelbar ins Unterwasser tauchen. Dabei wäre allerdings noch versuchsmäßig festzustellen, ob nicht etwa durch Weglassung des festen Zylinders die Strömung merklich modifiziert wird. Jedenfalls haben derartige Turbinen heute nur noch eine geringe praktische Bedeutung, während man eine Umkehrung derselben für Förderzwecke anscheinend noch nicht in Aussicht genommen hat.

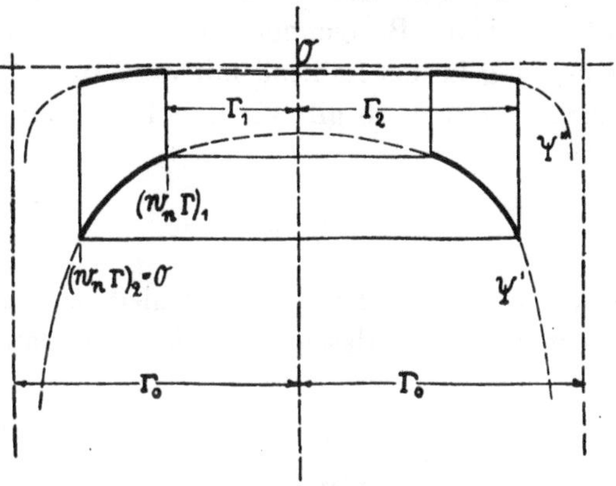

Fig. 36.

§ 12. Profile der Leitapparate von Radialrädern.

Die Leitapparate der Kreiselräder vermitteln die Überführung der Arbeitsflüssigkeit zwischen dem Laufrade einerseits und dem Druckraum bzw. dem Gehäuse der Maschine anderseits. Damit diese Überführung stetig erfolgt, also hydraulische Stöße mit den daran geknüpften Energieverlusten im normalen Gange vermieden werden, müssen die absoluten Geschwindigkeiten am Ein- und Austritt des Leitapparates mit den entsprechenden Ein- und Austrittsgeschwindigkeiten am Druckraum bzw. am Laufrade möglichst übereinstimmen. Dies wird erreicht durch eine zweckmäßige Profilgestaltung der Leitapparate mit sanften Übergängen in die benachbarten Räume, sowie durch den Einbau von Leitschaufeln. Durch die letzteren hat man insbesondere die beliebige Änderung des Produktes $w_n r$ in der Hand, welches nach den Ausführungen des letzten Paragraphen an einem Ende des Laufrades einen ganz bestimmten Wert besitzen muß, damit die Maschine richtig arbeitet. Sind keine Leitschaufeln vorhanden, so entfällt auch die Zwangsbeschleunigung im Leitapparate und daher wird in schaufelfreien Leitapparaten das Produkt $w_n r$ ebensowenig Änderungen erfahren, wie in den sog. Spiralgehäusen (vgl. § 6). Auf jeden Fall aber wird, da der Leitapparat keine Rotation vollführt, mit $\omega = 0$ nach Gl. (4) § 10 in ihm der Arbeitsflüssigkeit weder Energie mitgeteilt noch entzogen, wenn man von den Bewegungswiderständen vorläufig absieht. Bezeichnen wir den Zustand der Arbeitsflüssigkeit beim Übergang in das Laufrad mit dem Index 2, beim Übergang in den Druckraum mit 3, so gilt für den Leitapparat die dritte Formel (3) § 11, nämlich

$$g\,(z_3 - z_2) - g\,\frac{p_3 - p_2}{\gamma} = \frac{w_3^2 - w_2^2}{2},$$

in der wir praktisch überdies stets den Höhenunterschied $z_3 - z_2$ zwischen Leitradein- und Austritt vernachlässigen dürfen. Alsdann bleibt

$$\frac{p_3 - p_2}{\gamma} = \frac{w_2^2 - w_3^2}{2g} \quad \ldots\ldots \quad (1)$$

d. h. *die Geschwindigkeitsänderung im Leitapparate erfolgt ausschließlich auf Kosten der Druckänderung der Arbeitsflüssigkeit.*

Dehnen wir nun die Grundforderungen für die Strömung in Kreiselrädern, insbesondere die Freiheit von Ringwirbeln und zeitlich gleiche Änderung von $w_n r$ für alle Stromfäden auf die Leitapparate aus, so gelten auch hierfür die Ausführungen unter I § 10, d. h. es muß auch innerhalb des Leitapparates

$$w_n r = R_2 \quad . \quad . \quad . \quad . \quad . \quad . \quad . \quad . \quad (2)$$

eine reine Radialfunktion sein, die beim Wegfall der Schaufeln natürlich in eine Konstante übergeht. Außerdem aber muß, wie für die Radiallaufräder

$$w_z = Z, \; w_r = R_1 \quad . \quad . \quad . \quad . \quad . \quad . \quad . \quad . \quad (3)$$

sein, woraus wieder die Stromfunktion

$$\Psi = A\gamma\,(r^2 - r_0^2)\;(z - z_0) \quad . \quad . \quad . \quad . \quad . \quad (4)$$

für die Profilgestaltung der Leitapparate mit den Geschwindigkeitskomponenten

$$w_r = A\left(\frac{r_0^2}{r} - r\right), \; w_z = 2A\,(z - z_0) \quad . \quad . \quad . \quad . \quad (3^a)$$

folgt. Hiernach könnten die Leitapparatwandungen ohne weiteres als Fortsetzung der Laufradwandungen unter Verwendung derselben Stromlinien ausgeführt werden, womit ein vollkommener stetiger Übergang gewährleistet ist. In dem praktisch häufigsten Falle außen liegender Leitapparate lassen sich indessen damit keine stetigen Übergänge in den Druckraum bzw. das Gehäuse herstellen, die im allgemeinen eine erhebliche Querschnittserweiterung des Leitapparates nach außen, wie in Fig. 37, erfordern, welche ihrerseits nach Gl. (1) eine radiale Druckzunahme bedingt. Es bleibt mithin nur übrig, die Leitapparatprofile dieser Forderung durch geeignete Wahl spezieller aus (4) abgeleiteter Stromfunktionen anzupassen, deren Konstante sich aus der Übereinstimmung der Übergangsgeschwindigkeiten in das Laufrad bzw. in den Druckraum berechnen. Dabei wird man zur Herstellung sanfter Anschlüsse, insbesondere im Falle eines Krümmungswechsels im Spalte die Zwischenschaltung kurzer ebener oder kegelförmiger Flächenstreifen ebensowenig vermeiden können, wie die Einfügung eines kurzen Zylinderstücks beim Übergang des Saugraums in das eigentliche Saugrohr nach Fig. 34. Während dieses Zylinder-

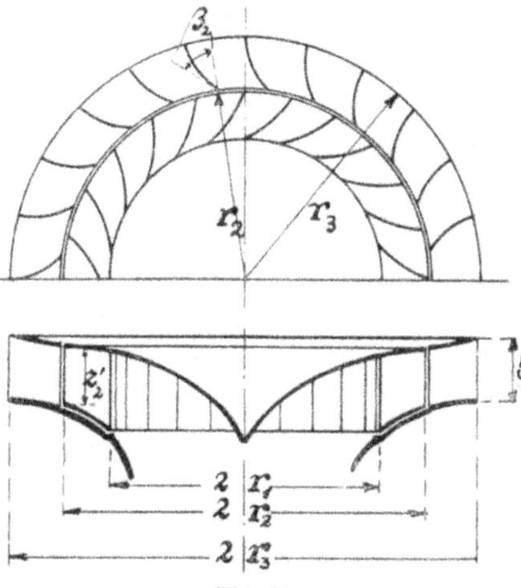

Fig. 37.

stück ein lokales Verschwinden der Radialkomponente zur Folge hatte, so bedingt z. B. ein ebenes Wandstück (normal zur Achse) das Verschwinden der Achsialkomponente, die überhaupt, solange das-ganze Profil nahe der Ebene $z = z_0$ liegt, gegenüber der Radialgeschwindigkeit nur kleine Werte besitzt. Der ihr entstammende Betrag der kinetischen Energie kann daher in Gl. (1) meist vernachlässigt werden, wodurch sich die rechnerische Behandlung sehr vereinfacht.

I. Sollen die Leitschaufeln von Turbinen zum Zwecke der Regulierung drehbar angeordnet sein und zwar um Achsen parallel zur Radachse selbst, so muß der sie umfassende Leitapparat durch ebene parallele Wände begrenzt werden, die fast immer einen bequemen Anschluß an das Laufrad gestatten. Wird dieses nach Fig. 31 selbst durch zwei parallele Wände begrenzt, so ergibt sich das Leitapparatprofil einfach als Fortsetzung des Laufradprofils, während bei Radprofilen nach Fig. 33 wenigstens die Kurve Ψ' in der Nachbarschaft des Spaltes ein Übergangsstück erhalten muß, welches jedenfalls außerhalb des Strombereiches der drehbaren Leitschaufeln, also im Spalte oder am Ende des Laufrades liegen sollte. Im Leitapparat ist dann die Radialgeschwindigkeit durch Gl. (7) § 11 gegeben, während w_n von der Stellung und Form der Schaufeln abhängt, worauf wir im nächsten Abschnitt noch zurückkommen.

II. In den schaufelfreien Überführungsräumen steht natürlich der Erweiterung nach außen nichts im Wege, die sich zwanglos aus der Stromfunktion (4) ergibt. Setzt man in ihr $z_0 = 0$, so teilt die Normalebene zur Achse durch den Koordinatenanfang das ganze Strombild in zwei kongruente Hälften (vgl. Fig. 14), von denen man bei Turbinen mit vertikaler Achse, die häufig in einer offenen Kammer arbeiten, nur die eine benutzt, so daß die Anfangsebene mit Boden der Kammer zusammenfällt, Fig. 38. Deren Innenradius liefert alsdann schon die Konstante r_0 in Gl. (4) bzw. (3^a), während sich die zweite Konstante A aus der Radialgeschwindigkeit beim Eintritt in den Leitschaufelraum berechnet, dessen obere ebene Begrenzung möglichst sanft an das Profil Ψ angeschlossen werden muß. Der Parameter Ψ ergibt sich auch hier wieder mit Gl. (6) § 11 aus der Durchflußmenge. Nach genau derselben Kurve kann man übrigens, wie in Fig. 38 angedeutet, auch das Profil des Deckels formen, und diesen durch eine Übergangskurve mit dem Leitapparatprofil verbinden.

Im Gegensatz hierzu bildet man die Übergangsräume in die Spiralgehäuse von Pumpen und Turbinen fast immer symmetrisch zu einer Normalebene durch den Anfang aus, weil in diesen Gehäusen überhaupt keine Achsialgeschwindigkeit herrscht. Sind dazu noch, wie stets in Pumpen, die Leitschaufeln

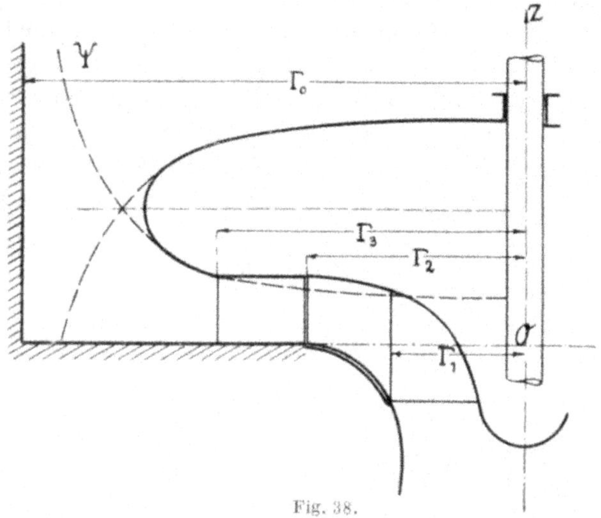

Fig. 38.

fest, so kann das nach (4) geformte Profil bis nahe an den Spalt geführt werden, während man die Konstante r_0 mit dem Innenradius des Spiralgehäuses gleich setzen wird, um dem Verschwinden der Achsialkomponente in diesem Gehäuse gerecht zu werden. Auf diese Weise

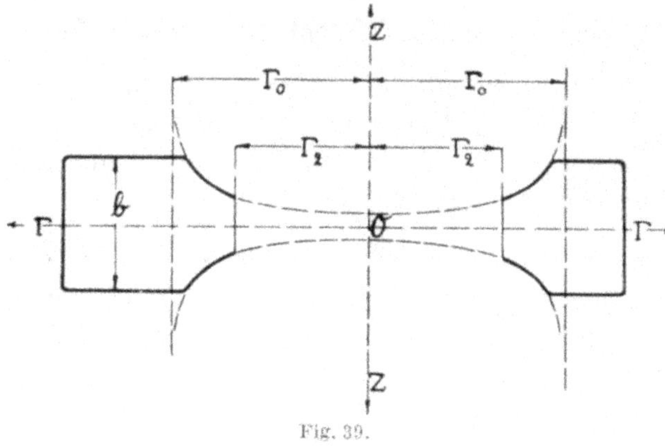

Fig. 39.

ergibt sich dann das in Fig. 39 dargestellte Profil, welches leicht durch Abrundungen an die Gehäusewandungen angeschlossen werden kann. Für die Berechnung wird man zweckmäßig in Gl. (4) $z_0 = 0$ setzen und erhält dann oberhalb der Normalebene durch den Anfang positive, unterhalb dagegen negative Werte von Ψ, wenn z nach oben positiv gerichtet ist. Maßgebend für den gesamten Durchfluß ist selbstverständlich wieder die Differenz der beiden Wandparameter, für die man auch den Parameter einer der Wandungen allein mit der halben Durchflußmenge benutzen kann. Dabei ergibt sich die Konstante A wieder aus (3a) durch Einsetzen der Geschwindigkeit w_{r2} am Innenradius r_2 des Leitapparates und zwar gleichgültig, ob derselbe Schaufeln enthält oder nicht, was lediglich auf die Änderung von w_n von Einfluß ist.

Schließlich sei noch bemerkt, daß die Druckänderung innerhalb des Leitapparates sich analog Gl. (1) aus

$$\frac{p - p_2}{\gamma} = \frac{w^2 - w_2^2}{2} \quad \ldots\ldots\ldots \quad (1^a)$$

ergibt, worin

$$w^2 = w_r^2 + w_z^2 + w_n^2 \quad \ldots\ldots\ldots \quad (5)$$

zu setzen ist. Von den drei Komponenten ist aber nur w_z von z abhängig, so daß, da w_z überdies praktisch klein gegen w_r und w_n ausfällt, der Druck auch im Leitapparate sich in der Hauptsache nur radial ändern wird. Der geringe Einfluß der Achsialkomponente wird alsdann noch vor dem Eintritt in das Spiralgehäuse durch die Übergangs-Abrundungen ausgeglichen, ein Vorgang, der sich naturgemäß der rechnerischen Verfolgung entzieht.

§ 13. Die Schaufelform der Radialräder.

Trotz der Einschränkungen, welche das Problem der Gestaltung eines Kreiselrades mit gleichem und gleichzeitigem Energieaustausch aller Flüssigkeitselemente durch die bisherigen Untersuchungen erleidet, bleibt doch die Wahl der Funktion

$$w_n r = f(r) \quad \ldots\ldots\ldots \quad (1)$$

d. h. die Abhängigkeit der Rotationskomponente w_n vom Radius zunächst ganz willkürlich. Nach Festlegung der Funktion (1) sowie der für die Radwandungen maßgebenden Stromfunktion Ψ, deren Ableitungen die Geschwindigkeitskomponenten w_r und w_z liefern, ist dann auch durch die Gleichungen

$$\frac{dr}{w_r} = \frac{dz}{w_z} = \frac{r d\varphi}{w_n} = dt \quad \ldots\ldots\ldots \quad (2)$$

der Verlauf der absoluten Flüssigkeitsbahn für jeden

Punkt des Eintrittsquerschnitts gegeben, aus denen dann vermittelst der Beziehung

$$d\chi = d\varphi - \omega\, dt \quad \ldots\ldots\ldots \quad (3)$$

für den Relativwinkel χ sich die Relativbahn bestimmt, deren Grundriß schließlich die Leitlinie des Schaufelzylinders bildet. Umgekehrt kann man natürlich auch den Verlauf einer dieser Bahnen, vor allem den Grundriß der ohnehin konstruktiv auszuführenden Schaufel festlegen und daraus die Veränderlichkeit von w_n mit Rücksicht auf die Grenzwerte $(w_n r)_1$ und $(w_n r)_2$ auf analytischem oder graphischem Wege ermitteln.

Es sei in Fig. 40 ACB der Schaufelgrundriß eines Radialrades, welches sich im Sinne des Pfeiles mit der Winkelgeschwindigkeit ω dreht, wobei die Arbeitsflüssigkeit von innen nach außen strömt. Der Winkel der Schaufeltangente in C mit dem zugehörigen Radius r sei α, und χ der zugehörige Winkel AOC der Relativbahn, d. h. des Radius r mit dem Eintrittsradius r_1. Dann sind α_1 und α_2 die entsprechenden Winkel der Schaufel mit den Radien r_1 und r_2 am Ein- und Austritt aus dem Rade.

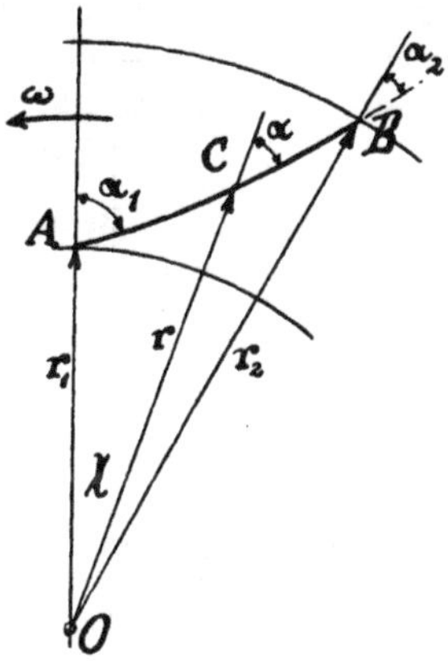

Fig. 40.

Alsdann folgt aus (3) mit (2)

$$\frac{r\, d\chi}{dr} = \frac{w_n - \omega r}{w_r} \quad \ldots\ldots\ldots \quad (4)$$

oder, da nach Fig. 40

$$r\, d\chi = \operatorname{tg} \alpha\, dr \quad \ldots\ldots\ldots \quad (5)$$

ist, auch

$$\operatorname{tg} \alpha = \frac{w_n - \omega r}{w_r} \quad \ldots\ldots\ldots \quad (4^a)$$

während die Achsialkomponente w_z auf den Verlauf des Schaufelgrundrisses keinen Einfluß ausübt. Für die Ein- und Austrittsstelle wird nach (4^a)

$$\left.\begin{aligned} \operatorname{tg} \alpha_1 &= \frac{w_{n1} - \omega r_1}{w_{r1}} \\ \operatorname{tg} \alpha_2 &= \frac{w_{n2} - \omega r_2}{w_{r2}} \end{aligned}\right\}, \quad \ldots\ldots\ldots \quad (4^b)$$

wobei nach früheren Ausführungen für den Normalgang meistens $w_{n1} = 0$ gesetzt wird.

Da das Drehmoment des Rades sowie seine Leistung nach der Eulerschen Momentenformel der Differenz $(w_n r)_2 - (w_n r)_1$ direkt proportional ist, so wird mit deren Verschwinden, d. h. für $w_n r = \text{const.}$ das Rad wirkungslos. Dieser Wirkungslosigkeit entspricht aber eine Schaufelform, die sich aus (4) durch Integration bei konstanten $w_n r$ zu

$$\chi = (w_n r) \int_{r_1}^{r} \frac{dr}{w_r r^2} - \omega \int_{r_1}^{r} \frac{dr}{w_r} \quad \ldots \ldots \ldots \quad (6)$$

ergibt und daher unbrauchbar ist. Ebenso unbrauchbar ist auch jede andere Schaufelform, wenn deren durch (4b) bestimmte Endwinkel die Bedingung $(w_n r)_2 - (w_n r)_1 = 0$ erfüllen, so daß

$$(w_r r)_1 \operatorname{tg} \alpha_1 - (w_r r)_2 \operatorname{tg} \alpha_2 = \omega (r_1^2 - r_2^2) \quad \ldots \ldots \ldots \quad (7)$$

wird. Diese beiden Bedingungen ergeben z. B. für rein radiale Räder nach Fig. 28, bei denen $w_r r = - A_0$ ist Gl. (7) § 11

$$\chi = \frac{(w_n r)}{A_0} \operatorname{lgn} \frac{r_1}{r} - \frac{\omega}{2 A_0} (r_1^2 - r^2) \quad \ldots \ldots \quad (6^a)$$

sowie

$$\operatorname{tg} \alpha_1 - \operatorname{tg} \alpha_2 = \frac{\omega}{A_0} (r_2^2 - r_1^2) \quad \ldots \ldots \ldots \quad (7^a)$$

Für Räder nach Fig. 30, deren Wandungen die Stromfunktion $\Psi = A \gamma r^2 z$ befolgen, ist dagegen mit $w_r = - Ar$, Gl. (9) § 11

$$\chi = \frac{w_n r}{2 A} \left(\frac{1}{r^2} - \frac{1}{r_1^2} \right) + \frac{\omega}{A} \operatorname{lgn} \frac{r}{r_1} \quad \ldots \ldots \quad (6^b)$$

$$r_1^2 \operatorname{tg} \alpha_1 - r_2^2 \operatorname{tg} \alpha_2 = \frac{\omega}{A} (r_2^2 - r_1^2) \quad \ldots \ldots \quad (7^b)$$

Wird insbesondere $w_n r = 0$, so ergibt (6^b) eine logarithmische Spirale, deren Winkel mit den Radien überall denselben Wert besitzen, so daß nach (7^b)

$$\operatorname{tg} \alpha_1 = \operatorname{tg} \alpha_2 = - \frac{\omega}{A}$$

sein müßte, damit die Flüssigkeit das Rad ohne jede Rotationskomponente und damit ohne Drehmoment durchströmt. Sind die Radwandungen schließlich nach der allgemeinen Formel $\Psi = A \gamma (r_0^2 - r^2) z$ geformt (Fig. 32), wobei nach Gl. 10 § 11 $w_r r = A (r_0^2 - r^2)$ ist, so folgt aus (7) für wirkungslose Schaufeln

$$\chi = \frac{w_n r}{A} \int_{r_1}^{r} \frac{dr}{(r_0^2 - r^2) r} - \frac{\omega}{A} \int_{r_1}^{r} \frac{r\, dr}{(r_0^2 - r^2)}$$

oder nach Ausführung der Integration unter Zerlegung des ersten Integranten durch Partialbrüche

$$\chi = \frac{w_n r}{2 A r_0^2} \operatorname{lgn} \frac{r^2 (r_0^2 - r_1^2)}{r_1^2 (r_0^2 - r^2)} + \frac{\omega}{2 A} \operatorname{lgn} \frac{r_0^2 - r^2}{r_0^2 - r_1^2} \quad \ldots \ldots \quad (6^c)$$

sowie

$$r_0^2 (\operatorname{tg} \alpha_1 - \operatorname{tg} \alpha_2) - r_1^2 \operatorname{tg} \alpha_1 + r_2^2 \operatorname{tg} \alpha_1 = \frac{\omega}{A} (r_1^2 - r_2^2) \quad \ldots \quad (7^c)$$

Im Sonderfalle $(w_n r)_1 = (w_n r)_2 = w_n r = 0$ verschwindet das erste Glied der rechten Seite von (6^c) und Gl. (7^c) zerfällt wegen (4^b) in die beiden

$$(r_1^2 - r_0^2)\operatorname{tg}\alpha_1 = \frac{\omega}{A} r_1^2, \quad (r_2^2 - r_0^2)\operatorname{tg}\alpha_2 = \frac{\omega}{A} r_2^2,$$

deren Ergebnisse α_1 und α_2 radiale Ein- und Austritte verbürgen, mit denen die Schaufeln wirkungslos werden.

Kehren wir nun noch einmal zu den Formeln (4^b) zurück, die mit $(w_n r)_1 = 0$, sowie durch Division

$$\frac{(w_r r)_2 \operatorname{tg}\alpha_2}{(w_r r)_1 \operatorname{tg}\alpha_1} = \frac{\omega r_2^2 - (w_n r)_2}{\omega r_1^2}$$

ergeben. Lösen wir diese Gleichung nach ω auf, so folgt

$$\omega r_2 = \frac{(w_n r)_2\, w_{r1} \operatorname{tg}\alpha_1}{w_{r1}\, r_2 \operatorname{tg}\alpha_1 - w_{r2}\, r_1 \operatorname{tg}\alpha_2} \quad . \; . \; . \; . \; . \quad (8)$$

oder nach Multiplikation mit ωr_2 sowie Einführung der Radkonstante $C = \omega\,(w_n r)_2$, Gl. (5^b) § 11

$$(\omega r_2)^2 = \frac{C\, w_{r1}\, r_2 \operatorname{tg}\alpha_1}{w_{r1}\, r_2 \operatorname{tg}\alpha_1 - w_{r2}\, r_1 \operatorname{tg}\alpha_2} \quad . \; . \; . \; . \quad (8^a)$$

wofür wir auch umgekehrt

$$\frac{C}{(\omega r_2)^2} = 1 - \frac{w_{r2}\, r_1 \operatorname{tg}\alpha_2}{w_{r1}\, r_2 \operatorname{tg}\alpha_1} \quad . \; . \; . \; . \; . \; . \quad (8^b)$$

schreiben dürfen. Da nun die Rotationskomponente w_{n2} stets dieselbe Richtung, also auch dasselbe Vorzeichen besitzt wie ω, so ist die Radkonstante stets positiv. Somit ergibt Gl. (8^b) nur solange reelle Werte für ω, als

$$\frac{w_{r2}\, r_1 \operatorname{tg}\alpha_2}{w_{r1}\, r_2 \operatorname{tg}\alpha_1} \leqq 1 \quad . \; . \; . \; . \; . \; . \; . \; . \quad (8^c)$$

bleibt, worin w_{r1} und w_{r2} stets dasselbe Vorzeichen haben, während r_1 und r_2 überhaupt nur als positive Größen angesehen werden. Daher hängt das Vorzeichen des Quotienten (8^c) nur von dem Verhältnis $\operatorname{tg}\alpha_2 : \operatorname{tg}\alpha_1$ ab, welches nur verschwinden kann für $\operatorname{tg}\alpha_1 = \pm\,\infty$, d. h. $\alpha_1 = 90_0$, und für $\operatorname{tg}\alpha_2 = 0$, $\alpha_2 = 0$. Der erste Fall führt aber wegen $w_{r1} \operatorname{tg}\alpha_1 = -\,\omega r_1$ auf $\omega = \infty$ oder $w_{r1} = 0$, also unmögliche Betriebsverhältnisse, während mit $\operatorname{tg}\alpha_2 = 0$ die Schaufel außen (d. h. für $r = r_2$) gerade radial endigt. Für diese radialen Schaufelenden wird daher nach (8^b)

$$(\omega r_2)^2 = C \quad . \; . \; . \; . \; . \; . \; . \; . \quad (9)$$

während allgemein für

$$\frac{\operatorname{tg}\alpha_2}{\operatorname{tg}\alpha_1} \lessgtr 0, \quad (\omega r_2)^2 \lessgtr C \quad . \; . \; . \; . \; . \; . \quad (9)$$

wird. Räder der ersten Art, bei denen also $(\omega r_2)^2 < C$ ist, wollen wir als Langsamläufer, solche der zweiten Art mit $(\omega r_2)^2 > C$ dagegen als Schnelläufer bezeichnen, und zwar gleichgültig, ob es sich um Turbinen oder Pumpen handelt. Es fragt sich nunmehr noch, ob nicht für die normale Umlaufszahl der Langsamläufer eine untere Grenze besteht, während die obere Grenze für Schnelläufer offenbar bei $\omega = \infty$ entsprechend der Bedingung

$$\frac{w_{r2}\, r_1\, tg\, \alpha_2}{w_{r1}\, r_2\, tg\, \alpha_1} = 1 \quad \ldots \ldots \quad (8^d)$$

liegt. Die gesuchte untere Grenze wird ersichtlich erreicht, wenn bei vorgelegten Werten von $w_{r1} r_1$, $w_{r2} r_2$ in Gl. (8^a) $tg\,\alpha_2$ bzw. α_2 einen Höchstwert annimmt mit entgegengesetztem Vorzeichen gegenüber $tg\,\alpha_1$ bzw. α_1. Dieser Höchstwert wird absolut den Betrag α_1 nicht übersteigen, wenn der letztere mit Rücksicht auf die Herstellung und eine genügende Radöffnung schon so groß als möglich (z. B. 70^0) gewählt wurde. Somit dürfen wir für die untere Grenze der Winkelgeschwindigkeit von Langsamläufern

$$tg\, \alpha_2 = -\, tg\, \alpha_1 \quad \ldots \ldots \quad (11)$$

setzen und erhalten daraus mit (8a)

$$\frac{(\omega\, r_2)^2}{C} = \frac{w_{r1}\, r_2}{w_{r1}\, r_2 + w_{r2}\, r_1} < 1 \quad \ldots \ldots \quad (12)$$

Diese Bedingung lautet dann für reine Radialräder mit parallelen Wänden (Fig. 28) wegen $w_r r = -A_0$

$$\frac{(\omega\, r_2)^2}{C} = \frac{r_2^{\,2}}{r_1^{\,2} + r_2^{\,2}} \quad \ldots \ldots \quad (12^a)$$

für Räder mit Wänden nach der Gleichung $\Psi = A\gamma r^2 z$, Fig. 30 wegen $w_r = -Ar$

$$\frac{(\omega\, r_2)^2}{C} = \frac{1}{2} \quad \ldots \ldots \quad (12^b)$$

und schließlich für die allgemeine Form von Radialrädern Fig. 32 mit $w_r r = A\,(r_0^{\,2} - r^2)$

$$\frac{(\omega\, r_2)^2}{C} = \frac{(r_0^{\,2} - r_1^{\,2})\, r_2^{\,2}}{r_0^{\,2}\,(r_1^{\,2} + r_2^{\,2}) - 2\, r_1^{\,2}\, r_2^{\,2}} \quad \ldots \quad (12^c)$$

Einen Überblick über den verschiedenen Verhältnissen $(\omega r_2)^2 : C = \omega r_2 : w_{n2}$ entsprechenden Verlauf der Schaufelkurven gewähren die Fig. 41 und 42, die für Radprofile nach der Gleichung $\Psi = A\gamma r^2 z$ entworfen wurden. Von diesen Figuren bezieht sich die erste auch auf Pumpen mit innerem oder Turbinen mit äußerem Flüssigkeitseintritt, je nachdem das Rad sich gegen den Uhrzeiger oder mit demselben dreht, während in Fig. 42 die Verhältnisse gerade umgekehrt liegen. Der Fall gleicher und gleichgerichteter Schaufelwinkel wird hierfür praktisch unbrauchbar, da er nach Gl. (8^a) auf $(w_n r)_2 = 0$ oder auf $\omega = \infty$ führen würde, wie schon oben im Anschluß an Gl. (6^b) und (7^b) bemerkt ist.

Die Umlaufzahl bzw. Winkelgeschwindigkeit eines Kreiselrades ist übrigens noch an die weitere Bedingung der Kontinuität der Strömung geknüpft, welche verlangt, daß der Druck p nirgends negativ sein darf. Nun ist nach der Energiegleichung

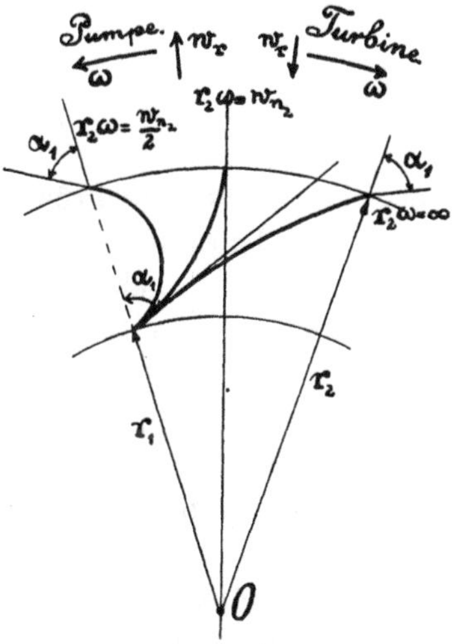

Fig. 41.

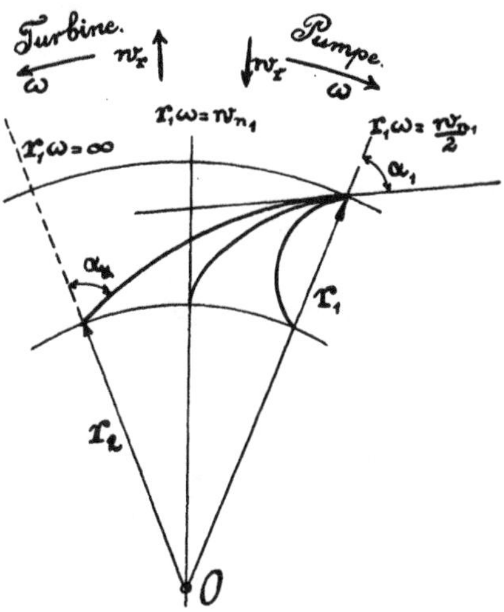

Fig. 42.

$$\omega (w_n r) = \frac{g}{\gamma} p + \frac{w^2}{2} + g z + C_0$$

oder mit einem Anfangszustande der Flüssigkeit, für den $p = p_0$, $z = z_0$ und $w = 0$ ist

$$0 = \frac{g}{\gamma} p_0 + g z_0 + C_0,$$

so daß wir auch schreiben dürfen

$$\omega (w_n r) = \frac{g}{\gamma} (p - p_0) + \frac{w^2}{2} + g (z - z_0) \quad . \quad . \quad . \quad (13)$$

Daraus folgt aber auch

$$\frac{g}{\gamma} p = \frac{g}{\gamma} p_0 + \omega (w_n r) - \frac{w^2}{2} - g (z - z_0) > 0$$

oder mit

$$w^2 = w_r^{\,2} + w_z^{\,2} + w_n^{\,2} \quad . \quad . \quad . \quad . \quad . \quad . \quad . \quad (14)$$

sowie nach Hinzufügen von $\frac{\omega^2 r^2}{2} - \frac{\omega^2 r^2}{2} = 0$

$$\frac{g}{\gamma} p_0 - \frac{(w_n - \omega r)^2}{2} + \frac{\omega^2 r^2}{2} - \frac{w_r^2 + w_n^2}{2} - g(z - z_0) > 0.$$

Nach Einführung von (4^a) wird daraus

$$\frac{\omega^2 r^2}{2} > \frac{w_r^2}{2}(1 + \mathrm{tg}^2\alpha) + \frac{w_z^2}{2} + g\left(z - z_0 - \frac{p_0}{\gamma}\right)$$

oder

$$\omega^2 r^2 > \frac{w_r^2}{\cos^2\alpha} + w_z^2 + 2g\left(z - z_0 - \frac{p_0}{\gamma}\right) \quad . \quad . \quad . \quad (15)$$

Diese Bedingung ist offenbar um so schwerer zu erfüllen, je größer w_r^2 und je kleiner $\cos^2\alpha$ ausfällt, d. h. für den Außenradius r_2 von Rädern mit Schaufelwinkeln nach Gl. (11), die somit nicht unter allen Verhältnissen zulässig sind.

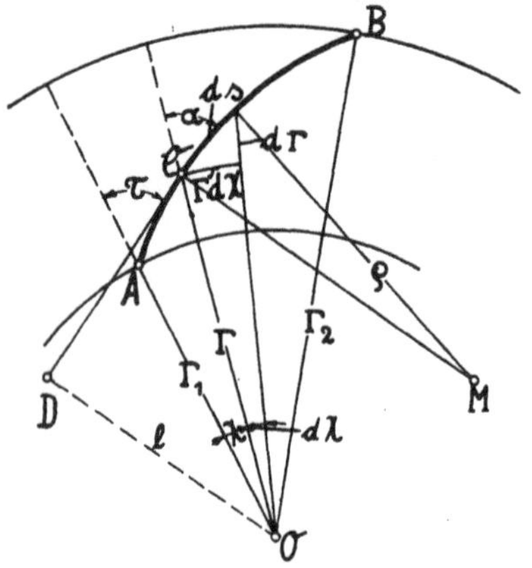

Fig. 43.

Nach Festlegung der beiden, den Radien r_1 und r_2 zugeordneten Winkel α_1 und ι_2 bleibt doch immer die Frage nach dem der **Gestalt der Schaufel** offen, durch die auch erst die gegenseitige Lage der Endpunkte A und B in Fig. 40 bzw. der von den Radien r_1 und r_2 eingeschlossenen Winkel $AOB = \chi_2$ festgelegt ist. Zu einer allgemeinen Beziehung zwischen den hierfür in Frage kommenden geometrischen Größen gelangen wir durch Einführung des Winkels τ der Schaufeltangente mit dem Innenradius r_1, sowie des Krümmungshalbmessers $CM = \varrho$ der Schaufel an Hand der Fig. 43. Aus dieser erkennt man zunächst, daß

$$\tau = \alpha + \chi$$

so daß wir für das Bogenelement auch

$$ds = \varrho\, d\tau = \varrho\, d\alpha + \varrho\, d\chi \quad . \quad . \quad . \quad . \quad . \quad . \quad (16)$$

schreiben können. Anderseits ist

$$dr = ds \cos\alpha, \quad r d\chi = ds \sin\alpha$$

mithin nach Elimination von ds und $d\chi$ aus (16)

$$\frac{dr}{\cos\alpha} = \varrho\, d\alpha + \frac{\varrho}{r} dr \frac{\sin\alpha}{\cos\alpha}$$

oder zusammengezogen

$$r\,dr = \varrho\, d\,(r \sin \alpha) \quad \ldots\ldots\ldots \quad (17)$$

Hierin bedeutet $r \sin \alpha = l$ das vom Drehzentrum O auf die Schaufeltangente gefällte Lot OD, dessen Zu- oder Abnahme bei zunehmendem r somit das Vorzeichen des Krümmungsradius ϱ bzw. der Krümmung $1 : \varrho$ der Schaufel bestimmt. Für $\varrho = \infty$, also einen geradlinigen Verlauf der Schaufelspur wird

$$l = r \sin \alpha = r_1 \sin \alpha_1 = r_2 \sin \alpha_2 \quad \ldots\ldots \quad (17^a)$$

konstant. Für Schaufeln, die von A ausgehend, von dieser Geraden nach innen abweichen, wächst dagegen l, während es für nach außen hiervon abweichende Schaufeln abnimmt, so daß für erstere, die man wohl auch als rückwärts gekrümmt bezeichnet, $\varrho > 0$, für die vorwärts gekrümmten Schaufeln der zweiten Art aber $\varrho < 0$ zu setzen ist.

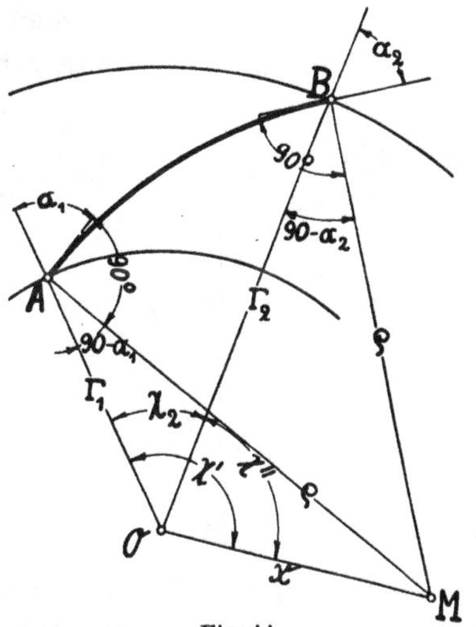

Fig. 44.

Für den Fall eines konstanten Krümmungsradius geht die Schaufelkurve natürlich in einen Kreisbogen Fig. 41 über, für den sich durch Integration von (17) zwischen den Grenzen r_1 und r_2

$$\varrho = \frac{r_2^2 - r_1^2}{2(r_2 \sin \alpha_2 - r_1 \sin \alpha_1)} \quad \ldots\ldots \quad (18)$$

ergibt, womit der ganze Verlauf der Schaufelkurve ohne weiteres festgelegt ist. Im Sonderfalle (11) der kleinsten Umlaufszahl wird daraus mit $\alpha_2 = -\alpha_1$

$$\varrho = -\frac{r_2 - r_1}{2 \sin \alpha_1} \quad \ldots\ldots\ldots \quad (18^a)$$

also $\varrho < 0$. In der Tat handelt es sich hierbei stets um vorwärts gekrümmte Schaufeln.

Die Formel (18) kann auch unmittelbar aus den beiden Dreiecken AOM und BOM in Fig. 44 abgeleitet werden, da diese die Basis $OM = x$, d. i. der Abstand des Krümmungsmittelpunktes M vom Drehzentrum gemein haben. Infolgedessen hat man zwei Gleichungen

$$\left.\begin{aligned} x^2 &= r_1^2 + \varrho^2 - 2 r_1 \varrho \sin \alpha_1 \\ x^2 &= r_2^2 + \varrho^2 - 2 r_2 \varrho \sin \alpha_2 \end{aligned}\right\} \quad \ldots\ldots \quad (19)$$

deren Subtraktion unter Wegfall von x^2 und ϱ^2 auf Gl. (18) führt. Die Kenntnis des Abstandes x ist dagegen notwendig, um den Schaufelwinkel $\chi_2 = AOB$ zu ermitteln, wenn der Krümmungsradius ϱ nach (18) so groß wird, daß man den Punkt M auf der Zeichnung nicht mehr erreichen kann. Alsdann berechnet sich χ_2 als Differenz der beiden Winkel $\chi' = AOM$ und $\chi'' = BOM$, die ihrerseits durch

$$\sin\chi' = \frac{\varrho}{x}\cos\alpha_1, \quad \sin\chi'' = \frac{\varrho}{x}\cos\alpha_2 \quad . \quad . \quad . \quad . \quad (20)$$

gegeben sind.

Schließlich ergibt sich noch aus (3) mit (2) der Winkel φ der in Fig. 45 punktiert eingetragenen Absolutbahn mit $w_r r = A\,(r_0^2 - r^2)$ zu

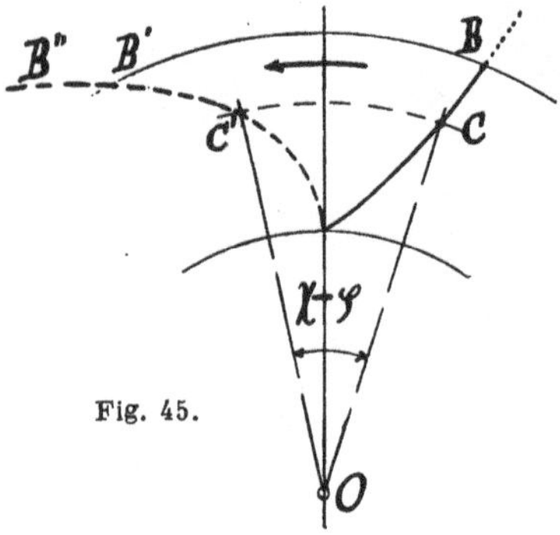

Fig. 45.

$$\varphi = \chi + \omega \int_{r_1}^{r} \frac{dr}{w_r} = \chi - \frac{1}{2A} \operatorname{lgn} \frac{r_0^2 - r^2}{r_0^2 - r_1^2}$$

oder

$$\chi - \varphi = \frac{1}{2A} \operatorname{lgn} \frac{r_0^2 - r^2}{r_0^2 - r_1^2} \quad (21)$$

Die Fortsetzung $B'B''$ der Absolutbahn über das Rad hinaus schließt sich stetig an den Verlauf der festen Leitschaufeln an, deren Form, abgesehen von den Endwinkeln, ebenso willkürlich ist wie diejenige der Laufradschaufeln, so daß sich ein weiteres Eingehen hierauf erübrigt.

§ 14. Die Schaufelenden der Radialräder.

Innerhalb des Laufrades mit einer achsensymmetrischen, ringwirbelfreien Strömung besitzt nach früheren Ausführungen die Zwangsbeschleunigung q, welche die Wirkung der — unendlich vielen — Schaufeln ersetzt, die drei Komponenten

$$\left.\begin{aligned} q_r &= \left(\omega - \frac{w_n}{r}\right)\frac{\partial (w_n r)}{\partial r} \\ q_z &= \left(\omega - \frac{w_n}{r}\right)\frac{\partial (w_n r)}{\partial z} \\ q_n &= \frac{w_r}{r}\frac{\partial (w_n r)}{\partial r} + \frac{w_z}{r}\frac{\partial (w_n r)}{\partial z} \end{aligned}\right\} \quad . \quad . \quad . \quad . \quad . \quad (1)$$

Für den feststehenden Leitapparat gehen die beiden ersten mit $\omega = 0$ über in

$$q_r = -\frac{w_n}{r}\frac{\partial (w_n r)}{\partial r}, \quad q_z = -\frac{w_n}{r}\frac{\partial (w_n r)}{\partial z} \quad . \quad . \quad . \quad (1^a)$$

während die dritte Formel (1) unverändert bleibt. Schließlich wird im Spalt, sowie in den schaufelfreien Saug- und Druckräumen

$$q_r = 0, \quad q_z = 0 \quad . \quad . \quad . \quad . \quad . \quad . \quad . \quad (1^b)$$

also auch

$$\frac{\partial (w_n r)}{\partial r} = 0, \qquad \frac{\partial (w_n r)}{\partial z} = 0 \quad . \quad . \quad . \quad . \quad . \quad (2)$$

so daß hier q_n identisch verschwindet.

Wir haben somit allgemein eine sprungweise Änderung der Zwangsbeschleunigung vor uns, sowohl beim Übergang der Flüssigkeit vom Druckraum in den Leitapparat, als auch von diesem in den Spalt, von da ins Laufrad und schließlich beim Austritt aus letzterem in das Saugrohr bzw. umgekehrt. Dieser Unstetigkeit von q entspricht aber bei einer in Wirklichkeit stets endlichen Schaufelzahl nach § 8 ein Sprung der drei Ableitungen des Druckes beim Übergang aus einem der genannten Räume in den anderen. Anderseits soll auch bei endlicher Schaufelzahl des Lauf- und Leitrades die Strömung in den schaufelfreien Räumen durchweg achsensymmetrisch verlaufen, damit die Schaufelwinkel bei jeder Stellung des Laufrades einen stoßfreien Eintritt ermöglichen. Diese achsensymmetrische Strömung wird aber gestört, wenn der Druck längs der Schaufelenden nach anderen Gesetzen variiert, wie in dem unmittelbar daneben befindlichen schaufelfreien Raume. In der Turbinentechnik sind derartige Störungen, von denen man eine Ablösung des Flüssigkeitsstromes von den festen Wänden und Schaufeln befürchtet, als »Strahlkontraktion« bekannt.

Es liegt nahe, den ganzen Vorgang mit der Bewegung eines Eisenbahnwagens längs eines Schienenstranges zu vergleichen, in dem gerade Strecken in Bogen von bestimmter Krümmung, aber sonst unvermittelt übergehen. Die hierbei plötzlich auftretenden und verschwindenden Bahndrücke werden nicht nur den Insassen des Fahrzeuges höchst lästig, sondern führen auch bei der Steigerung der Geschwindigkeit über eine bestimmte Höhe Entgleisungen herbei, zu denen die oben erwähnte Strahlkontraktion somit ein vollkommenes Analogon bildet. Im Eisenbahnbetriebe vermeidet man diesen Übelstand durch Übergangskurven mit Wendepunkten; beim Passieren solcher Stellen verschwindet die Zwangsbeschleunigung, um auf der anderen Seite in entgegengesetzter Richtung wieder stetig anzusteigen.

Genau dasselbe Mittel wird auch zur Umgehung der sog. Strahlkontraktion in Kreiselrädern führen, da diese mit den Unstetigkeiten der Zwangsbeschleunigung an den betrachteten Übergangsstellen verschwindet. Die stetige Änderung von q mit ihren Komponenten in deren Nachbarschaft erfordert demnach einen stetigen Durchgang durch den Wert Null, womit gleichzeitig die beiden Ableitungen (2) verschwinden und schließlich

$$d\,(w_n\,r) = \frac{\partial (w_n\,r)}{\partial r}\,dr + \frac{\partial\,(w_n\,r)}{\partial z}\,dz = 0 \quad . \quad . \quad . \qquad (3)$$

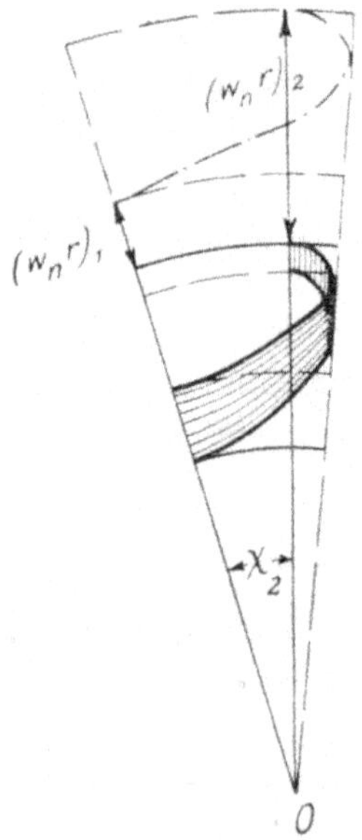

Fig. 46.

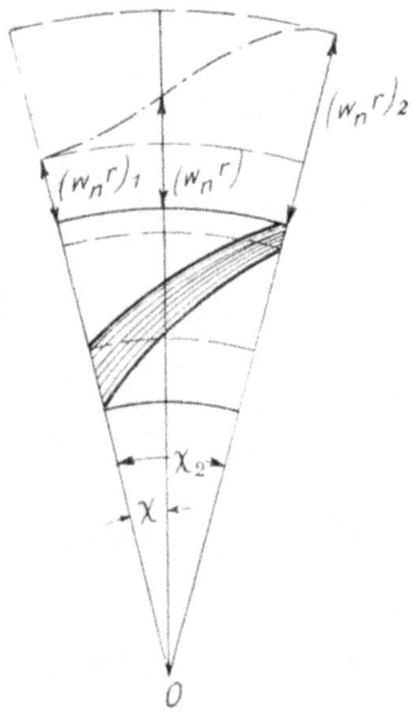

Fig. 47.

wird. *Die Schaufelenden der Kreiselräder sind demnach wirkungslos zu gestalten.* Dieser Satz, der implizite zahlreichen meist unklar motivierten Vorschlägen einer zweckmäßigen Gestaltung der Schaufelenden zugrunde liegt, wurde für Laufradschaufeln zuerst und unabhängig vom Verfasser von Wagenbach (Zeitschr. f. d. ges. Turbinenwesen 1908) auf ganz anderem Wege, nämlich aus der Forderung des Verschwindens der Druckdifferenz auf der Vorder- und Rückseite einer Schaufel an ihrem Ende hergeleitet.

Zur Übersicht der Folgerungen dieses Satzes erinnern wir an das Bauersfeldsche Theorem § 9 Gl. (13^b), daß für ringwirbelfreie Kreiselräder die Kurven konstanten Energieinhaltes der Flüssigkeit (also $w_n r =$ const.) auf ebenen Meridianschnitten durch die Radachse liegen, d. h. also, daß

$$\left.\begin{array}{c} w_n r = f(\chi) \\ \dfrac{\partial (w_n r)}{\partial r} = \dfrac{d (w_n r)}{d\chi} \dfrac{\partial \chi}{\partial r}, \quad \dfrac{\partial (w_n r)}{\partial z} = \dfrac{d (w_n r)}{d\chi} \dfrac{\partial \chi}{\partial z} \end{array}\right\} \quad . \quad . \quad (4)$$

geschrieben werden kann. Daraus folgt aber, daß für die wirkungslosen Schaufelenden

$$\frac{d (w_n r)}{d\chi} = 0 \quad . \quad . \quad . \quad . \quad . \quad . \quad . \quad . \quad . \quad (4^a)$$

sein muß, da die Ableitungen von χ nach r und z nicht verschwinden können. Die in Fig. 46 und 47 im Grundriß dargestellten Schaufelformen genügen den Gleichungen (4); ihnen gehören die gleichfalls eingetragenen Kurven der $w_n r$ als Funktionen von χ zu, welche für die Innen- und Außenkanten, d. h. für $\chi_1 = 0$ und χ_2 mit den Ordinaten $(w_n r)_1$ und $(w_n r)_2$ entsprechend (4^a) normal zum Radius stehen. Daraus erkennt man ohne weiteres, daß die Beziehung zwischen $w_n r$ und χ jedenfalls nicht linear sein kann.

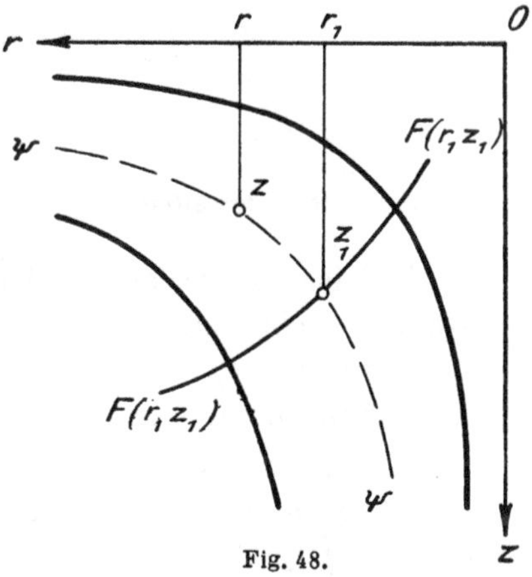

Fig. 48.

Ganz allgemein erhält man bei einem vorgelegten Profil Fig. 48 und einer Kurve $F(r_1 z_1)$ für das Schaufelende im Meridianschnitt mit $w_n r =$ Const. und

$$dt = \frac{dr}{w_r} = \frac{dz}{w_z} = \frac{r d\chi}{w_n - \omega r} \qquad (5)$$

durch Integration

$$\chi = (w_n r)_1 \int_{r_1}^{r} \frac{dr}{w_r r^2} - \omega \int_{r_1}^{r} \frac{dr}{w_r} = (w_n r)_1 \int_{z_1}^{z} \frac{dz}{w_z r^2} - \omega \int_{z_1}^{z} \frac{dz}{w_z} \quad . \quad (5^a)$$

wobei es gleichgültig ist, an welchem der beiden Ausdrücke für χ wir die Integration durchführen wollen. Nach Elimination der Koordinaten $r_1 z_1$ der Schaufelkante aus $F(r_1 z_1) = 0$ und der Gleichung für eine beliebige Stromlinie $\Psi(rz) = \Psi(r_1 z_1)$ bleibt dann die Gleichung einer Fläche übrig, die sich stetig auch in bezug auf die Krümmung an die noch ganz unbestimmt gelassene eigentliche Schaufelfläche anschließt. Für Radialräder erhalten wir auf diese Weise die durch die Formeln (6) bis (7^c) § 13 gegebenen Flächen, welche wir dort als wirkungslos und darum für den Gesamtverlauf der Schaufel als unbrauchbar erkannt haben, während sie gerade für die Schaufelenden zweckmäßig werden.

Viel bequemer jedoch als mit der Verwendung dieser Gleichungen gestaltet sich die Aufzeichnung der Schaufelenden mit Hilfe der *Krümmungsradien*, für die wir nach Gl. (14) § 13

$$\frac{r}{\varrho} = \frac{d\,(r \sin\alpha)}{dr} = \sin\alpha + r\cos\alpha\frac{d\alpha}{dr} \quad . \quad . \quad . \quad . \quad (6)$$

zu setzen haben, während

$$\operatorname{tg}\alpha = \frac{w_n - \omega r}{w_r} = \frac{w_n r - \omega r^2}{w_r r} \quad . \quad . \quad . \quad . \quad . \quad (7)$$

ist. Durch Differentation der letzten Formel bei konstantem $w_n r$ ergibt sich alsdann

$$\frac{1}{\cos^2\alpha}\frac{d\alpha}{dr} = -\frac{w_n r - \omega r^2}{(w_r r)^2}\frac{d\,(w_r r)}{dr} - \frac{2\,\omega r}{w_r r}$$

oder

$$\frac{d\alpha}{dr} = -\frac{\cos^2\alpha}{w_r r}\left(\frac{d\,(w_r r)}{dr}\operatorname{tg}\alpha + 2\,\omega r\right) \quad . \quad . \quad . \quad . \quad (7^a)$$

Dies liefert eingesetzt in (6)

$$\frac{r}{\varrho} = \sin\alpha - \frac{\cos^3}{w_r}\left(\frac{d\,(w_r r)}{dr}\operatorname{tg}\alpha + 2\,\omega r\right) \quad . \quad . \quad . \quad (8)$$

worin für das innere Schaufelende des Laufrades $\alpha = \alpha_1$, für das äußere $\alpha = \alpha_2$ einzuführen und die Ableitung $d\,(w_r r) : dr$ aus der Stromfunktion mit $r = r_1$ bzw. r_2 zu berechnen ist. Für die Leitschaufeln verfährt man entsprechend mit $\omega = 0$.

I. Haben wir es entsprechend Fig. 49 mit einem *reinen Radialrade mit parallelen Wänden* zu tun, für welches nach Gl. (7) § 11 $w_r r = -A_0$, also konstant ist, so folgt mit $d\,(w_n r) : dr = 0$, aus (8)

$$\frac{r}{\varrho} = \sin\alpha + \frac{2\,\omega r^2}{A_0}\cos^3\alpha \quad . \quad . \quad . \quad . \quad . \quad . \quad . \quad (9)$$

Nun gilt nach (7) für das innere Schaufelende mit $(w_n r)_1 = 0$

$$\operatorname{tg}\alpha_1 = -\frac{\omega r_1}{w_{r1}} = \frac{\omega r_1^2}{A_0},$$

so daß wir auch für (9) schreiben dürfen

$$\frac{r}{\varrho} = \sin\alpha + 2\operatorname{tg}\alpha_1\cos^3\alpha \quad . \quad . \quad . \quad . \quad . \quad . \quad . \quad (9^a)$$

Daraus ergibt sich der Krümmungsradius des inneren Schaufelendes mit $\alpha = \alpha_1$ und $r = r_1$ zu

$$\frac{r_1}{\varrho_1} = \sin\alpha_1 (1 + 2\cos^2\alpha_1) \quad (9^b)$$

derjenige des äußeren Schaufelendes mit $\alpha = \alpha_2$ und $r = r_2$ aus

$$\frac{r_2}{\varrho_2} = \sin\alpha_2 + 2\,\mathrm{tg}\,\alpha_1 \cos^3\alpha_2 \quad (9^c)$$

und schließlich der Krümmungsradius ϱ' der Leitschaufel mit dem Winkel β für $r = r_2$ mit $\omega = 0$ aus (9) zu

$$\frac{r_2}{\varrho'} = \sin\beta \;.\;. \quad (9^d)$$

Im Sonderfalle der kleinsten Umlaufszahl, d. h. mit $\alpha_2 = -\alpha_1$ geht (9^c) über in

$$\frac{r_2}{\varrho_2} = -\sin\alpha_1 (1 - 2\cos^2\alpha_1)$$

woraus sich mit (9^b) infolge der Kleinheit von $\cos^2\alpha_1$

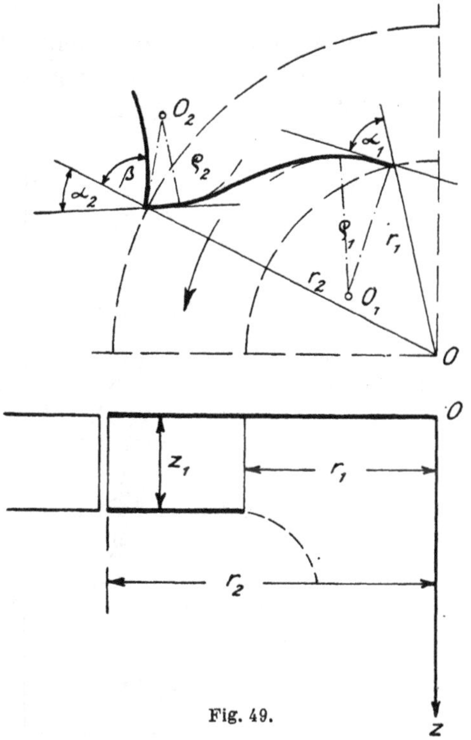

Fig. 49.

$$\frac{\varrho_2}{\varrho_1} = -\frac{1 + 2\cos^2 c_1}{1 - 2\cos^2\alpha_1}\frac{r_2}{r_1} \sim -\frac{r_2}{r_1} \;.\;.\;.\;. \quad (10)$$

berechnet. Ebenso folgt für reinradiale äußere Schaufelenden mit $\alpha_2 = 0$ aus (9^c)

$$\frac{r_2}{\varrho_2} = 2\,\mathrm{tg}\,\alpha_1$$

also mit (9^b) für kleine $\cos^2\alpha_1$

$$\frac{\varrho_2}{\varrho_1} = \frac{\cos\alpha_1}{2}(1 + 2\cos^2\alpha_1)\frac{r_2}{r_1} \sim \frac{r_2}{r_1}\frac{\cos\alpha_1}{2} \sim \frac{1}{2}\frac{r_2}{r_1} \;.\;. \quad (11)$$

Da nun der Winkel α_1 ohnehin nicht sehr viel von 90° abweicht, so wird auch $\sin\alpha_1 \sim 1$ sein (z. B. ist sin 70° = 0,94, cos 70° = 0,34). Dann aber kann man praktisch stets mit hinreichender Genauigkeit an Stelle von (9^b) $\varrho_1 \sim r_1$ setzen, womit dann die Näherungsformeln für kleinste Umlaufzahl und rein radiale äußere Schaufelenden in

$$\varrho_2 = -r_2 \quad . \quad . \quad . \quad . \quad . \quad . \quad . \quad . \quad (10^a)$$

$$\varrho_2 = \frac{r_2}{2} \quad . \quad . \quad . \quad . \quad . \quad . \quad . \quad . \quad (11^a)$$

übergehen. Da ferner im Grenzfalle (für $\omega = \infty$) $\alpha_2 = \alpha_1$ nach (9c) $\varrho_2 \sim r_2$ wird, so erkennen wir, daß ganz allgemein für reine Radialräder die Krümmungsradien der wirkungslosen Schaufelenden den Achsenabständen derselben proportional und größenordnungsgleich ausfallen.

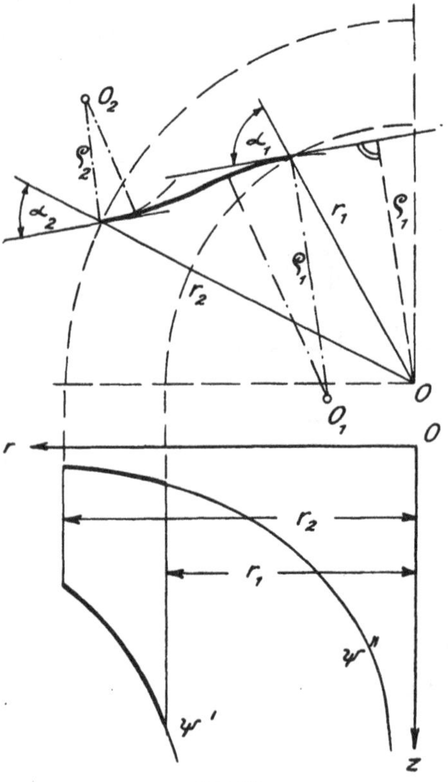

Fig. 50.

II. Für das Profil $\Psi = A\gamma r^2 z$ (Fig. 50) ist nach Gl. (9) § 11 $w_r = -Ar$, mithin $d(w_r r) : dr = -2Ar$, wodurch die allgemeine Formel (8) in

$$\frac{r}{\varrho} = \sin\alpha - 2\cos^3\alpha\left(\operatorname{tg}\alpha - \frac{\omega}{A}\right) \quad (12)$$

übergeht. Anderseits ist nach (7) für $(w_n r)_1 = 0$

$$\operatorname{tg}\alpha_1 = -\frac{\omega r}{w_r} = \frac{\omega}{A}$$

also

$$\frac{r}{\varrho} = \sin\alpha - 2\cos^3\alpha(\operatorname{tg}\alpha - \operatorname{tg}\alpha_1) \quad (12^a)$$

Daraus folgt zunächst für das innere Schaufelende $\alpha = \alpha_1$, $r = r_1$

$$\frac{r_1}{\varrho_1} = \sin\alpha_1 \quad . \quad . \quad (12^b)$$

und für das äußere Ende

$$\frac{r_2}{\varrho_2} = \sin\alpha_2 - 2\cos^3\alpha_2(\operatorname{tg}\alpha_2 - \operatorname{tg}\alpha_1) \quad . \quad . \quad . \quad . \quad (12^c)$$

während sich für das Leitschaufelende mit $c = \beta$, $\omega = 0$ aus (12)

$$\frac{r_2}{\varrho'} = \sin\beta(1 - 2\cos^2\beta) \quad . \quad . \quad . \quad . \quad . \quad . \quad (12^d)$$

ergibt.

Für $\alpha_2 = -\alpha_1$, d. h. für den Fall der kleinsten Umlaufszahl wird aus (12^c)

$$\frac{r_2}{\varrho_2} = -\sin\alpha_1 (1 - 4\cos^2\alpha_1)$$

also mit (12^b)

$$\frac{\varrho_2}{\varrho_1} = -\frac{1}{1 - 4\cos^2\alpha_1} \cdot \frac{r_2}{r_1} \backsim -\frac{r_2}{r_1} \quad . \quad . \quad . \quad . \quad (13)$$

während für radiale äußere Schaufelenden $\alpha_2 = 0$ in (12^c)

$$\frac{r_2}{\varrho_2} = +2\operatorname{tg}\alpha_1$$

und mit (12^b)

$$\frac{\varrho_2}{\varrho_1} = \frac{1}{2}\frac{r_1}{r_2}\cos\alpha_1 \backsim \frac{1}{2}\frac{r_1}{r_2} \quad . \quad . \quad . \quad . \quad . \quad . \quad (14)$$

sich ergibt. Die Näherungswerte von (13) und (14) stimmen ersichtlich mit denen von (10) und (11) überein, sind also unabhängig von der besonderen Profilform. Dies gilt daher auch für den oben ausgesprochenen Satz über die Proportionalität und die Größenordnung der Krümmungsradien, so daß wir die Rechnung nicht erst noch für den allgemeinen Fall $\Psi = A\gamma\,(r_0^2 - r^2)$ durchzuführen brauchen.

Schließlich sei noch bemerkt, daß nach Versuchen von Wagenbach (a. a. O.) sowie von Heidebroeck (Z. d. V. d. Ingenieure 1911, S. 17) sich die Gestaltung der Schaufelenden nach den vorstehenden Grundsätzen bei langen Schaufeln praktisch gut bewährt hat, während bei sehr kurzen Schaufeln der Einfluß der Materialstärke denjenigen der Krümmung auch dann überdeckt, wenn die Schaufelenden zugeschärft werden.

§ 15. Der Einfluſs der endlichen Schaufelzahl.

Die in § 8 als Ersatz der Wirkung unendlich vieler Schaufeln auf eine achsensymmetrische Strömung eingeführte Zwangsbeschleunigung q besitzt für Radialräder unter Wegfall von q_z sowie wegen

$$w_n - \omega r = w_r \operatorname{tg}\alpha \quad . \quad . \quad . \quad . \quad . \quad . \quad . \quad . \quad (1)$$

die beiden Komponenten

$$q_r = -\frac{w_r}{r}\frac{d\,(w_n r)}{dr}\operatorname{tg}\alpha, \quad q_n = \frac{w_r}{r}\frac{d\,(w_n r)}{dr} \quad . \quad . \quad . \quad (2)$$

welche ihrerseits nach Gl. (5) § 2 nichts anderes als die mit $g:\gamma$ multiplizierten Ableitungen des Druckes beim Durchgang durch die

Schaufeln in radialer und tangentialer Richtung darstellen. Danach ist die totale Zwangsbeschleunigung

$$q = \sqrt{q_r^2 + q_n^2} = \frac{w_r}{r\cos\alpha}\frac{d\,(w_n r)}{dr} \quad . \quad . \quad . \quad . \quad . \qquad (2^a)$$

identisch mit der Ableitung des Druckes nach der Normalen zur Schaufel. Obwohl diese Ableitungen — mit Ausnahme der Nachbarschaft der Schaufelenden — stets endliche Werte besitzen, so haben sie doch bei unendlicher Schaufelzahl keinen Druckunterschied zwischen der Vorder- und Rückseite der Schaufeln zur Folge. Dies ändert sich sofort im konkreten Falle einer endlichen Schaufelzahl ν, für den die zweite Formel (2) in

$$-\frac{g}{\gamma}\frac{\Delta p}{\Delta\varphi} = \frac{w_r}{r}\frac{d\,(w_n r)}{dr} = q_n \quad . \quad . \quad . \quad . \quad . \qquad (3)$$

übergeht, so zwar, daß dem tangentialen Drucksprung Δp zwischen der Vorder- und Rückseite einer Schaufel, oder was auf dasselbe hinausläuft, innerhalb eines Schaufelkanals von einer Schaufel bis zur anderen längs eines Parallelkreises ein Bogen

$$\Delta\varphi = \frac{2\pi}{\nu} \quad . \quad . \quad . \quad . \quad . \quad . \quad . \quad . \qquad (4)$$

entspricht. Mithin dürfen wir auch an Stelle von (3) schreiben

$$\Delta p = -\frac{2\pi\gamma}{g\nu}\frac{w_r}{r}\frac{d\,(w_n r)}{dr} = -\frac{2\pi\gamma}{g\nu}q_n \quad . \quad . \quad . \qquad (3^a)$$

oder auch mit Rücksicht auf (1) und (2)

$$\Delta p = -\frac{2\pi\gamma}{g\nu}\frac{w_r}{r}\left(2\omega r + \frac{d}{dr}(w_r r \operatorname{tg}\alpha)\right) \quad . \quad . \quad . \qquad (3^b)$$

woraus man sofort das für die achsensymmetrische Strömung charakteristische Verschwinden von Δp für $\nu = \infty$ erkennt. Dieser Drucksprung, der nach den Ausführungen des letzten Abschnittes mit $d\,(w_n r) : dr = 0$ an den Schaufelenden selbst verschwinden muß, damit ein stetiger Anschluß an die achsensymmetrische Strömung im Spalt und in den schaufelfreien Räumen besteht, wird zweckmäßig bei vorgelegter Schaufelkurve mit Hilfe der Formel (1), d. h. durch Aufzeichnung der Kurve der q_n in ihrer Abhängigkeit vom Radius r bestimmt. Der jedem Achsenabstand zugehörige absolute Druck p berechnet sich alsdann aus der Energieformel (13) § 13

$$\omega\,(w_n r) = \frac{g}{\gamma}(p - p_0) + \frac{w^2}{2} + g\,(z - z_0) \quad . \quad . \quad . \qquad (5)$$

worin p_0, z_0 einem strömungsfreien Anfangszustande entsprechen, und ist jedenfalls als ein Mittelwert aufzufassen, von dem die Drücke zu beiden Seiten der Schaufel angenähert je um $\frac{1}{2}\,\Delta p$ abweichen. Damit nun die Flüssigkeit sich nirgends von der Schaufel ablöst, wodurch die Kontinuität der Strömung gestört würde, muß an allen Stellen die Differenz der absoluten Beträge

$$p - \frac{\Delta p}{2} \geqq 0 \quad . \quad . \quad . \quad . \quad . \quad . \quad . \quad . \qquad (6)$$

bleiben. Durch Einsetzen von (3ª) und (5ª) erhält man hieraus die Bedingung

$$\frac{g}{\gamma} p_0 + \omega\,(w_n r) - g\,(z - z_0) - \frac{w^2}{2} \geqq \frac{\pi}{\nu} \frac{w_r}{r} \frac{d\,(w_n r)}{dr} \quad . \quad . \qquad (6^a)$$

Zeichnet man mit Hilfe von (1) den Verlauf beider Seiten dieser Ungleichung (6ª) in ihrer Abhängigkeit von r für verschiedene Schaufelzahlen ν auf, so fordert (6ª), daß die Kurven sich nirgends schneiden dürfen. Diejenige Schaufelzahl ν_0, für welche die Kurve der linken Seite gerade noch dauernd über der rechten verläuft, während sich für $\nu_0 - 1$ schon Schnitte ergeben, stellt dann die kleinste zulässige Schaufelzahl dar. Die Bedingung (6ª) setzt natürlich voraus, daß von vornherein, also für unendliche Schaufelzahl

$$\frac{g}{\gamma} p_0 + \omega\,(w_n r) - g\,(z - z_0) - \frac{w^2}{2} > 0 \quad . \quad . \quad . \qquad (6^b)$$

ist, woraus wir in § 13 einen unteren Grenzwert für die Winkelgeschwindigkeit ω hergeleitet haben. Verfährt man mit der linken Seite von (6ª) ebenso wie in § 13, so geht diese Ungleichung über in

$$\omega^2 r^2 - \frac{2\pi}{\nu} \frac{w_r}{r} \frac{d\,(w_n r)}{dr} \geqq \frac{w_r^2}{\cos^2\alpha} + w_z^2 + 2g\left(z - z_0 - \frac{p_0}{\gamma}\right) \; . \qquad (6^c)$$

worin das zweite Glied links mit seinem Absolutwerte einzusetzen ist.

Nach Entscheidung über die Schaufelzahl ist noch die Frage nach der hierdurch bedingten Abweichung von der Achsensymmetrie der Strömung zu beantworten. Zu diesem Zwecke müssen wir auf die allgemeinen Bewegungsgleichungen der Flüssigkeit in dem Kanale zwischen je zwei Schaufeln zurückgreifen, die wir am Schlusse des § 2 für Zylinderkoordinaten angeschrieben haben. Da nun in einem Kanale von endlicher Breite auf die Flüssigkeitselemente keine Zwangsbeschleunigung wirkt, so lauten unter gleichzeitiger Vernachlässigung der Bewegungswiderstände die Bewegungsgleichungen (10) § 2 bei vertikaler Drehachse

$$\left.\begin{aligned}
-\frac{g}{\gamma}\frac{\partial p}{\partial r} &= \frac{\partial w_r}{\partial t} + w_r\frac{\partial w_r}{\partial r} + w_z\frac{\partial w_r}{\partial z} + \frac{w_n}{r}\frac{\partial w_r}{\partial \varphi} - \frac{w_n^2}{r} \\
-\frac{g}{\gamma}\frac{\partial p}{\partial \varphi} &= \frac{\partial (w_n r)}{\partial t} + w_r\frac{\partial (w_n r)}{\partial r} + w_z\frac{\partial (w_n r)}{\partial z} + \frac{w_n}{r}\frac{\partial (w_n r)}{\partial \varphi} \\
g - \frac{g}{\gamma}\frac{\partial p}{\partial z} &= \frac{\partial w_z}{\partial t} + w_r\frac{\partial w_z}{\partial r} + w_z\frac{\partial w_z}{\partial z} + \frac{w_n}{r}\frac{\partial w_z}{\partial \varphi}
\end{aligned}\right\} \quad (7)$$

Differenzieren wir nun die erste dieser Formeln partiell nach φ, die zweite nach r und subtrahieren, so ergibt sich unter Wegfall von p

$$w_r\frac{\partial}{\partial r}\left(\frac{\partial w_r}{\partial \varphi} - \frac{\partial w_n r}{\partial r}\right) + w_z\frac{\partial}{\partial z}\left(\frac{\partial w_r}{\partial \varphi} - \frac{\partial w_n r}{\partial r}\right) + \frac{w_n}{r}\frac{\partial}{\partial r}\left(\frac{\partial w_r}{\partial \varphi} - \frac{\partial w_n r}{\partial r}\right)$$

$$+\left(\frac{\partial w_r}{\partial r} + \frac{1}{r}\frac{\partial w_n}{\partial \varphi}\right)\left(\frac{\partial w_r}{\partial \varphi} - \frac{\partial w_n r}{\partial r}\right) + \frac{\partial w_z}{\partial \varphi}\frac{\partial w_r}{\partial z} - \frac{\partial w_z}{\partial r}\frac{\partial w_n r}{\partial z} + \frac{\partial}{\partial t}\left(\frac{\partial w_r}{\partial \varphi} - \frac{\partial w_n r}{\partial r}\right) = 0.$$

Fügen wir hierzu noch die Identität

$$\frac{\partial w_z}{\partial r}\frac{\partial w_z}{\partial \varphi} - \frac{\partial w_z}{\partial r}\frac{\partial w_z}{\partial \varphi} = 0$$

und beachten, daß die Wirbelkomponenten ε_z, ε_r, ε_n nach § 5 durch

$$\left.\begin{aligned}
\frac{\partial w_n r}{\partial r} - \frac{\partial w_r}{\partial \varphi} &= 2\,\varepsilon_z r \\
\frac{\partial w_z}{\partial \varphi} - \frac{\partial w_n r}{\partial z} &= 2\,\varepsilon_r r \\
\frac{\partial w_r}{\partial z} - \frac{\partial w_z}{\partial r} &= 2\,\varepsilon_n
\end{aligned}\right\} \quad \ldots\ldots\ldots \quad (8)$$

definiert waren, so kürzt sich die obige Formel mit

$$\frac{\partial \varepsilon_z}{\partial t} + w_r\frac{\partial \varepsilon_z}{\partial r} + w_z\frac{\partial \varepsilon_z}{\partial z} + \frac{w_n}{r}\frac{\partial \varepsilon_z}{\partial \varphi} = \frac{d\varepsilon_z}{dt}$$

nach Division mit 2 in

$$-r\frac{d\varepsilon_z}{dt} - \varepsilon_z\left(w_r + \frac{\partial w_r}{\partial r}\cdot r + \frac{\partial w_n}{\partial \varphi}\right) + \varepsilon_r r\frac{\partial w_z}{\partial r} + \varepsilon_n\frac{\partial w_z}{\partial \varphi} = 0.$$

Hierin kann aber der Klammerausdruck wegen der Kontinuitätsgleichung

$$\frac{\partial w_r}{\partial r} + \frac{w_r}{r} + \frac{\partial w_n}{r\partial \varphi} + \frac{\partial w_z}{\partial z} = 0 \quad \ldots\ldots \quad (9)$$

durch $-r\dfrac{\partial w_z}{\partial z}$ ersetzt werden, so daß unter gleichzeitiger Hinzufügung zweier analoger Formeln übrig bleibt

$$\left.\begin{aligned}\frac{d\varepsilon_z}{dt} &= \varepsilon_r \frac{\partial w_z}{\partial r} + \varepsilon_z \frac{\partial w_z}{\partial z} + \varepsilon_n \frac{\partial w_z}{r\partial\varphi}\\ \frac{d\varepsilon_r}{dt} &= \varepsilon_r \frac{\partial w_r}{\partial r} + \varepsilon_z \frac{\partial w_r}{\partial z} + \varepsilon_n \frac{\partial w_r}{r\partial\varphi}\\ \frac{d\varepsilon_n}{dt} &= \varepsilon_r \frac{\partial w_n}{\partial r} + \varepsilon_z \frac{\partial w_n}{\partial z} + \varepsilon_n \frac{\partial w_n}{r\partial\varphi}\end{aligned}\right\} \quad \ldots \quad (10)$$

Hieraus geht hervor, daß die durch die linken Seiten dargestellte Änderung der Wirbelkomponenten voraussetzt, daß überhaupt Wirbel existieren, bzw. daß mit $\varepsilon_r = \varepsilon_z = \varepsilon_n = 0$ auch

$$\frac{d\varepsilon_r}{dt} = \frac{d\varepsilon_z}{dt} = \frac{d\varepsilon_n}{dt} = 0$$

wird. Sind also vor dem Eintritt in die endlichen Kanäle zwischen den Schaufeln keine Wirbel vorhanden, so werden sie auch innerhalb der Kanäle nicht hervorgerufen. Die Strömung durch ein Kreiselrad wird demnach ganz wirbelfrei verlaufen, wenn dies für den Anfangspunkt der als vollkommen betrachteten Arbeitsflüssigkeit zutrifft. Das gilt insbesondere für eine anfänglich ruhende Flüssigkeit, die der Konstantenbestimmung der Energiegleichung (5) zugrunde lag.

Verlangen wir nunmehr, daß in unseren Radialrädern auch bei endlicher Schaufelzahl die Arbeitsleistung aller Flüssigkeitselemente nur vom Radius abhängt, so verschwindet die Ableitung $\frac{\partial (w_n r)}{\partial \varphi}$ und wir erhalten durch partielle Differentiation von (1)

$$\frac{\partial w_r}{\partial \varphi} \operatorname{tg} \alpha + \frac{w_r}{\cos^2 \alpha} \frac{\partial \alpha}{\partial \varphi} = 0$$

Hierin ist aber infolge des Verschwindens des Achsialwirbels ε_r nach (8)

$$\frac{\partial w_r}{\partial \varphi} = \frac{\partial (w_n r)}{\partial r} \quad \ldots \ldots \ldots \quad (8^a)$$

also

$$\frac{\partial \alpha}{\partial \varphi} = -\frac{\sin \alpha \cos \alpha}{w_r} \frac{\partial (w_n r)}{\partial r}$$

wofür wir auch unter Einführung der endlichen Schaufelzahl ν sowie, nach Ersatz der partiellen Differentialzeichen durch die totalen auf der rechten Seite

$$\Delta \alpha = -\frac{\pi}{\nu} \frac{\sin 2c}{w_r} \frac{d (w_n r)}{dr} \quad \ldots \ldots \quad (11)$$

schreiben dürfen. Durch diese Gleichung ist somit der Unterschied des Schaufelwinkels zwischen der Vorder-

und Rückseite für einen und denselben Radius angenähert bestimmt. Er verschwindet sichtlich für $\nu = \infty$, sowie für die Schaufelenden, sofern diese nach den Ausführungen des letzten Abschnittes wirkungslos gestaltet sind.

Bezeichnen wir endlich die Schaufeldicke, gemessen auf einem Parallelkreis mit y, so ist offenbar wegen der Kleinheit von $\Delta\alpha$

$$dy = dr \operatorname{tg} \Delta\alpha = dr\Delta c,$$

also mit (11)

$$dy = -\frac{\pi}{\nu}\frac{\sin 2\alpha}{w_r} d(w_n r) \quad . \quad . \quad . \quad . \quad . \quad (12)$$

woraus sich durch Integration

$$y = -\frac{\pi}{\nu}\int_{r_1}^{r}\frac{\sin 2\alpha}{w_r} d(w_n r) . \quad . \quad . \quad . \quad . \quad . \quad (12^a)$$

ergibt. Bestimmt man die Integrationskonstante durch die Forderung des Verschwindens von y für $r = r_1$, entsprechend einer zugeschärften Schaufelkante, so wird man doch für das andere Schaufelende im allgemeinen eine endliche Dicke erhalten, woraus nur die Unmöglichkeit hervorgeht, alle theoretischen Folgerungen für ein Kreiselrad mit endlicher Schaufelzahl zu erfüllen. Dazu kommt, daß für die Schaufelabmessungen noch die Festigkeit eine ausschlaggebende Rolle spielt, so daß man in der technischen Praxis kaum von den Formeln (11) und (12) Gebrauch machen dürfte. Das umgekehrte Problem des Einflusses willkürlich gewählter Schaufeldicken und Schaufelzahlen auf die Umlaufszahl ist ohnehin nur auf empirischem Wege zu lösen.

Hierbei spielt die Flüssigkeitsreibung eine recht erhebliche Rolle; man darf sie mit hinreichender Genauigkeit der Berührungsfläche mit der Flüssigkeit und dem Quadrate der relativen Stromgeschwindigkeit proportional setzen. Bedeutet demnach F diese Berührungsfläche, s den relativen Weg und

$$u = \frac{ds}{dt} = \sqrt{w_r^2 + w_z^2 + (w_n - \omega r)^2} \quad . \quad . \quad . \quad . \quad (13)$$

oder

$$u = \sqrt{w_r^2(1 + \operatorname{tg}^2\alpha) + w_z^2} = \sqrt{\frac{w_r^2}{\cos^2\alpha} + w_z^2} \backsim \frac{w_r}{\cos\alpha} . \quad (13^a)$$

die Relativgeschwindigkeit, so folgt für die Reibungsarbeit beim Vorbeistreichen an dem Flächenelemente dF mit einer Erfahrungszahl f (= 0,1 — 0,2, wenn F in qm und s in m angegeben sind) fu^2dFds, und daraus der auf das Laufrad insgesamt entfallende Energieverlust in der Zeiteinheit

$$L' = f\int u^2\,dF\frac{ds}{dt} = f\int u^3\,dF \quad . \quad . \quad . \quad . \quad . \quad (14)$$

Wenn auch die Auswertung des Integrals bei vorgelegten Schaufelformen und Radprofilen auf zeichnerischem Wege durchführbar ist, so wird es doch für die Praxis genügen, unter Einführung eines Mittelwertes von u

$$L' = fu^3F \quad . \quad . \quad . \quad . \quad . \quad . \quad . \quad . \quad (14^a)$$

zu setzen, worin F wiederum in die auf die Radwandungen und die Schaufeln entfallenden Bestandteile zerfällt. Bezeichnen wir die nach Abwicklung bequem zu planimetrierende Schaufelfläche mit F_0, die Rotationsflächen der Außen- und Innenwand mit F' und F'' entsprechend den Parametern Ψ' und Ψ'', so ergibt sich, da die Schaufel beidseitig von der Flüssigkeit berührt wird, mit einer Schaufelzahl ν

$$F = 2\nu F_0 + F' + F'' \quad . \quad . \quad . \quad . \quad . \quad . \quad (15)$$

also

$$L' = fu^3\,(2\nu F_0 + F' + F'') \quad . \quad . \quad . \quad . \quad . \quad (14^b)$$

eine Formel, die sinngemäß auch auf den Leitapparat anwendbar ist.

§ 16. Die Berechnung von Radialrädern.

Durch die Ergebnisse der Abschnitte 11 bis 14 sind wir in den Stand gesetzt, die Berechnung jedes Kreiselrades für eine vorgelegte Leistung durchzuführen, wobei wir am bequemsten in folgender Weise verfahren:

Durch die Leistung des Rades ist zunächst nach § 11 die Radkonstante C, d. h. die auf die Masseneinheit Flüssigkeit entfallende Arbeit unter Berücksichtigung der Verluste gegeben, so zwar, daß unter der Annahme einer rotationsfreien Strömung im Saugraume mit dem Anschlußradius r_1

$$\omega(w_n r)_2 = C = \xi E \quad . \quad . \quad . \quad . \quad . \quad . \quad (1)$$

wird, worin für Turbinen bzw. Pumpen $\xi \lesseqgtr 1$ zu setzen ist. Daraus folgt dann mit der vorgeschriebenen Umlaufszahl n in der Minute, oder der Winkelgeschwindigkeit

$$\omega = \frac{\pi n}{30} \quad . \quad . \quad . \quad . \quad . \quad . \quad . \quad . \quad (2)$$

das Produkt $(w_n r)_2$ für den Radius r_2, und mit diesem auch die zugehörige Rotationskomponente der absoluten Flüssigkeitsgeschwindigkeit

$$w_{n2} = \frac{C}{\omega r_2} \quad . \quad . \quad . \quad . \quad . \quad . \quad . \quad . \quad (3)$$

Der Innenradius r_1 bleibt zunächst noch vollkommen willkürlich; seine Wahl hängt von der zulässigen Geschwindigkeit im Saugrohre ab, die praktisch möglichst niedrig gehalten wird.

Die oben erwähnte Leistung bezieht sich nun immer auf ein bestimmtes Flüssigkeitsgewicht Q in der Sekunde mit einem Volumen V, womit bei konstantem spezifischen Gewichte γ nach Gl. (6^b) § 11

$$Q = V\gamma = 2\pi\,\Psi'\left(1 - \frac{\Psi''}{\Psi'}\right) \quad . \quad . \quad . \quad . \quad . \quad (4)$$

wird. Daraus berechnet sich der Parameter Ψ' der für die Außenwandung des Rades maßgebenden Stromlinie, wenn das Verhältnis $\Psi'' : \Psi'$, welches mit der Volumenverminderung durch die Schaufeldicken übereinstimmt, auf erfahrungsmäßiger Grundlage gegeben oder angenommen worden ist. Dies liefert dann zugleich den Parameter Ψ'' des Führungstrichters im Saugraum.

Nun ist weiter mit dem Schaufelwinkel α

$$w_n = \omega r + w_r \operatorname{tg} \alpha \quad . \quad . \quad . \quad . \quad . \quad . \quad . \quad . \quad (5)$$

worin

$$w_r = -\frac{1}{\gamma r}\frac{\partial \Psi}{\partial z} \quad . \quad . \quad . \quad . \quad . \quad . \quad . \quad . \quad (6)$$

sich aus der vorgelegten Stromfunktion berechnet. Für den Innenradius r_1 hat man dann mit $w_{n1} = 0$, $\alpha = \alpha_1$

$$w_{r1} \operatorname{tg} \alpha_1 = -\omega r_1 \quad . \quad . \quad . \quad . \quad . \quad . \quad . \quad . \quad (5^a)$$

und für den Außenradius r_2 mit w_{n2}, α_2

$$w_{n2} = \omega r_2 + w_{r2} \operatorname{tg} \alpha_2$$

oder

$$\operatorname{tg} \alpha_2 = \frac{(w_n r)_2 - \omega r_2^2}{(w_r r)_2} = \frac{C - \omega^2 r_2^2}{\omega (w_r r)_2} \quad . \quad . \quad . \quad . \quad . \quad (5^b)$$

I. Haben wir es mit einem reinen Radialrade zu tun, dessen beide Wände parallele Normalebenen zur Drehachse sind, deren Überleitung in den Saugraum übrigens stets unbequem sich gestaltet, so ist

$$\Psi = A_0 \gamma z, \quad w_r r = -A_0 \quad . \quad . \quad . \quad . \quad . \quad . \quad (7)$$

zu setzen, woraus mit (5^a)

$$A_0 = \frac{\omega r_1^2}{\operatorname{tg} \alpha_1} \quad . \quad . \quad . \quad . \quad . \quad . \quad . \quad . \quad . \quad (7^a)$$

folgt, so daß die Konstante A_0 der Stromfunktion durch den möglichst groß gewählten Winkel α_1 bestimmt ist. Der andere Schaufelwinkel ergibt sich dann aus (5^b) zu

$$\operatorname{tg} \alpha_2 = \frac{\omega r_2^2 - C}{\omega^2 r_1^2} \operatorname{tg} \alpha_1 \quad . \quad . \quad . \quad . \quad . \quad . \quad (7^b)$$

und der Abstand der beiden Wandebenen aus (7) ohne Rücksicht auf die Schaufeldicken

$$z = \frac{\Psi}{\gamma A_0} = \frac{V \operatorname{tg} \alpha_1}{2 \pi \omega r_1^2} \quad . \quad . \quad . \quad . \quad . \quad . \quad (7^c)$$

II. Benutzen wir dagegen die bis zur Achse gültige Stromfunktion

$$\Psi = A \gamma r^2 z, \quad w_r = -A r \quad . \quad . \quad . \quad . \quad . \quad (8)$$

die einen viel bequemeren Anschluß an das Saugrohr, sowie die Berücksichtigung der Schaufeldicken durch einen Führungstrichter gestattet, so berechnet sich aus (5^a) deren Konstante

$$A = \frac{\omega}{\operatorname{tg} \alpha_1} \quad . \quad . \quad . \quad . \quad . \quad . \quad . \quad . \quad (8^a)$$

und der äußere Schaufelwinkel

$$\operatorname{tg} \alpha_2 = \left(1 - \frac{C}{\omega^2 r_2^2}\right) \operatorname{tg} \alpha_1 \quad . \quad . \quad . \quad . \quad . \quad (8^b)$$

Für den Sonderfall der kleinsten Umlaufszahl, der durch $\operatorname{tg} \alpha_2 = -\operatorname{tg} \alpha_1$ gekennzeichnet war, wird daraus

$$\omega^2 r_2^2 = \frac{C}{2} \quad . \quad . \quad . \quad . \quad . \quad . \quad . \quad . \quad (8^c)$$

Die beiden Meridiankurven des Rades ergeben sich alsdann mit (4) aus

$$\Psi' = A \gamma r'^2 z', \quad \Psi'' = A \gamma r''^2 z'' \quad . \quad . \quad . \quad . \quad (8^d)$$

wobei der eine Strich der Außenwand Ψ' des Rades, der Doppelstrich dem Führungstrichter zugehört.

III. Durchsetzt schließlich die Maschinenwelle mit einem Radius r_0 den Saugraum, so ist die Stromfunktion

$$\Psi = A \gamma (r^2 - r_0^2) z, \quad w_r r = -A (r^2 - r_0^2) \quad . \quad . \quad (9)$$

zu benutzen, deren Konstante sich aus (5^a) zu

$$A = \frac{\omega r_1^2}{(r_1^2 - r_0^2) \operatorname{tg} \alpha_1} \quad . \quad . \quad . \quad . \quad . \quad . \quad (9^a)$$

berechnet, womit der Außenwinkel

$$\operatorname{tg} \alpha_2 = \frac{\omega^2 r_2^2 - C}{\omega A (r_2^2 - r_0^2)} = \frac{\omega^2 r_2^2 - C}{\omega^2 r_1^2} \cdot \frac{r_1^2 - r_0^2}{r_2^2 - r_0^2} \operatorname{tg} \alpha_1 \quad . \quad (9^b)$$

wird. Auch in diesem Falle wird man zweckmäßig einen Führungstrichter anwenden, der sich bequem zu einer Radnabe benutzen läßt.

Nach Festlegung der beiden Winkel α_1 und α_2 kann der Schaufelriß unabhängig von der Profilform willkürlich eingezeichnet werden. Im Fall der Kreisform berechnet sich der Krümmungshalbmesser nach Gl. (18) § 13 zu

$$\varrho = \frac{r_2^2 - r_1^2}{2\,(r_2 \sin \alpha_2 - r_1 \sin \alpha_1)} \quad . \quad . \quad . \quad . \quad . \quad (10)$$

wobei allerdings auf die Bedingung wirkungsloser Schaufelenden noch keine Rücksicht genommen ist. Die Anpassung an diese, bzw. ihre aus § 14 ersichtlichen Krümmungsradien erfolgt am einfachsten auf zeichnerischem Wege durch sanfte Übergangskurven, deren analytische Berechnung wegen der unvermeidlichen Modifikation durch die Schaufeldicken als praktisch bedeutungslos sich erübrigt.

Dagegen ist noch zu prüfen, ob nicht durch die Aufstellung des Rades die Kontinuität der Strömung an irgendeiner Stelle gefährdet wird. Dies geschieht durch die Bedingung Gl. (15) § 13

$$\omega^2 r^2 > \frac{w_r^2}{\cos^2\alpha} + w_z^2 + 2g\left(z - z_0 - \frac{p_0}{\gamma}\right) \quad . \quad . \quad . \quad (11)$$

in der bei Turbinen und Pumpen p_0 den Atmosphärendruck bedeutet, und für $z - z_0$ mit hinreichender Genauigkeit die mittlere Radhöhe über dem Unterwasserspiegel eingeführt werden darf. Bei Gebläsen verschwindet diese Höhendifferenz natürlich als belanglos.

Liegen über die zu konstruierende Radgattung noch keine hinreichenden Erfahrungen vor, so wird man überdies nach dem in § 15 geschilderten Verfahren die kleinste zulässige Schaufelzahl ermitteln und die wirkliche Anzahl der Schaufeln dann so wählen, daß die Reibungsverluste im Rade Gl. (15) § 15 sich in mäßigen Grenzen halten.

In dem zwischen dem Laufrade und dem Leitapparat befindlichen Spalt, den man nach praktischen Erfahrungen nicht zu schmal halten sollte, darf eine arbeitsfreie Parallelströmung angenommen werden, so zwar, daß, wenn r_2 den Außenradius der Laufradschaufeln, r_2' den Innenradius der Leitschaufeln bezeichnen, während w_{n2} und w_{n2}' die zugehörigen absoluten Rotationskomponenten sind,

$$w_{n}'{}_2\, r_2' = w_{n2}\, r_2 \quad . \quad . \quad . \quad . \quad . \quad . \quad . \quad . \quad (12)$$

gilt. Bezeichnen wir dann den inneren Leitschaufelwinkel mit β_2, und die zugehörige Radialkomponente mit w_{r2}', so wird nach Gl. (5)

$$\operatorname{tg} \beta_2 = \frac{w_{n\,2}'}{w_{r\,2}'} \quad \ldots\ldots\ldots \quad (13)$$

Besitzt der Leitapparat, wie bei Turbinen mit drehbaren Leitschaufeln, parallele Wände, so bestimmt sich die Radialkomponente w_r an einer beliebigen Stelle durch

$$w_r r = w_{r\,2}' r_2' = w_{r2} r_2 \quad \ldots\ldots \quad (14)$$

während man die Änderung der Rotationskomponente durch die Wahl der Schaufelform ganz in der Hand hat.

Bei der Verwendung von Spiralgehäusen muß dagegen der Leitapparat nach Fig. 39 eine Erweiterung nach außen hin erfahren, damit die Geschwindigkeit im Gehäuse nicht zu groß ausfällt. Diese Erweiterung berechnet sich alsdann auf Grund der Stromfunktion

$$\Psi = A'\gamma (r_3^2 - r^2)\, z, \quad w_r r = - A' (r_3^2 - r^2) \quad \ldots \quad (15)$$

wenn r_3 den Innenradius des Spiralgehäuses bedeutet. Hierin ist der Parameter $\Psi = 0$ für $z = 0$, so daß man zur Berechnung der Ordinaten der beiden Wände des Leitapparatprofils

$$2\pi \Psi = \frac{Q}{2} = \frac{V\gamma}{2} \quad \ldots\ldots\ldots \quad (15^a)$$

zu setzen hat. Alsdann bestimmt sich die Konstante A' aus (15) und (14) zu

$$A' = - \frac{w_{r\,2}' r_2'}{r_3^2 - r_2'^2} = - \frac{w_{r2} r_2}{r_3^2 - r_2'^2} \quad \ldots\ldots \quad (15^b)$$

wonach der Aufzeichnung des Wandprofils nichts mehr im Wege steht. Da dieses sich dem Zylinder mit dem Radius r_3' (vgl. Fig. 39, wo $r_3 = r_0$ ist) asymptotisch nähert, das Gehäuse aber in achsialer Richtung eine Breite b besitzt, so müssen durch geeignete Abrundungen sanfte Übergänge geschaffen werden, die sich naturgemäß der Berechnung entziehen. Die Gehäusebreite b ergibt sich jedenfalls aus der Näherungsformel (9^a) § 6, die auf der Forderung einer quadratischen Mündung in das Druckrohr beruht, zu

$$b = \frac{Q}{\gamma\, w_{n3}\, r_3 \operatorname{lgn}\left(1 + \frac{1}{r_3}\sqrt{\frac{Q}{\gamma w_{n3}}}\right)} \quad \ldots\ldots \quad (16)$$

Dabei bedeutet w_{n3} die dem Innenradius r_3 (für den in § 6 r_0 geschrieben wurde) zugeordnete Rotationskomponente, die im Falle der Anwendung von Leitschaufeln mit deren Endwinkel β_3 durch die Formeln

$$\operatorname{tg}\beta_3 = \frac{w_{n3}}{w_{r3}} \quad \ldots \ldots \quad (17)$$

$$2\pi\gamma\, w_{r3}\, r_3\, b = Q \quad \ldots \ldots \quad (18)$$

zusammenhängt. Hierin wird man zweckmäßig die für die Absolutgeschwindigkeit im Gehäuse maßgebende Komponente w_{n3} vorschreiben mit der durch (16) b direkt und nach (18) w_{r3} indirekt gegeben ist, woraus sich dann mit (17) schließlich der Winkel β_3 ergibt. Im Falle, daß der im Profil trompetenartige Überführungsraum keine Leitschaufeln enthält, muß natürlich wieder

$$w_{n3}\, r_3 = w_n{}'_2\, r'_2 = w_{n2}\, r_2 \quad \ldots \ldots \quad (18^a)$$

sein, womit w_{n3} unmittelbar vorgeschrieben ist.

Mit den Komponenten w_{n3} und w_{r3} ist endlich auch der spiralförmige Grundriß der Außenwand des Gehäuses durch die Gleichung (8) § 6, nämlich

$$\varphi - \varphi_0 = \frac{w_{n3}}{w_{r3}} \operatorname{lgn} \frac{r}{r_3} \quad \ldots \ldots \quad (19)$$

festgelegt.

Nachdem das Rad mit Leitapparat und Gehäuse in allen seinen Abmessungen bestimmt ist, bietet die nachträgliche Ermittelung des Druckverlaufes keine Schwierigkeiten mehr. Hierzu bedienen wir uns der Energiegleichung (13) § 13

$$\omega\,(w_n r) = \frac{g}{\gamma}(p - p_0) + \frac{w^2}{2} + g\,(z - z_0) \quad \ldots \quad (20)$$

in der p_0 und z_0 einem anfänglichen Ruhezustande, z. B. im Spiegel des Unterwassergrabens entspricht. Setzen wir hierin wieder

$$w^2 = w_r{}^2 + w_z{}^2 + w_n{}^2 \quad \ldots \ldots \quad (21)$$

so erhalten wir für das Rad mit $w_n = \omega r + w_r \operatorname{tg}\alpha$

$$2\frac{g}{\gamma}(p - p_0) = \omega^2 r^2 - \frac{w_r{}^2}{\cos^2\alpha} - w_z{}^2 - 2g\,(z - z_0) \quad (22)$$

und daraus die Drucksteigerung im Rad, wenn $z = z_1 = z_2$ gesetzt wird

$$2\frac{g}{\gamma}(p_2 - p_1) = \omega^2 (r_2{}^2 - r_1{}^2) - \frac{w_{r2}{}^2}{\cos^2\alpha_2} + \frac{w_{r1}{}^2}{\cos^2\alpha_1} - w_{z2}{}^2 + w_{z1}{}^2 \quad (22^a)$$

während sich diejenige im Leitapparat mit $\omega = 0$ und $w_n = w_r \operatorname{tg}\beta$, also bei Vorhandensein von Leitschaufeln zu

$$2\frac{g}{\gamma}(p - p_2) = \frac{w_{r2}{}^2}{\cos^2\beta_2} - \frac{w_r{}^2}{\cos^2\beta} + w_{z2}{}^2 - w_z{}^2 \quad (23)$$

berechnet.

Sind keine Leitschaufeln vorhanden, so bleibt dort $w_n r$ konstant, und es wird aus

$$2\frac{g}{\gamma}(p - p_2) = w_2^2 - w^2$$

$$2\frac{g}{\gamma}(p - p_2) = (w_{r2}^2 - w_r^2) + (w_{z2}^2 - w_z^2) + w_{n2}^2\left(1 - \frac{r_2^2}{r^2}\right) \quad (24)$$

In den vorstehenden Formeln kann man übrigens infolge der überwiegend radialen Strömung die Quadrate der Achsialkomponente w_z gegen w_r vernachlässigen, wodurch sich natürlich die zahlenmäßige Verwertung vereinfacht.

§ 17. Beispiele von radialen Wasserturbinen, Pumpen und Gebläsen.

I. Als erstes Beispiel sei eine Wasserturbine mit vertikaler Achse zu entwerfen, der eine Wassermenge von $Q = 600$ kg bzw. $V = 0{,}6$ cbm pro Sekunde mit einem Gefälle von $h = 5$ m zur Verfügung steht. Die Turbine soll sich in einem oben offenen Schachte befinden, so daß ihre Oberkante 1,0 m über dem Unterwasserspiegel liegt. Den Übergang des Wassers in diesen Unterwasserspiegel vermittelt ein Saugrohr mit einer Vertikalgeschwindigkeit von 1,0 m/Sek. in Spiegelhöhe. Schließlich sei noch der äußere Raddurchmesser mit $2\,r_2 = 0{,}8$ m und die Umdrehungszahl mit $n = 150$ in der Minute vorgeschrieben, woraus sich einerseits die Winkelgeschwindigkeit

$$\omega = \frac{\pi n}{30} = 15{,}7$$

und die Umfangsgeschwindigkeit zu

$$\omega r_2 = 6{,}28 \text{ m/Sek.}$$

ergibt. Wir nehmen nunmehr an, daß die Turbine einen Wirkungsgrad von $\eta = 0{,}85$ besitzt und damit

$$N = \eta\frac{Q \cdot h}{75} = 34 \text{ PS}$$

leistet. Alsdann wird die im vorletzten Paragraphen eingeführte Radkonstante

$$C = 0{,}85 \cdot gh = 41{,}7$$

und nach Gl. (3) des letzten Paragraphen die Rotationskomponente am äußeren Radumfang

$$w_{n_2} = \frac{C}{\omega r_2} = 6{,}64 \text{ m/Sek.}$$

Den Schaufelwinkel am inneren Radumfang wollen wir mit Rücksicht auf ziemlich große Schaufeldicken relativ klein zu $\alpha_1 = 63{,}4^0$ annehmen, womit gerade

$$\operatorname{tg} \alpha_1 = 2$$

wird. Dann folgt mit der Stromfunktion $\Psi = A\gamma r^2 z$ aus Gl. (8^b) des vorigen Paragraphen

$$\operatorname{tg} \alpha_2 = \left(1 - \frac{w_{n_2}}{\omega r_2}\right) \operatorname{tg} \alpha_1 = -0{,}114$$

oder

$$\alpha_2 = -6{,}5^0.$$

Nunmehr gehen wir zur Ermittelung des Radprofils über, indem wir im Rade durch die Schaufeldicke eine Querschnittsverengung von

$$\frac{\psi''}{\psi'} = 0{,}12$$

voraussetzen. Damit ergibt sich nach Gl. (4) § 16

$$\frac{\psi'}{\gamma} = \frac{V}{2\pi\left(1 - \frac{\psi''}{\psi'}\right)} = \frac{0{,}6}{2\pi \cdot 0{,}88} = 0{,}1087.$$

$$\frac{\psi''}{\gamma} = 0{,}12 \frac{\psi'}{\gamma} = 0{,}0130.$$

Die Konstante A der Stromfunktion folgt aus Gl. (8a) § 16 zu

$$A = \frac{\omega}{\operatorname{tg} \alpha_1} = 7{,}85$$

und damit ist der Verlauf der Meridianschnitte durch die Radwandung ψ' und den inneren Führungstrichter ψ'' gegeben. (Fig 51.) Die Aufzeichnung beider erfordert dann bloß noch die Ausrechnung der zu jedem Radius gehörigen Ordinaten z nach den Gleichungen

$$r'^2 z' = \frac{\psi'}{A\gamma} = 0{,}01385,$$

$$r''^2 z'' = \frac{\psi''}{A\gamma} = 0{,}00166,$$

wozu der Rechenschieber vollständig genügt. So erhält man an der Außenlinie ψ'

$$\text{für } r_2' = 0{,}4 \text{ m} \quad z_2' = \frac{0{,}01385}{0{,}16} = 0{,}087 \text{ m}$$

$$r' = 0{,}3 \text{ m} \quad z' = \frac{0{,}01385}{0{,}09} = 0{,}154 \text{ m}$$

$$r' = 0{,}25 \text{ m} \quad z' = \frac{0{,}01385}{0{,}0625} = 0{,}222 \text{ m}$$

und an der Linie ψ''

$$\text{für } r_2' = 0{,}4 \text{ m} \quad z_2'' = \frac{0{,}00166}{0{,}16} = 0{,}0104 \text{ m}$$

$$r'' = 0{,}3 \text{ m} \quad z'' = \frac{0{,}00166}{0{,}09} = 0{,}0185 \text{ m}$$

$$r'' = 0{,}2 \text{ m} \quad z'' = \frac{0{,}00166}{0{,}04} = 0{,}0415 \text{ m}$$

$$r'' = 0{,}1 \text{ m} \quad z'' = \frac{0{,}00166}{0{,}01} = 0{,}166 \text{ m}$$

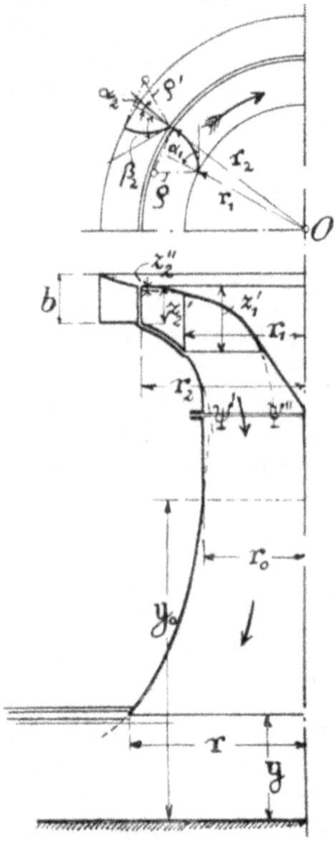

Fig. 51.

An diese Linie schließen wir den Führungstrichter derart an, daß er nach der Achse zu fast konisch verläuft und im Rade da endigt, wo die am Ende zu geschärften Schaufeln ihre volle Dicke erreicht haben. Soll das Wasser in den oberen Querschnitt des Saugrohres mit einer Achsialgeschwindigkeit von $w_0 = 3$ m/Sek. eintreten, so entspricht demselben ein Querschnitt von

$$\frac{V}{w_0} = 0{,}2 \text{ qm mit einem Radius } r_0 = 0{,}25 \text{m}.$$

Demgemäß wählen wir den Innenradius des Laufrades ($r_1 > r_0$)

$$r_1 = 0{,}3 \text{ m}$$

und erhalten alsdann für den Krümmungsradius der Schaufeln mit kreisförmigem Grundriß nach (10) § 16

$$\varrho = \frac{r_2^2 - r_1^2}{2(r_2 \sin \alpha_2 - r_1 \sin \alpha_1)} = -\frac{0{,}07}{0{,}656} = -0{,}107 \text{ m},$$

deren Vorzeichen auf einen konvexen Verlauf im Sinne der Drehrichtung hindeutet. Sollen die Schaufelenden nach den Grundsätzen des § 14 wirkungslos sein, so ergeben sich mit den vorstehenden Winkeln aus Gl. (12^b) und (12^c) § 14 deren Krümmungsradius zu

$$\varrho_1 = 0{,}337 \text{ m}, \quad \varrho_2 = 0{,}1 \text{ m},$$

von dem nur der erste sich wesentlich von ϱ unterscheidet und darum bei der Ausführung der Schaufel um so mehr berücksichtigt werden sollte, weil er für diese einen Wendepunkt erfordert.

Wir gehen nunmehr zum Leitapparat über, dessen radiale Breite wie die Radbreite selbst 0,1 m betragen möge, so daß also sein Außenradius $r_3 = 0{,}5$ m ist. Die Höhe b der äußeren Öffnung des Ringes, dessen Unterfläche man entweder als Fortsetzung der Radwandung Ψ'' formt, oder horizontal und eben gestaltet ist durch die radiale Eintrittsgeschwindigkeit gegeben. Setzen wir diese zu $w_3 = 2$ m/Sek. fest, so ist

$$b = \frac{V'}{2\pi r_3 w_3} = \frac{V}{2\pi \cdot r_3 w_3 \cdot 0{,}88} = 0{,}109 \text{ m}.$$

Der innere Leitschaufelwinkel ergibt sich aus Gl. (13) § 16 ohne Berücksichtigung der Spaltbreite mit $w_{n2} = 6{,}64$ m/Sek. und $w_{r2} = -Ar_2 = 3{,}14$ m/Sek. zu

$$\operatorname{tg} \beta_2 = \frac{w_{n_2}}{w_{r_2}} = -2{,}11, \quad \beta_2 = -64{,}6^0,$$

und daraus wieder mit der Annahme einer radialen Einströmung in die äußere Öffnung des Leitapparates, also mit $\beta_3 = 0$, der Krümmungsradius der Leitschaufeln

$$\varrho' = \frac{r_3^2 - r_2^2}{2 r_2 \sin \beta_2} = \frac{0{,}09}{2 \cdot 0{,}361} = 0{,}124 \text{ m}.$$

Da indessen die Leitschaufeln, um die Regulierung der Turbine zu ermöglichen, meist um vertikale Zapfen drehbar angeordnet werden, so verliert die Festlegung ihrer Krümmung bzw. eines rein radialen Eintritts in den Leitapparat den Sinn. Damit erledigt sich die Bedingung der arbeitsfreien Leitschaufelenden nach § 14 ebenso, wie die oben berechnete Erweiterung des Leitapparates nach außen.

Schließlich bleibt uns noch die Gestaltung des Saugrohres übrig, welches durch ein zylindrisches Zwischenstück vom Radius $r_0 = 0{,}25$ m in die Radwandung Ψ'' übergeführt werden soll. Nennen wir die Ordinaten des Saugrohrprofils im Meridianschnitt über der Sohle des Unterwassergrabens y, so können wir dasselbe nach einer Kurve (Fig. 51)

$$\Psi = Br^2 y$$

formen. Ist y_0 die dem Radius r_0 zugehörige Höhe, so haben wir auch

$$r^2 y = r_0^2 y_0,$$

wobei sich die den Querschnitten des Saugrohres entsprechenden Quadrate der Radien umgekehrt proportional den Achsialgeschwindigkeiten verhalten. Ist also diese Geschwindigkeit im Unterwasserspiegel nach Voraussetzung $w = 1$ m/Sek., so ergibt sich der zugehörige Radius

$$r = r_0\sqrt{\frac{3}{1}} = 1{,}73\, r_0 = 0{,}432 \text{ m}$$

also

$$y = y_0 \frac{r_0^2}{r^2} = \frac{y_0}{3}.$$

Nach Fig. 51 erscheint es nun zweckmäßig, die Höhe des Anschlußquerschnittes des Saugrohres über den Wasserspiegel etwa zu

$$y_0 - y = 0{,}5 \text{ m}$$

zu wählen, woraus sich mit der obigen Gleichung sofort

$$y_0 = 0{,}75 \text{ m}, \quad y = 0{,}25 \text{ m}$$

ergibt. Die Ermittlung von Zwischenpunkten des Saugrohrprofils bietet natürlich keine Schwierigkeiten, so daß hiermit die ganze Aufgabe gelöst ist. Der in Fig. 51 maßgerecht dargestellte Meridianschnitt durch die Turbine mit Leitapparat und Saugrohr stellt offenbar eine Übergangsform von der reinen Radialturbine von Fourneyron in die Radialachsialturbine von Francis dar.

II. Als zweites Beispiel wollen wir den Entwurf zweier Pumpen mit horizontaler Achse und geschlossenem Gehäuse behandeln, von denen die erste mit $n = 620$ Umdrehungen 8 cbm Wasser in der Minute auf eine Höhe von 11 m, die zweite dagegen dieselbe Menge mit 1000 Touren auf 65 m fördert. Die Geschwindigkeit in den Druckrohren der Pumpen sei gemeinsam $c = 2{,}5$ m/Sek., in den Saugrohren unmittelbar vor dem Laufrad $w_0 = 3$ m/Sek. Der Durchmesser des letzteren sei für beide $2\,r_2 = 0{,}4$ m; der Wirkungsgrad der Pumpen wurde zu $\eta = 0{,}87$ angenommen, dem ein Koeffizient $\xi = \frac{1}{\eta} = 1{,}15$ der Radkonstante entspricht.

Alsdann ergibt sich zunächst das Fördervolumen bzw. das Fördergewicht in der Sekunde zu

$$V = \frac{8}{60} = 0{,}133 \text{ cbm}, \; Q = 133 \text{ kg}$$

und daraus die Radien des Saug- und Druckrohres

$$r_0 = 0{,}12 \text{ m}, \quad r_4 = 0{,}13 \text{ m}.$$

Der Innenradius der Laufradschaufeln wählen wir demgemäß für beide Pumpen zu $r_1 = 0{,}15$ m.

Die Querschnittsverengung durch die Schaufeln sei 12,5% oder

$$\frac{\psi''}{\psi'} = 0{,}125, \quad 1 - \frac{\psi''}{\psi'} = 0{,}875,$$

also ist mit der Stromfunktion $\Psi = A\gamma r^2 z$

$$\frac{\Psi'}{\gamma} = \frac{V}{2\pi \cdot 0{,}875} = 0{,}0242$$

$$\frac{\Psi''}{\gamma} = 0{,}125\,\frac{\Psi'}{\gamma} = 0{,}0030.$$

Weiter ergibt sich für	$h = 11$ m		65 m
die Winkelgeschwindigkeit	$\omega = \frac{\pi n}{30} = 65$		105
Mit $w_3 = c$ wird	$gh + \frac{c^2}{2} = 111$		641
also mit $\xi = 1{,}15$ die Radkonstante	$C = \xi\left(gh + \frac{c^2}{2}\right) = 127{,}7$		737
und die Pumpenarbeit	$N = \frac{Q}{g} \cdot \frac{\xi}{75}\left(gh + \frac{c^2}{2}\right) = 23{,}1$PS		133 PS
Die Umfangsgeschwindigkeit ist	$\omega r_2 = 13{,}0$ m/Sek.		21 m/Sek.
also	$w_{n_2} = \frac{C}{\omega r_2} = 9{,}82$	»	35,1 »
Gewählt wird $\alpha_1 = 70^0$, also	$\mathrm{tg}\,\alpha_1 = 2{,}75$		2,75
dann ist nach Gl. (8[a]) § 16	$A = \frac{\omega}{\mathrm{tg}\,\alpha_1} = 23{,}6$		38,2
und die radiale Austrittsgeschwindigkeit	$w_{r_2} = Ar_2 = 4{,}72$	»	7,64 »
Weiter folgt aus Gl. (8[b]) § 16	$\mathrm{tg}\,\alpha_2 = \mathrm{tg}\,\alpha_1\left(1 - \frac{w_{n_2}}{\omega r_2}\right) = 0{,}675$		$-1{,}845$
	$\alpha_2 = 34^0$		$-61{,}5^0$
der Schaufelradius Gl. (10) § 16	$\varrho = -0{,}302$ m		$-0{,}0276$ m

und die Radien der arbeitsfreien Schaufelenden nach Gl. (12[b]) und (12[c]) § 14

$\varrho_1 = 0{,}213$ m 0,213 m

$\varrho_2 = 0{,}110$ m 1,81 m

die indessen in den beiden Schaufelgrundrissen Fig. 49 und 50 der Übersichtlichkeit wegen nicht mit berücksichtigt sind, da ihr Einfluß sich nur auf sehr schmale Schaufelstreifen erstreckt.

Die Ordinaten der Außenkante sind

nach Gl. (8[d]) § 16 für	$r_2 = 0{,}2$ m	$z_2' = 0{,}026$ m	0,016 m
»	$r_1 = 0{,}15$ »	$z_1' = 0{,}046$ »	0,028 »
und am Führungstrichter »	$r_1 = 0{,}15$ »	$z_1'' = 0{,}006$ »	0,0035 »
»	$r'' = 0{,}1$ »	$z'' = 0{,}0128$ »	0,079 »
»	$r'' = 0{,}05$ »	$z'' = 0{,}0512$ »	0,320 »

Damit sind die Laufräder beider Pumpen mit ihren Schaufeln vollständig festgelegt (Fig. 52 bis 54), so daß uns nur noch die Ermittelung der G e h ä u s e - f o r m übrig bleibt. Soll das Gehäuse keine Leitschaufeln enthalten, was mit Rücksicht auf eine billige Herstellung sowie Herabziehung der Reibungsverluste vielfach angestrebt wird, so ist die Breite b durch Gl. (16) § 16 unmittelbar gegeben, nachdem wir den Innenradius gewählt haben. Setzen wir denselben $r_3 = 0{,}24$ m, so folgt

für $h = 11$ m, 65 m

aus Gl. (14[a]) § 16

$w_{n3} = 8{,}18$ m/Sek. 29,3 m/Sek.,

$b = 0{,}16$ m 0,079 m

Außerdem aber folgt für den Übergangsring nach der Gl. $\Psi = A'\gamma(r_3^2 - r^2)$ nach Gl. (15[a]) § 16 $\Psi = 0{,}0106\ \gamma$ und daher für

h	= 11 m	65 m
$-A'$	= 56,5	86,8
$-\frac{\Psi}{A'\gamma}$	= 0,00019	0,00012

woraus sich die halben Breiten z des Übergangsringes berechnen, und zwar

für r = 0,20 m	z =	0,011 m	0,007 m
0,21 »	»	0,014 »	0,009 »
0,22 »	»	0,022 »	0,013 »
0,23 »	»	0,041 »	0,026 »
0,24 »	»	∞ »	∞ »

In Fig. 55 sind die halben Profile beider Gehäuse mit denen der Übergangsringe maßgerecht aufgezeichnet; daraus geht deutlich hervor, daß im zweiten

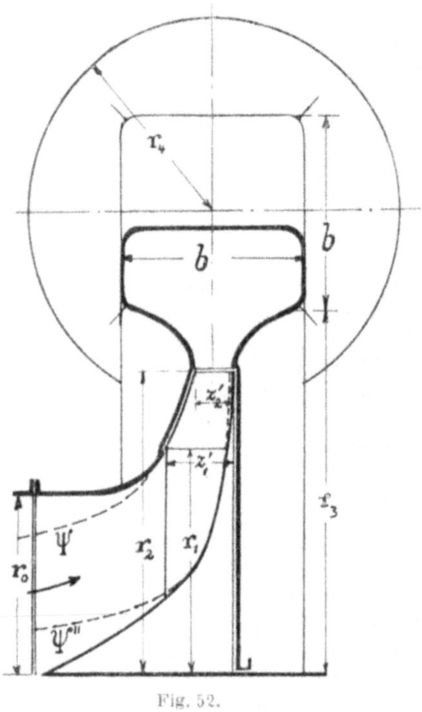

Fig. 52.

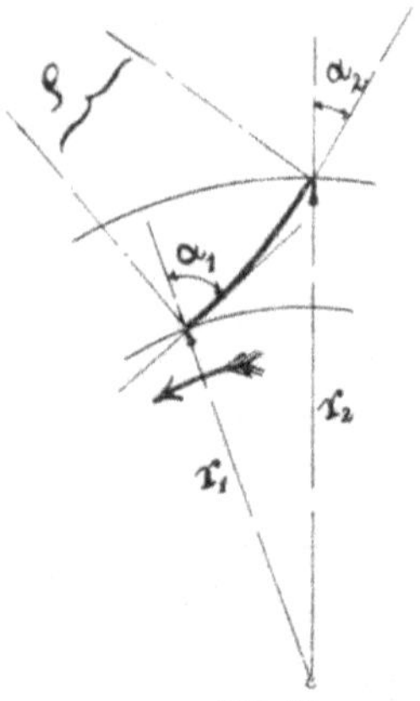

Fig. 53.

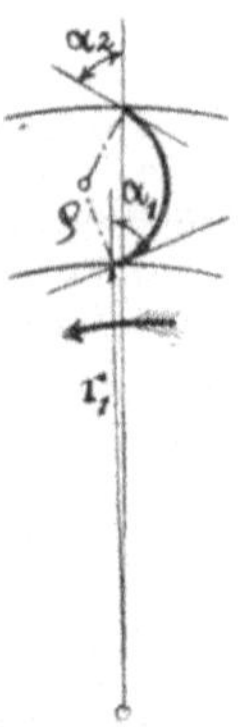

Fig. 54.

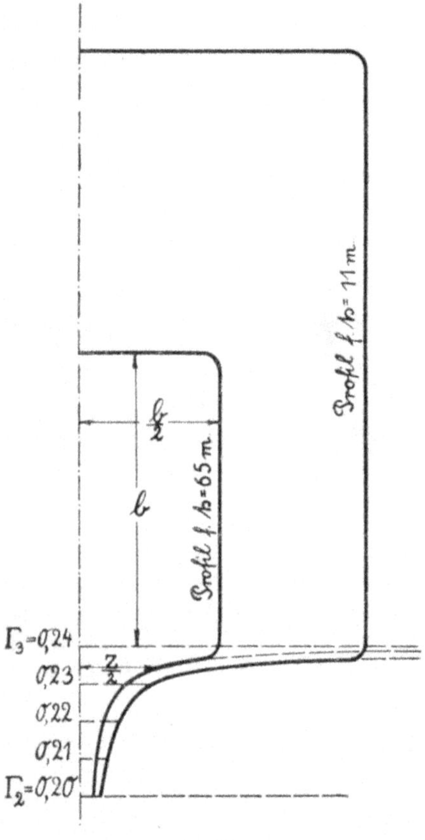

Fig. 55.

Falle im Gehäuse eine ganz unzulässige Geschwindigkeit herrscht, die auch durch Vergrößerung der Abmessungen nicht genügend herabgezogen werden kann. Es bleibt daher nur die Anordnung von Leitschaufeln übrig, deren innere Winkel (ohne Rücksicht auf die Spaltbreite) sich nach Gl. (13) § 16 zu

$$\operatorname{tg} \beta_2 = 2{,}08 \qquad \text{bzw. } 4{,}72$$
$$-\beta_2 = 64^0 \qquad \text{«} \quad 78^0$$

ergeben würde. Davon ist auch der letzte Winkel für die Hochdruckpumpe mit Rücksicht auf die Schaufeldicken viel zu groß, weshalb deren Berechnung etwa unter Zugrundelegung eines Grenzwertes von $\beta_2 = 70^0$ zu erneuern wäre, was wir dem Leser überlassen wollen.

Der Überdruck $p_2 - p_0$ beim Austritt aus dem Rade berechnet sich sofort nach der Energieformel

$$C = \frac{g}{\gamma}(p_2 - p_0) + \frac{w_2^2}{2},$$

worin wir unter Vernachlässigung der sehr kleinen Achsialgeschwindigkeit im Rade $w_2^2 = w_{r_2}^2 + w_{n_2}^2$ setzen dürfen. Es ergibt sich alsdann

$$\text{für } h = 11 \text{ m} \qquad 65 \text{ m}$$
$$w_2^2 = 118{,}7 \qquad 1290$$
$$p_2 - p_0 = 7000 \text{ kg/qm} \quad 9400 \text{ kg/qm},$$

während vor den Schaufeln eine kleine Saugdepression herrscht.

Der in Fig. 52 dargestellte halbe Meridianschnitt entspricht dem Rade mit 11 m Förderhöhe, zu dem die Schaufelform Fig. 53 gehört; Fig. 56 gibt dann noch einen Normalschnitt zur Achse dieses Rades, aus dem die ganze Form des Gehäuses und der Übergang in das Druckrohr ersichtlich ist.

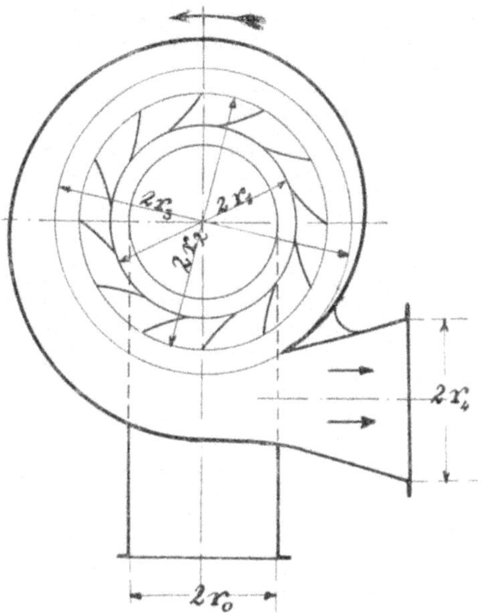

Fig. 56.

Fig. 54 endlich stellt die zum Rade für 65 m Förderhöhe gehörige Schaufel dar, welche, wie man sofort erkennt, sich nur sehr wenig von einer Schaufel mit entgegengesetzt gleichen Winkeln $\alpha_1 = -\alpha_2$ unterscheidet. Diese würden einem Minimum der Umfangsgeschwindigkeit entsprechen, welche sich für diesen Fall nach den Formeln des § 9 zu

$$\omega r_2 = \sqrt{\frac{C}{2}} = 19{,}2 \text{ m/Sek.}$$

ergeben würde. Damit hätte man auch

$$w_{n_2} = 2\,\omega r_2 = 38{,}4 \text{ m/Sek.},$$
$$\omega = \frac{\omega r_2}{r_2} = 96$$

oder $n = 915$ Umdrehungen. Schließlich ergibt sich noch aus

$$\operatorname{tg}\alpha_1 = -\operatorname{tg}\alpha_2 = \frac{\omega}{A} = \frac{96}{38{,}1} = 2{,}52$$
$$\alpha_1 = -\alpha_2 = 68{,}3^{\circ},$$

wobei infolge Beibehaltung des ganzen Radprofils die oben ermittelten Werte von Ψ', Ψ'' und A ungeändert bleiben.

III. Als letztes Beispiel behandeln wir einen Zentrifugalventilator, welcher in der Minute 45 cbm Luft ansaugen und auf einen Überdruck von 1000 mm Wassersäule bringen soll. Es entspricht dies einem Saugvolumen von $V = \frac{45}{60} = 0{,}75$ cbm pro Sek. und einer Druckdifferenz von $p_4 - p_0 = 1000$ kg/qm. Die Saugrohrmündung habe einen Durchmesser von $2\,r_0 = 0{,}2$ m entsprechend einer Eintrittsgeschwindigkeit

$$w_0 = \frac{V}{\pi\, r_0^2} = 23{,}9 \text{ m/Sek.}$$

Im Druckrohr ist das spezifische Gewicht, welches bei Atmosphärendruck $p_0 = 10333$ kg/qm und 15° Celsius $\gamma_0 = 1{,}22$ kg/cbm beträgt, auf

$$\gamma = \frac{p_4}{p_0}\,\gamma_0 = \frac{11333}{10333}\,1{,}22 = 1{,}34 \text{ kg/cbm}$$

angewachsen. Hat das Druckrohr denselben Durchmesser wie die Saugöffnung, so herrscht infolgedessen in demselben eine Geschwindigkeit von

$$c = w_0\,\frac{\gamma_0}{\gamma} = 21{,}75 \text{ m/Sek.}$$

Beachten wir, daß die Sauggeschwindigkeit w_0 erst durch die Arbeit des Ventilators hervorgerufen werden muß, so dürfen wir sie derselben nicht zugute rechnen und in die Radkonstante nur den Wert von c einführen. Außerdem aber nehmen wir an, daß im Rade selbst nur minimale Druckänderungen stattfinden, und daß daher während des Durchgangs durch das Rad das spezifische Luftgewicht γ_0 als konstant betrachtet werden darf. Die Kompressionsarbeit, für die wir angenähert $g\,\frac{p_4 - p_0}{\gamma}$ pro Masseneinheit setzen, verteilt sich somit auf den Übergangsweg vom Laufrad in das Gehäuse, sowie auf den konischen Stutzen zwischen diesem und dem Druckrohr. Mit diesem, den Zentrifugalpumpen ganz analogen Verhalten berechnet sich sodann die Radkonstante unter Einführung eines Koeffizienten $\xi = 1{,}1$, der den unvermeidlichen Reibungsverlusten gerecht wird, zu

$$C = \xi\left(g\,\frac{p_4 - p_0}{\gamma_0} + \frac{c^2}{2}\right) = 9120.$$

Die Höhe dieses Wertes — verglichen mit den Radkonstanten von Hochdruckpumpen — deutet schon auf außerordentlich große Werte der absoluten Rotationsgeschwindigkeit w_{n2} der Luft bzw. Umfangsgeschwindigkeit $r_2\,\omega$ des Rades hin, von denen wir die letztere mit Rücksicht auf die Festigkeit des Schaufelrades möglichst herabziehen müssen. Wir werden demgemäß für diesen Fall von vornherein ein Minimum von $r_2\,\omega$ anstreben, indem wir die Gleichung (8 c) § 16 benutzen. Setzen wir in derselben als zulässigen Höchstwert

$$\alpha_1 = -\;\alpha_2 = 70^0, \quad \operatorname{tg}\,\alpha_1 = -\operatorname{tg}\alpha_2 = 2{,}75,$$

so folgt sofort

$$w_{n_2} = \sqrt{2\,C} = 135 \text{ m/Sek.}$$

$$r_2\,\omega = \sqrt{\frac{C}{2}} = 67{,}5 \text{ m/Sek.}$$

Weiter ist die radiale Austrittsgeschwindigkeit

$$w_{r_2} = A\,r_2 = \frac{\omega\, r_2}{\operatorname{tg}\alpha_1} = \frac{67{,}5}{2{,}75} = 24{,}5 \text{ m/Sek.}$$

Nunmehr nehmen wir an, daß die Querschnittsverengung durch die Schaufeln im Rade 10% beträgt, setzen also

$$\frac{V''}{V'} = \frac{\psi''}{\psi'} = 0{,}1$$

und erhalten mit $V'' - V' = V = \frac{45}{60} = 0{,}75$ cbm/Sek. nach der Stromfunktion $\Psi = A\gamma r^2 z$.

$$\frac{\psi'}{\gamma} = \frac{V}{2\pi\left(1 - \frac{\psi''}{\psi'}\right)} = \frac{0{,}75}{2\pi \cdot 0{,}9} = 0{,}133$$

$$\frac{\psi''}{\gamma} = 0{,}1 \cdot \frac{\psi'}{\gamma} = 0{,}013.$$

Identifizieren wir dann den Innenradius der Schaufeln r_1 mit dem Radius r_0 der Saugöffnung, so erübrigt sich ein besonderer Saugstutzen, und es bleibt uns zur Gestaltung des Rades nur noch die Wahl des Antrittsradius r_2 übrig, dem wegen der Konstanz der Umfangsgeschwindigkeit ωr_2 alsdann die Winkelgeschwindigkeit ω bzw. die Umdrehungszahl des Rades indirekt proportional sein muß. Auf diese Weise erhalten wir durch verschiedene Wahl von r_2 eine ganze Reihe von Rädern (Fig. 57—60), welche alle dieselbe Leistung und — gleiche Reibungsverluste vorausgesetzt — denselben Arbeitsaufwand

$$N = \frac{Q}{g}\frac{\omega(w_\eta r)_2}{75} = \frac{V\gamma_0 C}{75\,g} = 11{,}3 \text{ PS}$$

erfordern. Mit

$r_2 = 0{,}25$ m 0,2 m 0,15 m 0,125 m

folgt

$\omega = \frac{\omega r_2}{r_2} = 272$ 340 453 545

oder die Tourenzahl

$n = \frac{30\,\omega}{\pi} = 2590$ 3240 4320 5200

Weiter ist

$A = \frac{\omega}{tg\,\alpha_1} = 99$ 123,6 164,7 198,2

folglich mit

$r_1 = 0{,}1$ m, $w_{r1} = A r_1 = 9{,}9$ m/Sek. 12,36 m/Sek. 16,47 m/Sek. 19,82 m/Sek.

und

$z'_2 = \frac{\psi'}{A r_2^2 \gamma} = \frac{\psi'}{w_{r2} r_2 \gamma} = 0{,}0215$ m 0,027 m 0,036 m 0,043 m

$z'_1 = \frac{\psi'}{A r_1^2 \gamma} = \frac{\psi'}{w_{r1} r_1 \gamma} = 0{,}134$ » 0,108 » 0,081 » 0,067 »

Am Führungstrichter ist

$$z'' = \frac{\psi''}{A r''^2 \gamma} = \frac{\psi''}{w_r r'' \gamma}$$

also für

$r'' = 0{,}1$ m $z'' = 0{,}013$ m 0,011 m 0,008 m 0,007 m
$r'' = 0{,}05$ » $z'' = 0{,}054$ » 0,043 » 0,032 » 0,027 »

Der Schaufelradius ist

$$\varrho = \frac{r_2 - r_1}{2 \sin \alpha} = 0{,}08 \text{ m} \qquad 0{,}0533 \text{ m} \qquad 0{,}0266 \text{ m} \qquad 0{,}0133 \text{ m}$$

Die Anwendung von Leitschaufeln würde auf einen allen Rädern gemeinsamen Winkel derselben mit dem Radius r_2

$$-\operatorname{tg} \beta_2 = \frac{w_{n2}}{w_{r2}} = 5{,}5$$

$$-\beta_2 = 79{,}7^0$$

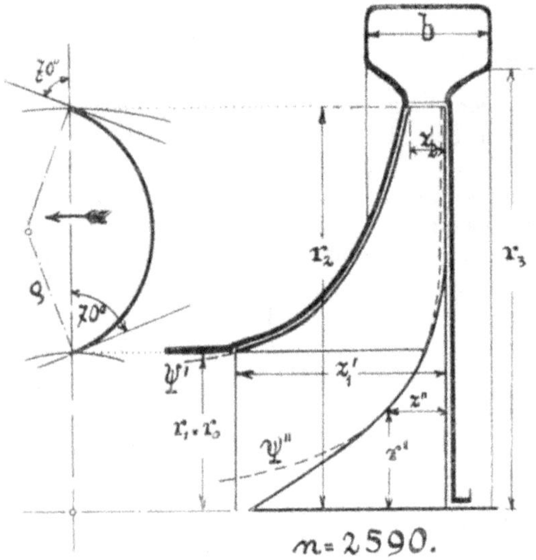

Fig. 57.

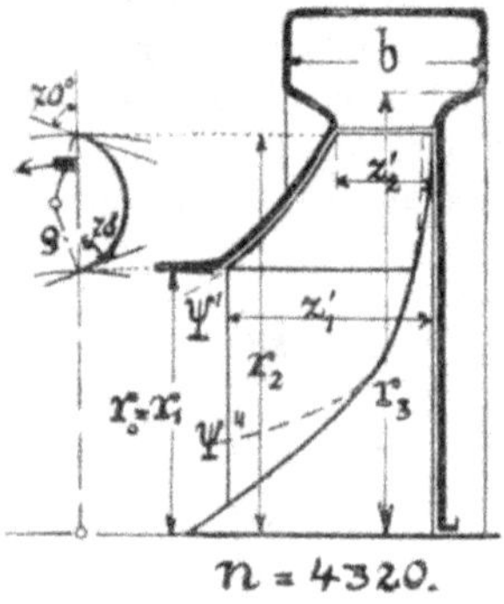

Fig. 58.

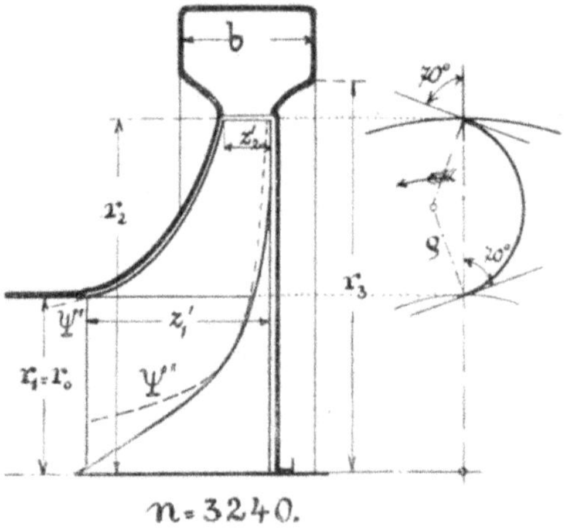

Fig. 59.

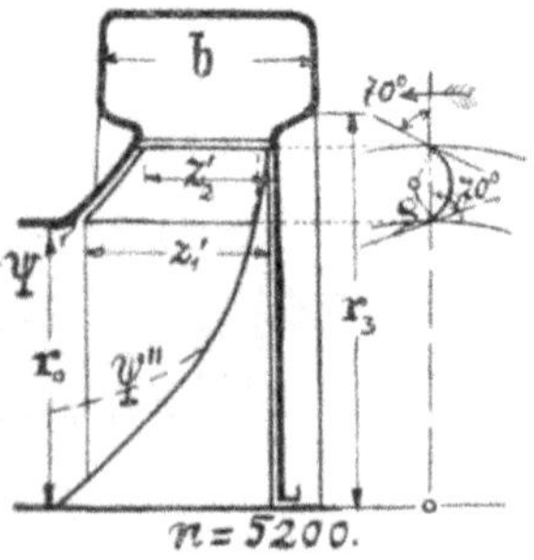

Fig. 60.

führen, der schon unausführbar erscheint. Damit verbieten sich die Leitschaufeln für die berechneten Ventilatoren von selbst, und die Gehäusebreite b folgt aus Gl. (14^a) § 16. Geben wir dem Verhältnis der beiden Ringradien $r_3 : r_2$ für alle oben berechneten Räder einen konstanten Wert, setzen z. B. $r_3 = 1,2\, r_2$ so ergibt sich $w_{n3} = \frac{w_{n2}}{1,2} = 112,5$ m/Sek. und die angezogene Formel liefert mit $Q = \gamma V = 0,75 \cdot \gamma$

für $r_2 =$	0,25 m	0,2 m	0,15 m	0,125 m
$r_3 =$	0,3 »	0,24 »	0,18 »	0,15 »
$b =$	0,092 »	0,095 »	0,099 »	0,101 »

also nahezu denselben Wert für alle vier Ausführungen. Die Berechnung des Überführungsringes wollen wir, da sie gegenüber dem vorigen Beispiel nichts Neues darbietet, übergehen.

Weiter folgt die mittlere Gehäusegeschwindigkeit am Austrittstutzen mit $b = 0,1$ m

$$w_3 = \frac{V}{b^2} \sim \frac{0,75}{0,01} = 75 \text{ m/Sek.}$$

Es ist vielleicht noch von Interesse, die Pressungen zu berechnen, welche an den verschiedenen Stellen des Ventilators hervortreten. Der Druck im Saugquerschnitt sei p_1, alsdann ist nach der Energiegleichung

$$p_0 = p_1 + \gamma_0 \frac{w_0^2}{2g}$$

oder

$$p_1 - p_0 = -\gamma_0 \frac{w_0^2}{2g} = -35,5 \text{ kg/qm.}$$

Im Saugquerschnitt herrscht also eine Depression von 35,5 mm Wassersäule. Der Druck p_2 beim Austritt aus dem Laufrad berechnet sich unter Vernachlässigung der dort verschwindenden Komponente w_{z2} mit

$$w_2^2 = w_{r2}^2 + w_{n2}^2 = 18825$$

aus

$$p_2 - p_0 = p_4 - p_0 + \frac{\gamma_0}{2g}(c^2 - w_2^2) \sim p_4 - p_0 - \frac{\gamma_0}{2g} w_2^2$$

$$p_2 - p_0 = -170 \text{ kg/qm.}$$

Es herrscht also auch unmittelbar hinter dem Laufrad eine Depression von 170 mm Wassersäule, welche sich im Gehäuse in einen Überdruck von

$$p_3 - p_0 = p_4 - p_0 - \frac{\gamma_0}{2g} w_3^2$$

$$p_3 - p_0 = 1000 - 350 = 650 \text{ kg/qm}$$

oder 650 mm Wassersäule verwandelt, so daß auf den konischen Druckstutzen nur noch eine Drucksteigerung von 350 mm Wassersäule entfällt.

Jedenfalls geht aus diesen Rechnungen hervor, daß man ohne irgendwelche Bedenken das spezifische Luftgewicht im Rade konstant und insbesondere mit demjenigen der Luft vor der Saugöffnung gleich setzen durfte. Damit aber unterscheidet sich die Berechnung der Schleudergebläse durch nichts mehr von derjenigen der Flüssigkeitspumpen.

§ 18. Versuche mit ausgeführten Turbinen, Pumpen und Gebläsen.

Die bisher entwickelte Theorie gab insbesondere nach ihrer Zusammenfassung in der ersten Auflage dieses Buches den Anstoß zu praktischen Ausführungen von Rädern für verschiedene Zwecke, über deren Versuchsergebnisse in Fachzeitschriften mehrfach berichtet worden ist. Da der Verfasser bisher noch keine Gelegenheit hatte, zu diesen Veröffentlichungen Stellung zu nehmen, so dürfte ihre Wiedergabe mit einigen Bemerkungen hier nicht unangebracht sein.

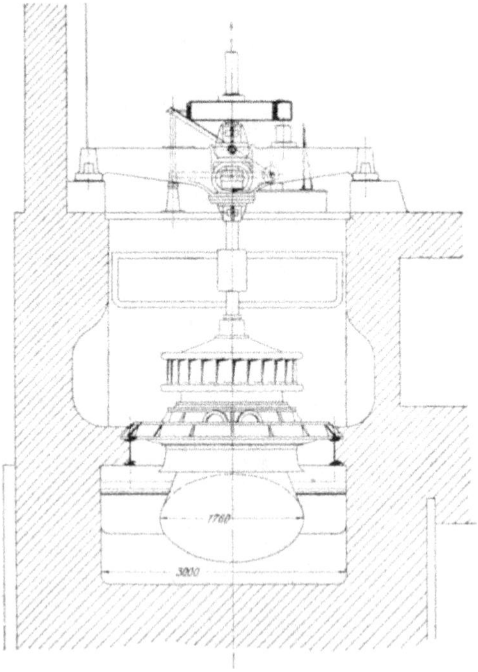

Fig. 61.

I. Die erste Versuchsturbine wurde auf Veranlassung von Prof. E. Reichel in Charlottenburg konstruiert und in der Versuchsanstalt für Wassermotoren an der Berliner Technischen Hochschule im Jahre 1907 aufgestellt. Dabei war man gezwungen, sich der vorhandenen Turbinenkammer sowie einem Tragring anzupassen, woraus die in den Fig. 61 bis 63 skizzierte Anordnung hervorging. Da der Unterwassergraben an der Turbine in einen Betonkrümmer auslief, der nicht geändert werden konnte, so wurde zunächst ein gekrümmtes

Saugrohr mit einer hyperbolischen Mittellinie eingebaut, dessen unter 45⁰ gegen die Achse geneigte Öffnung elliptisch gestaltet wurde.

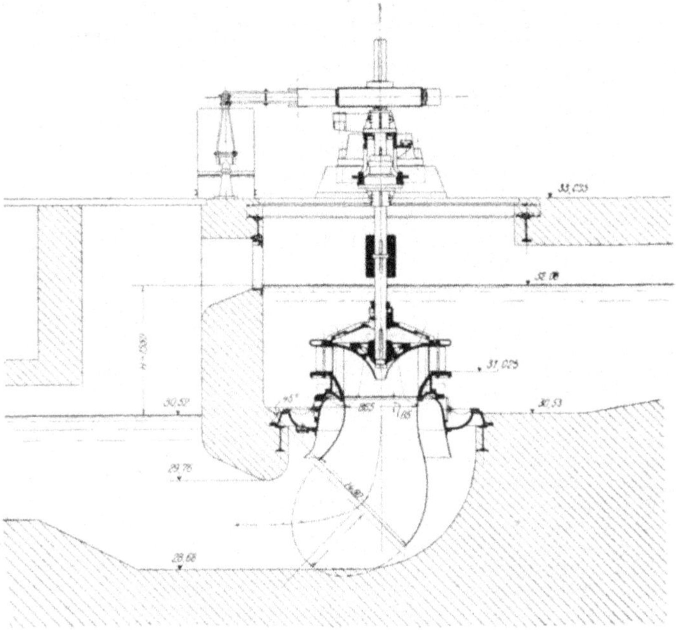

Fig. 62.

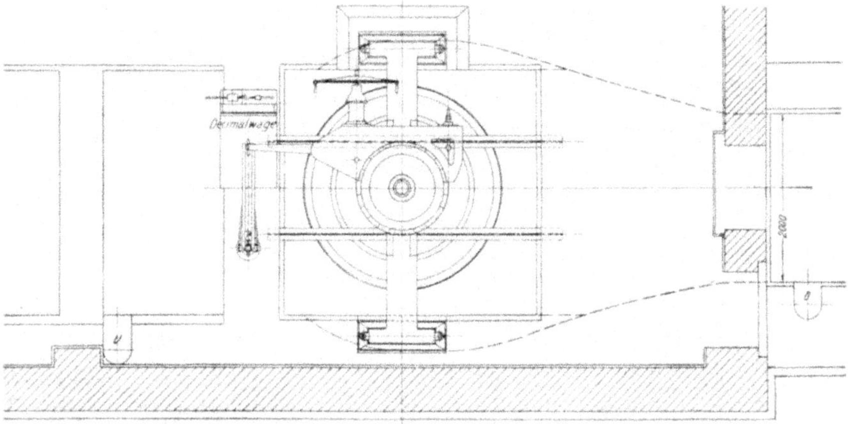

Fig. 63.

Das Nutzgefälle zwischen Ober- und Unterwasser betrug $h = 1{,}56$ m, die Normalwassermenge 2,1 cbm/Sek., die höchste 2,5 cbm/Sek. Die normale Umlaufszahl sollte $n = 74$ in der Minute betragen, woraus sich $\omega = 7,75$ ergibt. Vorgelegt war ferner ein äußerer Raddurchmesser von $D_2 = 2r_2 = 1,2$ m, während der innere durch die Öffnung des bestehenden Tragringes zu $D_1 = 2r_1 = 0,9$ m gegeben war. Mit ersterem folgt aus der Wassermenge eine äußere Radbreite $z' = 0,337$ m, die in dem Leitapparate mit parallelen Wänden sich bis auf

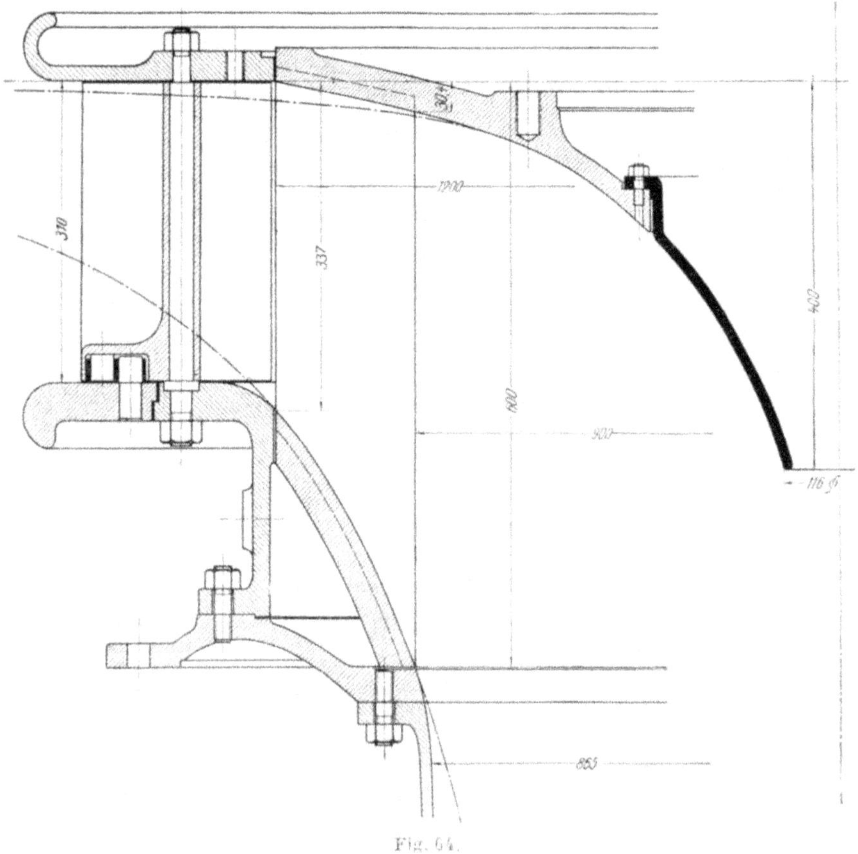

Fig. 64.

$b = 0,31$ m verjüngte, wie aus Fig. 64 erhellt. Mit einem Verengungsverhältnis durch die Radschaufeln $\Psi'' : \Psi' = 0,87$ ergeben sich dann noch als Gleichungen der beiden in Fig. 64 punktierten Meridiankurven

$$r^2 z' = 7,073, \quad r^2 z'' = 1,022.$$

Die Berechnung liefert weiter

$$w_{r1} = -1,482 \text{ m/Sek.}, \quad \omega r_1 = 3,486 \text{ m/Sek.},$$

mithin für rotationslosen Austritt

$$\operatorname{tg} \alpha_1 = \frac{\omega r_1}{w_{r1}} = 2{,}35, \quad \alpha_1 = 67^0$$

Weiterhin ist mit $\xi = 0{,}815$

$$w_{n2} = \frac{\xi g h}{\omega r_2} = 2{,}68 \text{ m/Sek.}, \quad w_{r2} = -1{,}755 \text{ m/Sek.}$$

$$\operatorname{tg} \alpha_2 = \frac{w_{n2} - \omega r_2}{w_{r2}} = 1{,}12, \quad \alpha_2 = 48^0\,15'$$

und daraus der Radius der Schaufelkrümmung $\varrho = 2{,}345$ m.

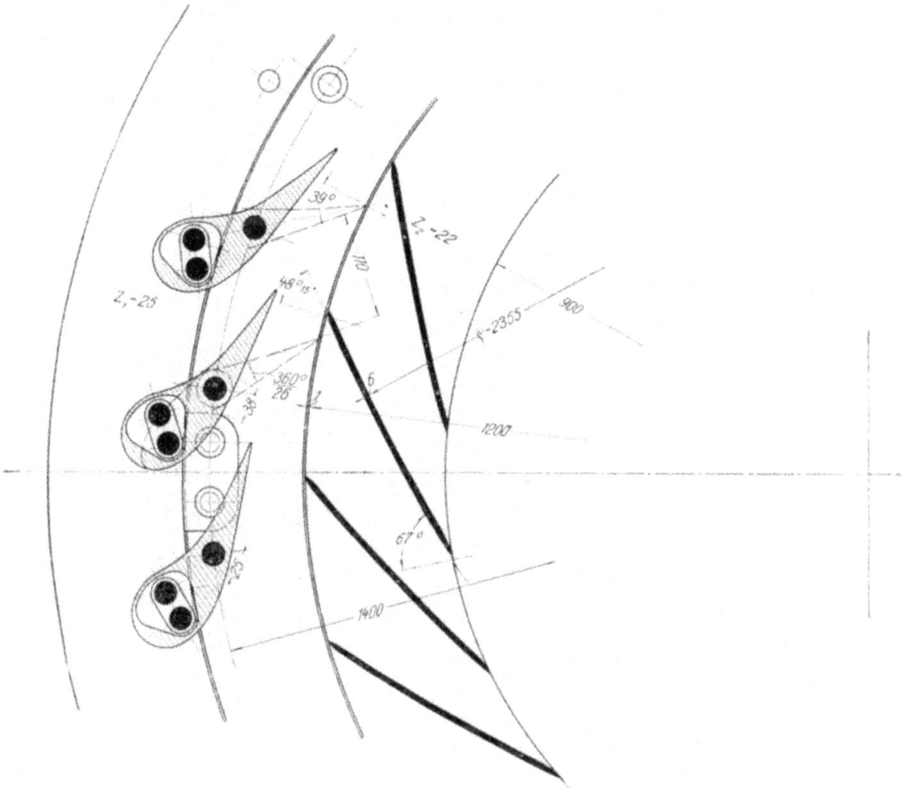

Fig. 65.

Aus den Fig. 64 und 65 ist die Form des Radprofils und der Schaufelplan deutlich erkennbar. Die Zahl der Schaufeln wurde zu $\nu = 26$ im Laufrade gewählt, bei ihrer Herstellung wurde auf wirkungslose Enden, die für den Austritt auf den Krümmungshalbmesser $\varrho_1 = \frac{r_1}{\sin \alpha_1} = 0{,}49$ m geführt hätten, noch keine Rücksicht genommen.

Der normale Leitschaufelwinkel folgt aus

$$\operatorname{tg} \beta_2 = \frac{w_{n2}}{w_{r2}} = 1{,}53, \quad \beta_2 = 56^0\,50',$$

ihm entspricht bei der ausgeführten Konstruktion eine Öffnung der Leitschaufeln im Grundriß von $a = 68{,}4$ mm, die sich indessen durch deren Drehung bis auf $a = 110$ mm steigern ließ.

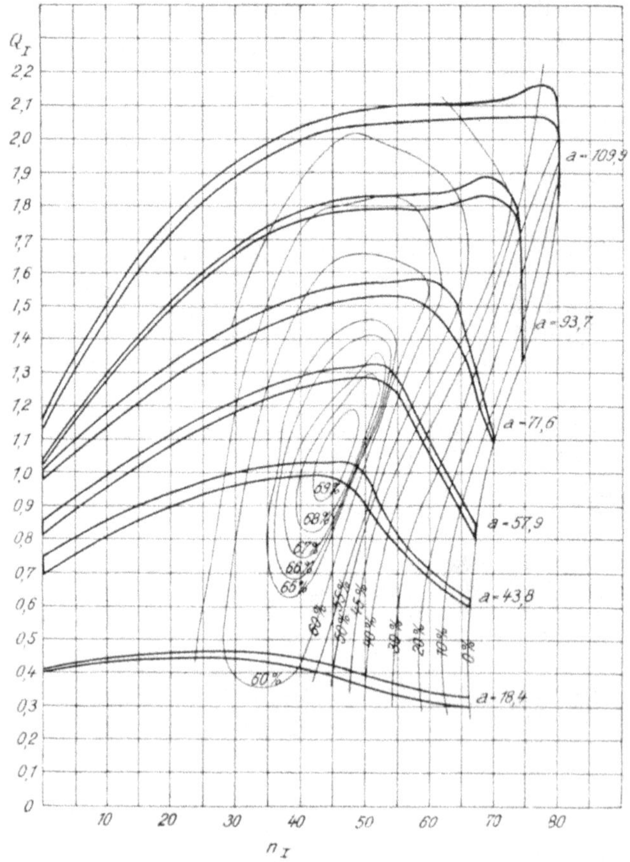

Fig. 66.

An dieser Turbine wurden nun von Prof. R e i c h e l anfangs 1908 eine große Reihe sehr sorgfältiger Bremsversuche unter gleichzeitiger Wassermessung angestellt, und darüber im Heft 19 der Zeitschrift f. d. ges. Turbinenwesen 1908 Bericht erstattet. Dieser Abhandlung entnehmen wir außer den vorstehenden Konstruktionsskizzen noch zwei Diagramme, Fig. 66 und 67, in denen die Kurven der nach der Formel $Q_{\mathrm{I}} = \frac{Q}{\sqrt{h}}$ auf 1 m Gefälle reduzierten Durchflußmenge in cbm/Sek. und des totalen Wirkungsgrades η als Funktionen der wiederum auf 1 m Gefälle reduzierten Umlaufszahl $n_{\mathrm{I}} = \frac{n}{\sqrt{h}}$ bei konstanten Leitschaufelöffnungen a eingetragen sind. Auch das Gefälle war längs einer und derselben Kurve nur mäßigen Schwankungen unterworfen.

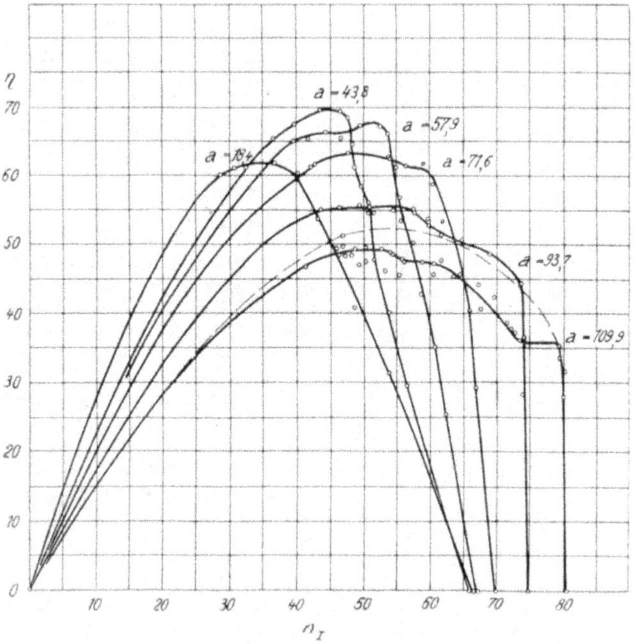

Fig. 67.

Das Ergebnis dieser Versuche war ein durchaus ungünstiges, da der größte Wirkungsgrad nur $\eta = 0{,}7$ betrug und schon bei einer Umlaufszahl von $n = 56$ in der Minute bei einer der Öffnung $a = 43{,}8$ mm entsprechenden Wassermenge von rd. 1,2 cbm/Sek. erreicht wurde. Außerdem aber zeigen die Wirkungsgradkurven, von denen nur diejenige für $a = 18{,}4$ mm einigermaßen normal verlief, nach Überschreiten ihres Höchstwertes einen sehr steilen Abfall, der offenbar auf Unstetigkeiten im Stromverlaufe schließen ließ.

Da man die Schuld hieran dem gekrümmten Saugrohr vorwiegend zuschrieb, so wurde dieses durch ein gerades nach Fig. 68 ersetzt, welches genau den theoretischen Bedingungen einer wirbelfreien Strömung entsprach, allerdings ohne Rücksicht auf den Betonkrümmer, dessen zweifellos störende Wirkung in Kauf genommen werden mußte. Die damit wieder aufgenommenen Versuche ergaben zunächst kräftige Schwingungen des Unterwasserspiegels und der Umlaufszahl, die auch nach Aufsetzen eines Schwungrades nicht verschwanden, und wohl als eine Resonanzerscheinung der einseitig belasteten Bremse und der die Turbine passierenden Flüssigkeitssäule aufzufassen sind. Trotz der damit verbundenen Störung des Beharrungszustandes, die vermutlich durch Veränderung der polaren Trägheitsmomente der Bremse hätte beseitigt werden können, verliefen sowohl die Kurven des Wirkungsgrades, als auch des Wasserdurchflusses (Fig. 69 und 70) gegen diejenigen (Fig. 66 und 67) mit gekrümmtem Saugrohr nahezu normal und lassen eine erheblich günstigere Energieausnutzung bis zu $\eta = 0{,}78$ erkennen. Gegenüber der bei neueren Francisturbinen unter gleichen Verhältnissen erzielten Höhe von $\eta = 0{,}85$ ist dieses Ergebnis natürlich unzureichend; es ließe sich zweifellos noch verbessern durch Vergrößerung des Raddurchmessers und eine arbeitsfreie Gestaltung der inneren Schaufelenden, ganz abgesehen von der störenden Wirkung des Betonkrümmers. Jedenfalls tritt bei diesen Versuchen der große Einfluß der Wasserführung im Saugrohr deutlich hervor, dessen relativ große Länge wahrscheinlich auch die Entstehung der Schwingungen begünstigt hat.

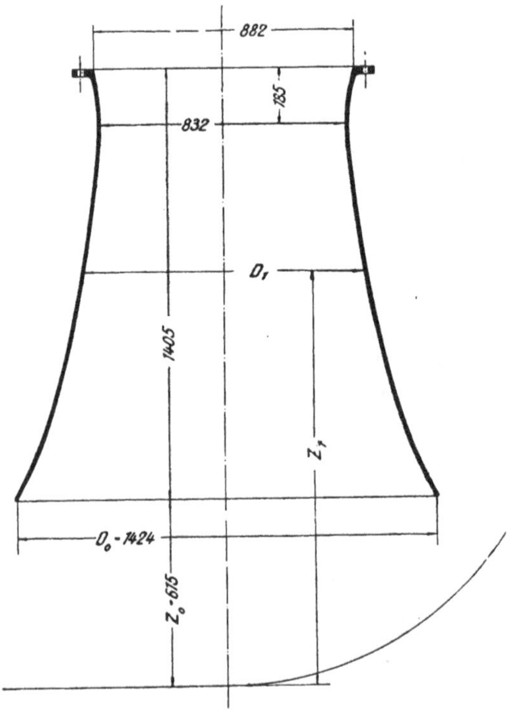

Fig. 68.

II. Als Beispiel einer Zentrifugalpumpe möge eine in Fig. 71 und 72 schematisch dargestellte Ausführung der Firma Wegelin & Hübner in Halle dienen, über welche deren Ingenieure

Rauber und Jacoby in der Zeitschrift d. V. d. Ingenieure 1910 (S. 772) kurz berichtet haben. Die Pumpe wurde für eine Gesamtförderhöhe von $h = 112$ m einschließlich der Widerstände gebaut, die in drei achsial hintereinander geschalteten Rädern derart überwunden wird, daß auf jedes $h_1 = 37$ bis 38 m entfallen. Die Förder-

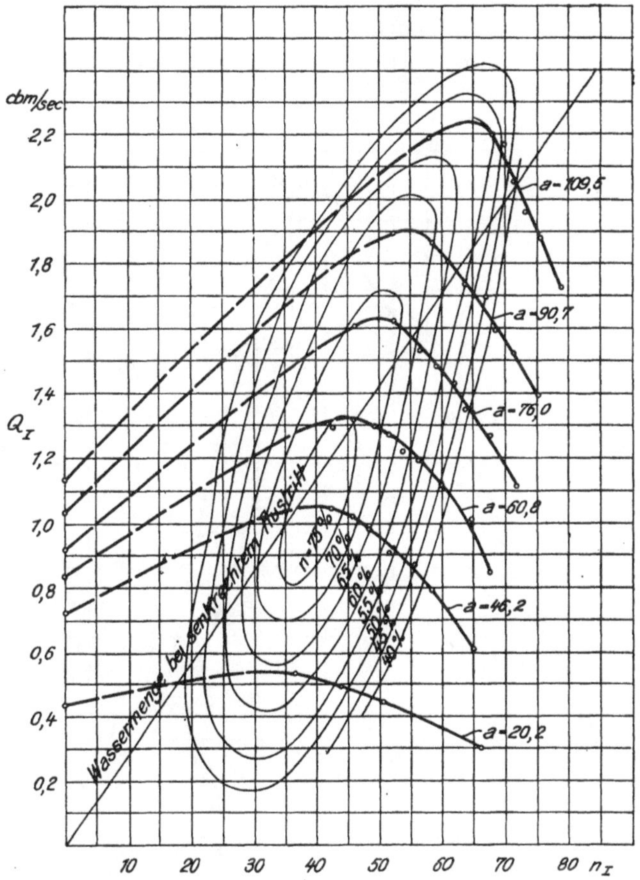

Fig. 69.

menge betrug rd. 3,7 cbm in der Minute, der Energieverbrauch an einem A.E.G.-Elektromotor bei $n = 1450$ Umläufen in der Minute rd. 120 PS, mithin der Wirkungsgrad $\eta = 0{,}76$. Die Umfangsgeschwindigkeit war nach der Formel $\omega r_2 = 1{,}15 \sqrt{2gh_1}$ berechnet worden, woraus sich mit der dem Profil zugrundegelegten Stromfunktion $\Psi = A\gamma r^2 z$ aus Gl. (8^b) § 16 das Verhältnis tg α_2 : tg α_1 ergibt, welches im vorliegenden Falle auf stark rückwärts gekrümmte Schaufeln führt. Diese haben dann wegen $\omega r_2 w_{n2} = C$ einen relativ niedrigen Wert der absoluten Rotationsgeschwindigkeit w_{n2} zur Folge, der einerseits einen sehr mäßigen Leitschaufelwinkel β_2 und eine erhebliche Drucksteigerung im Laufrade selbst bedingt, wodurch der Energieumsatz im Leitapparat entlastet wird.

Bemerkenswert ist an dieser Pumpe außer dem Ersatz der Stopfbüchsen durch Labyrinthdichtungen und der Kugellagerung, wodurch die Reibungswiderstände wirksam herabgezogen werden, die Anordnung fester Führungstrichter zur Vermeidung der Rotation des den

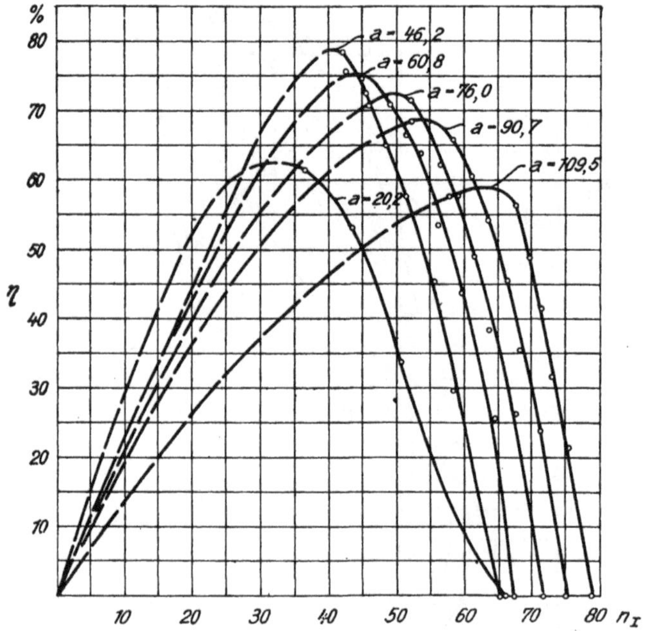

Fig. 70.

Radschaufeln zuströmenden Wassers. Die Wandungen des Leitapparates sind zwar willkürlich gestaltet, würden sich aber mit mäßigen Abänderungen in zwei Kurven nach der Formel $\Psi = A\gamma (r_0^2 - r^2)\, z$ überführen lassen, womit dann eine ringwirbelfreie Strömung im ganzen Bereich des Rades gewährleistet wäre, die voraussichtlich eine weitere Steigerung des Wirkungsgrades zur Folge hätte.

Daß man auch ohne diese Profilierung des Leitapparates, sowie mit normaler Lagerung und Abdichtung der Welle an Hochdruckpumpen Wirkungsgrade bis $\eta = 0{,}81$ erzielen kann, geht aus einer Veröffentlichung von H. Strehler in der Zeitschrift f. d. ges. Tur-

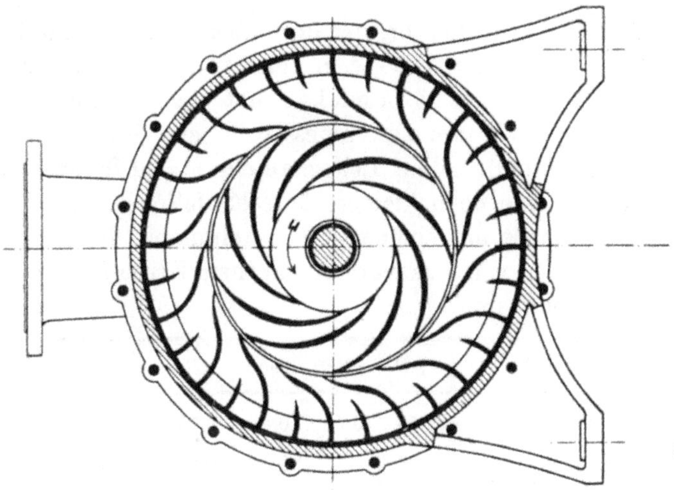

Fig. 72.

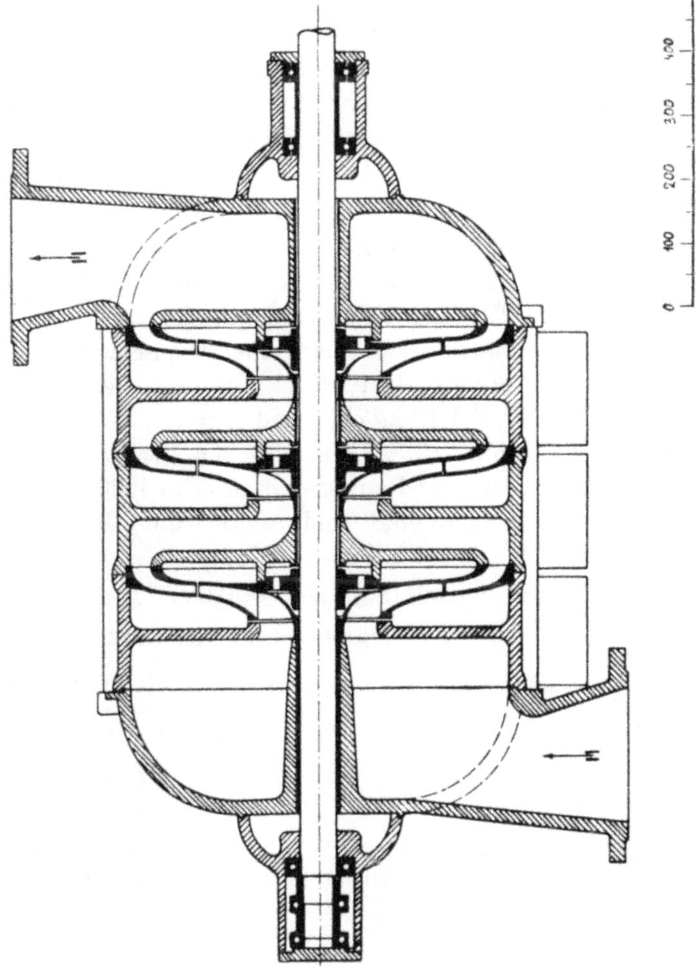

Fig. 71.

binenwesen 1909 (S. 440) hervor, der dort über Versuche mit Pumpen berichtet, die nach unserer Theorie in einer französischen Maschinenfabrik hergestellt wurden. Strehler hat sogar schon an einem Niederdruckrad von 300 mm Durchmesser für eine Fördermenge von rd. 3 cbm in der Minute ohne Leitschaufeln $\eta = 0{,}76$ erreicht und gibt weiterhin für eine noch kleinere leitschaufelfreie Pumpe die folgende Vergleichstabelle mit einer sog. Normalpumpe, deren Schaufeln im Gegensatz zu der von uns vorgeschlagenen Kreisform nach einer Evolvente gestaltet waren:

Umlaufszahl	1200	1400	1500	1600	1800	2000
η_{max} (Normalrad)	0,56	0,58	0,55	0,55	0,48	0,43
η_{max} (Lorenzrad)	0,57	0,70	0,68	0,63	0,54	0,45

Strehler bemerkt weiter, daß unsere Räder auch bei starken Änderungen der Fördermenge und Druckhöhe durch Regulierung einer Drosselklappe geräuschlos liefen, während das sog. Normalrad schon bei kleinen Abweichungen von seiner günstigsten Arbeitsweise merklich lärmte.

III. Von der Firma Schüchtermann & Kremer in Dortmund war im Jahre 1907 ein Versuchsventilator nach unserer Theorie berechnet und konstruiert worden, der mit einer Umlaufszahl $n = 1000$ in der Minute 270 cbm Luft in der gleichen Zeit oder 4,5 cbm in der Sekunde aus einem Raume mit einer Depression von 200 mm Wassersäule (= 200 kg/qm Unterdruck) in die freie Atmosphäre fördern sollte. Mit $\gamma = 1{,}19$ kg/cbm und $\xi = 1{,}1$, sowie nach Wahl der Radien $r_1 = 0{,}275$ m, $r_2 = 0{,}4$ m und den Verhältnissen $\Psi'' : \Psi' = 0{,}06$ ergeben sich aus der Radkonstanten $C = 1920$ die Geschwindigkeitskomponente $w_{n2} = 45{,}8$ und weiter die Gleichungen der Profilkurve nach dem Ansatze $\Psi = A\gamma r^2 z$

$$r^2 z' = 0{,}001185, \quad r^2 z'' = 0{,}00071.$$

Weiterhin folgt aus der Annahme des Eintrittswinkels $\alpha_1 = 58^0\,25'$, $\operatorname{tg}\alpha_1 = 1{,}63$ die Konstante $A = \frac{\omega}{\operatorname{tg}\alpha_1} = 64{,}3$ und für den Austrittswinkel $\operatorname{tg}\alpha_2 = -0{,}158$, $\alpha_2 = -9^0$, und daraus der Schaufelradius $\varrho = 0{,}142$ m.

Die Versuche an diesem in Fig. 73 und 74 schematisch dargestellten Gebläse ergaben zunächst, daß — wahrscheinlich infolge zu geringer Schaufelzahl — nur ein Unterdruck von $h = 142$ mm Wassersäule

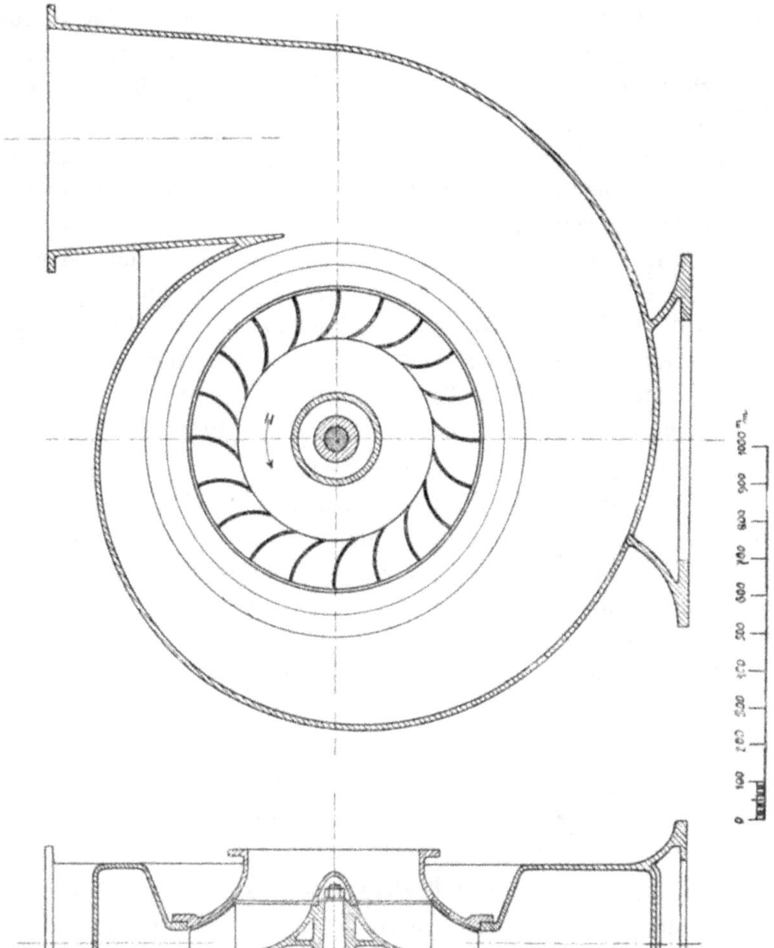

Fig. 74.

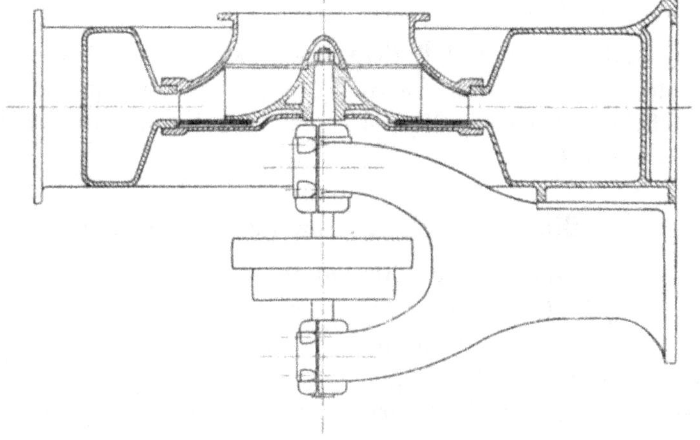

Fig. 73.

mit einer Umlaufszahl von $n = 1100$ bis 1130 in der Minute aufrecht erhalten wurde bei einer Förderung von 3,9 cbm in der Sekunde, wozu ein Energieaufwand von 10,5 PS an der Welle nötig war. Aus der Nutzleistung $L = 3{,}9 \cdot 142 = 554$ mkg/Sek. $= 7{,}40$ PS berechnet sich dann der totale Wirkungsgrad zu $\eta = 0{,}705$.

Weiterhin hatte die Messung des Druckes und der Luftgeschwindigkeit unmittelbar hinter dem Flügelrad einen Druck von + 40 mm Wassersäule ergeben, dem eine Nutzleistung des Rades allein von $L' = 3{,}9\,(142 + 40) = 710$ mkg/Sek. $= 9{,}5$ PS mit einem Wirkungsgrade $\eta' = 9{,}5 : 10{,}5 = 0{,}91$ entsprach. Daraus ging hervor, daß der größte Teil der Verluste auf die leitschaufelfreie Überführung in das Spiralgehäuse (mit einer Breite $b = 0{,}4$ m der quadratischen Öffnung) entfiel, die in der Tat willkürlich geformt war und sehr erheblich von dem theoretischen Profile $\Psi = A\gamma\,(r_0^2 - r^2)\,z$ abwich.

Schließlich sei noch erwähnt, daß Strehler nach einer weiteren Veröffentlichung (Zeitschr. f. d. ges. Turbinenwesen 1911) an einem Niederdruckventilator nach unserer Theorie mit sehr geringer radialer Schaufelbreite bei $n = 1450$ Umläufen und einem Überdruck von 25 mm Wassersäule einen Wirkungsgrad von $\eta = 0{,}74$ festgestellt hat, während er an einem ebenfalls leitschaufelfreien Hochdruckgebläse mit willkürlich geformter Überführung in das Spiralgehäuse, deren Querschnitte noch dazu kreisförmig gestaltet waren, bei $n = 3000$ Umläufen die folgenden Zahlenwerte fand:

$h =$	600	540	450 mm
$V =$	3000	3500	4000 cbm/Stunde,
$\eta =$	0,62	0,68	0,66.

Es liegt auf der Hand, daß diese Ergebnisse sich durch eine theoretisch richtige Überführung bei rechteckigen Gehäusequerschnitten noch beträchtlich verbessern dürften, ganz abgesehen von der Wirkung etwaiger Leitschaufeln.

§ 19. Die Gleichdruck- und Freistrahlräder.

In den bisher untersuchten Radialrädern war es vorwiegend die kinetische Flüssigkeitsenergie, welche bei Turbinen im Leitapparate entwickelt an die Schaufeln des Laufrades abgegeben oder in Pumpen und Gebläsen von den Schaufeln des Laufrades an die Flüssigkeit übertragen wurde, um in Leitapparate bzw. in Druckrohrstutzen des Gehäuses in potentielle Energie verwandelt zu werden. Gegenüber der starken Änderung dieser kinetischen Energie trat die Änderung des Druckes der Flüssigkeit beim Durchströmen des Laufrades häufig zurück, ohne daß sie indessen von vornherein vernachlässigt werden könnte.

Es fragt sich nun, ob es nicht möglich ist, Räder zu konstruieren, welche von der Flüssigkeit ohne jede Änderung des Druckes durchströmt werden, so daß insbesondere unmittelbar vor und hinter dem Rade derselbe Druck herrscht. In solchen Gleichdruckrädern würden alsdann keine Undichtigkeitsverluste durch Nebenströmungen außerhalb des Bereiches der Laufradschaufeln zu befürchten sein, die man sonst durch eine mehr oder weniger vollkommene Abdichtung des Laufradkranzes bekämpfen kann.

Zur Beantwortung dieser Frage greifen wir noch einmal auf die Energiegleichung (8^a) in § 8 zurück

$$\omega\, d(w_n r) + g\, dz = \frac{g}{\gamma}\, dp + w\, dw \quad \ldots\ldots \quad (1)$$

welche unter Vernachlässigung des Höhenunterschiedes beim Durchfluß des Rades sich in

$$\omega\, d(w_n r) = \frac{g}{\gamma}\, dp + w\, dw \quad \ldots\ldots \quad (1^a)$$

vereinfacht. Integrieren wir diese Gleichung unter der Bedingung konstanten Druckes im Laufrad, so folgt, wenn wieder $(w_n r)_1 = 0$ sein soll

$$\omega\, (w_n r) = \frac{w^2 - w_1^2}{2} \quad \ldots\ldots \quad (2)$$

während die Integration von (1) außerhalb des Rades, wo $d\,(w_n r) = 0$ ist, auf die schon früher benutzten Formeln

$$\left.\begin{aligned} g\,(z_3 - z_2) &= \frac{g}{\gamma}\,(p_3 - p_2) + \frac{w_3^2 - w_2^2}{2} \\ g\,(z_1 - z_0) &= \frac{g}{\gamma}\,(p_1 - p_0) + \frac{w_1^2 - w_0^2}{2} \end{aligned}\right\} \quad \ldots\ldots \quad (3)$$

führt. In diesen Formeln setzen wir, entsprechend der obigen Vernachlässigung der Höhenunterschiede im Laufrad, sowie infolge des Wegfalles der Druckänderung in demselben

$$z_2 = z_1 = z, \quad p_2 = p_1 = p \quad \ldots\ldots \quad (4)$$

und erhalten so

$$\left.\begin{aligned} g\,(z_3 - z) &= g\,(p_3 - p) + \frac{w_3^2 - w_2^2}{2} \\ g\,(z - z_0) &= g\,(p - p_0) + \frac{w_1^2 - w_0^2}{2} \end{aligned}\right\} \quad \ldots\ldots \quad (3^a)$$

während wir für (2) unter Ausdehnung der Integration über dem ganzen im Laufrad zurückgelegten Weg auch

$$\omega w_{n2} r_2 = \frac{w_2^2 - w_1^2}{2} \quad \ldots \ldots \quad (2^a)$$

schreiben dürfen. Bilden wir ferner die Radwandungen nach der Stromfunktion

$$\Psi = A \gamma r^2 z \quad \ldots \ldots \quad (5)$$

wonach

$$w_r = -Ar, \quad w_z = 2Az \quad \ldots \ldots \quad (4^a)$$

sich ergab, so geht (2) mit

$$w^2 = w_r^2 + w_n^2 + w_z^2 \quad \ldots \ldots \quad (6)$$

über in

$$2\omega r w_n = w_n^2 + A^2 (r^2 - r_1^2) + 4A^2 (z^2 - z_1^2)$$

oder

$$(w_n - r\omega)^2 = r^2\omega^2 - A^2 (r^2 - r_1^2) - 4A^2 (z^2 - z_1^2).$$

Mit der Vernachlässigung des Höhenunterschiedes $z - z_1$ verschwindet aber hierin rechts das letzte Glied, welches die unter allen Umständen nur sehr kleine Änderung der Achsialgeschwindigkeit wiedergibt, und es bleibt

$$(w_n - r\omega)^2 = r^2\omega^2 - A^2 (r^2 - r_1^2) \quad \ldots \ldots \quad (7)$$

oder

$$(w_n - r\omega)^2 = r^2\omega^2 - (w_r^2 - w_{r1}^2) \quad \ldots \ldots \quad (7^a)$$

als Energiegleichung eines Gleichdruckrades, für dessen Wirkungsweise somit die Höhenunterschiede im Laufrad bzw. die Änderung der Achsialgeschwindigkeit in demselben praktisch keine Rolle spielen.

Lösen wir (7^a) nach w_n auf, so folgt

$$w_n = r\omega \pm \sqrt{r^2\omega^2 - (w_r^2 - w_{r1}^2)} \quad \ldots \ldots \quad (8)$$

und insbesondere für w_{r2} mit $w_r = -Ar$

$$w_{n2} = r_2 \omega \pm \sqrt{r_2^2\omega^2 - A^2 (r_2^2 - r_1^2)} \quad \ldots \ldots \quad (8^a)$$

Da nun die Umfangsgeschwindigkeit $r\omega$ im Rad im allgemeinen viel größer ausfällt als die Radialkomponente w_r, so dürfen wir hierfür auch angenähert schreiben

$$w_n = r\omega \pm r\omega \left(1 - \frac{w_r^2 - w_{r1}^2}{2 r^2 \omega^2}\right) \quad \ldots \ldots \quad (9)$$

$$w_{n2} = r_2 \omega \pm r_2 \omega \left(1 - A^2 \frac{r_2^2 - r_1^2}{2 r_2^2 \omega^2}\right) \quad \ldots \ldots \quad (9^a)$$

Führen wir dann noch in (7) die S c h a u f e l w i n k e l durch

$$\operatorname{tg}\alpha = \frac{r\omega - w_n}{A r}, \quad \operatorname{tg}\alpha_1 = \frac{\omega}{A} \quad \ldots\ldots \quad (10)$$

ein, so folgt

$$\operatorname{tg}^2\alpha = \operatorname{tg}^2\alpha_1 - \frac{r^2 - r_1^2}{r^2} \quad \ldots\ldots \quad (11)$$

wodurch schon der V e r l a u f d e r S c h a u f e l k u r v e bestimmt ist. Aus dem Vergleich mit Gl. (17) § 13

$$\frac{1}{\varrho} = \frac{d(r \sin\alpha)}{r\,dr}$$

erkennt man, daß unsere Gl. (11) jedenfalls nicht der Bedingung konstanter Krümmung genügt, d. h. d a ß d i e S c h a u f e l n e i n e s G l e i c h d r u c k r a d e s k e i n e K r e i s z y l i n d e r s e i n d ü r f e n. Verbindet man (11) mit der aus Fig. 43 hervorgehenden Definitionsgleichung

$$r\frac{d\chi}{dr} = \operatorname{tg}\alpha,$$

so folgt

$$d\chi = \pm\frac{dr}{r}\sqrt{\operatorname{tg}^2\alpha_1 - \frac{r^2 - r_1^2}{r^2}}$$

oder angenähert wegen der Kleinheit des zweiten Gliedes unter der Wurzel gegen das erste

$$d\chi = \pm\frac{dr}{r}\operatorname{tg}\alpha_1\left(1 - \frac{r^2 - r_1^2}{2r^2\operatorname{tg}^2\alpha_1}\right) \quad \ldots \quad (12)$$

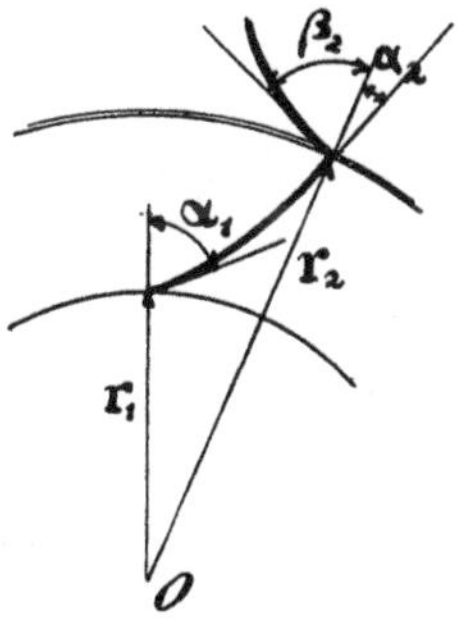

Fig. 75.

Integriert gibt dies die G l e i c h u n g d e r S c h a u f e l k u r v e (Fig. 75)

$$\pm\chi = \left(\operatorname{tg}\alpha_1 - \frac{1}{2\operatorname{tg}\alpha_1}\right)\operatorname{lgn}\frac{r}{r_1} - \frac{r_1^2}{2\operatorname{tg}\alpha_1}\left(\frac{1}{r^2} - \frac{1}{r_1^2}\right) \quad \ldots \quad (12^a)$$

Nunmehr müssen wir uns über das Vorzeichen in den oben entwickelten Formeln entscheiden. Wählen wir in (9) bzw. (9^a) das positive Vorzeichen, so wird

$$w_n = 2r\omega - \frac{w_r^2 - w_{r1}^2}{2r\omega} \quad \ldots\ldots \quad (13)$$

$$w_{n2} = 2r_2\omega - A^2\frac{r_2^2 - r_1^2}{2r_2\omega} \quad \ldots\ldots \quad (13^a)$$

Dem entspricht anderseits wegen (10) für die Schaufelwinkel Gl. (11) das negative Vorzeichen, also

$$\operatorname{tg}\alpha = -\operatorname{tg}\alpha_1\left(1 - \frac{r^2 - r_1^2}{2r^2\operatorname{tg}^2\alpha_1}\right) \quad \ldots\ldots \quad (14)$$

$$\operatorname{tg}\alpha_2 = -\operatorname{tg}\alpha_1\left(1 - \frac{r_2^2 - r_1^2}{2r_2\operatorname{tg}^2\alpha_1}\right) \quad \ldots\ldots \quad (14^a)$$

Die erste dieser Formeln führt aber mit $r = r_1$ auf $\operatorname{tg} \alpha_1 = -\operatorname{tg} \alpha_1$ oder wegen (10) auf $A \operatorname{tg} \alpha_1 = \omega = 0$, während sie für endliche Werte von α_1 sich selbst widerspricht. Daraus geht hervor, daß für Gleichdruckräder nur das negative Vorzeichen in (9) in Frage kommt, so daß wir haben

$$w_n = \frac{w_r^2 - w_{r1}^2}{2r\omega} = A^2 \frac{r^2 - r_1^2}{2r\omega} \quad \ldots \quad (15)$$

$$w_{n2} = A^2 \frac{r_2^2 - r_1^2}{2r_2\omega} \quad \ldots \ldots \quad (15^a)$$

Ganz entsprechend erhalten wir dann auch aus (11)

$$\operatorname{tg}\alpha = \operatorname{tg}\alpha_1 \left(1 - \frac{r^2 - r_1^2}{2r^2 \operatorname{tg}^2 \alpha_1}\right) \quad \ldots \ldots \quad (16)$$

$$\operatorname{tg}\alpha_2 = \operatorname{tg}\alpha_1 \left(1 - \frac{r^2_2 - r_1^2}{2r^2 \operatorname{tg}^2 \alpha_1}\right) \quad \ldots \ldots \quad (16^a)$$

Außerdem aber folgt aus (10) sowie mit Fig. 43

$$\operatorname{tg}\alpha_2 = \frac{r_2\omega - w_{n2}}{A r_2}, \quad \operatorname{tg}\beta_2 = \frac{w_{n2}}{A r_2} \quad \ldots \quad (10^a)$$

so daß

$$\operatorname{tg}\alpha_1 - \operatorname{tg}\alpha_2 = \operatorname{tg}\beta_2 \quad \ldots \ldots \quad (10^b)$$

wird. Für die Berechnung des Gleichdruckrades brauchen wir übrigens die Näherungsformeln (16) und (16^a) gar nicht erst anzuwenden, sondern können unmittelbar auf (11) zurückgreifen. Schreiben wir diese Gleichung in der Form

$$\frac{r_1^2}{r^2} = 1 + \operatorname{tg}^2\alpha - \operatorname{tg}^2\alpha_1 \quad \ldots \ldots \quad (11^a)$$

so muß, damit reelle Werte von $r_1 : r$ auftreten,

$$1 + \operatorname{tg}^2 \alpha_2 > \operatorname{tg}^2 \alpha_1$$

oder in Verbindung mit (10b)

$$\frac{\operatorname{tg}^2\beta_2 + 1}{2\operatorname{tg}\beta_2} > \operatorname{tg}\alpha_1 \quad \ldots \ldots \quad (17)$$

sein. Daraus erkennt man, daß die Wahl der beiden Winkel β_2 und α_1 durchaus nicht ganz willkürlich erfolgen darf. Setzt man z. B. $c_1 = \beta_2$, so hätte man nach (10^b) $\alpha_2 = 0$ und nach (17) $\operatorname{tg}^2 \alpha_1 = \operatorname{tg}^2 \beta_2 < 1$ oder $\alpha_1 = \beta_2 > 45^0$.

Da weiterhin auch in diesem Falle

$$r_2 \omega w_{n2} = C \quad \ldots \ldots \quad (18)$$

und nach (10^a)

$$w_{n2} = r_2 (\omega - A \operatorname{tg} \alpha_2) = r_2 A (\operatorname{tg} \alpha_1 - \operatorname{tg} \alpha_2)$$

so ist

$$w_{n2} = r_2 \omega \frac{\operatorname{tg} \beta_2}{\operatorname{tg} \alpha_1} \quad \ldots \ldots \ldots \quad (19)$$

also

$$r_2^2 \omega^2 = C \frac{\operatorname{tg} \alpha_1}{\operatorname{tg} \beta_2} \quad \ldots \ldots \ldots \quad (20)$$

Der vorstehenden Entwicklung liegt natürlich eine achsensymmetrische Strömung zugrunde, die streng genommen nur bei vollständiger Füllung der Zellen zwischen den Schaufeln des Laufrades erzielt werden kann. Damit aber erübrigt sich auch die Bedingung der Konstanthaltung des Druckes innerhalb der Schaufeln, die nur mit der durch Gl. (12^a) definierten Schaufelform aufrecht zu erhalten ist. Begnügt man sich darum mit der Forderung eines gleichen Druckes für den Ein- und Austritt, so entfällt die Notwendigkeit der Rücksichtnahme auf Gl. (12^a), und man kann die Schaufeln ebenso wie früher kreiszylindrisch ausbilden.

Beispielsweise sei das partiell beaufschlagte Pumpenrad eines Leblanc-Kondensators (Fig. 76) zu berechnen, das in der Sekunde einer Wasser-

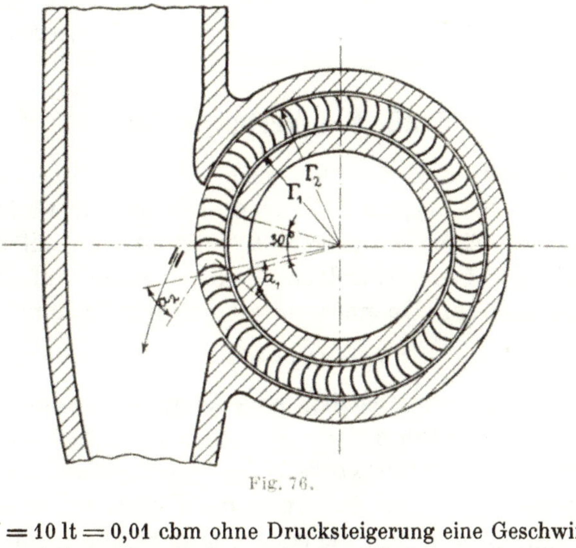

Fig. 76.

menge von $V = 10$ lt $= 0{,}01$ cbm ohne Drucksteigerung eine Geschwindigkeit von $C = 40$ m/Sek. erteilen soll, mit der es in den Mischraum eintritt. Alsdann ist die Radkonstante mit $\xi = 1{,}33$

$$C = \xi \frac{c^2}{2} = 1060.$$

Setzen wir dann $\alpha_2 = -45^0$, $\operatorname{tg}\alpha_2 = -1$ und $r_1 : r_2 = 4:5$, so wird aus Gl. (11a) $\operatorname{tg}^2\alpha_1 = 1{,}36$, $\operatorname{tg}\alpha_1 = 1{,}17$, $\alpha_1 = 49^0 30'$ und aus (10b) $\operatorname{tg}\beta_2 = 2{,}17$, $\beta_2 = 65^0 15'$.

Weiter wird aus (20) $r_2\,\omega = 23{,}9$ m/Sek und aus (18) $w_{n_2} = 44{,}3$ m/Sek. Wählen wir dann noch den Außenradius $r_2 = 0{,}25$ m, also $r_1 = 0{,}2$ m, so wird $\omega = 95{,}6$, d. h. die Umlaufszahl $n = 913$ i. d. Min. und mit (10) $A = \frac{w}{\operatorname{tg}\alpha_1} = 81{,}7$.

Daraus folgt dann

$$w_{r_1} = A\,r_1 = 16{,}34, \quad w_{r_2} = A\,r_2 = 20{,}42.$$

Zur Berechnung des Radprofils setzen wir $\Psi'' : \Psi' = 0{,}2$, dann wird mit $V = 0{,}01$ cbm und einem aus Fig. 76 ersichtlichen Beaufschlagungswinkel von $30^0 = \frac{\pi}{6}$

$$\frac{2\pi}{12}\frac{\Psi'}{\gamma}\left(1 - \frac{\Psi''}{\Psi'}\right) = V, \quad \text{also } \frac{\Psi'}{\gamma} = 0{,}24, \quad \frac{\Psi''}{\gamma} = 0{,}048$$

und daraus die achsialen Radbreiten

$$z'_2 = 0{,}046 \text{ m}, \quad z'_1 = 0{,}070 \text{ m}.$$

Bei voller Beaufschlagung würden diese Radbreiten auf 1 : 12 zusammenschrumpfen und damit das Rad fast unausführbar werden.

Die in der Technik zur Ausnutzung großer Gefälle und relativ kleiner Wassermengen gebräuchlichen Freistrahlturbinen sind ebenfalls Gleichdruckräder, bei denen indessen im Gegensatz zu den eben besprochenen auf eine totale Füllung des Raumes zwischen den Laufradschaufeln verzichtet wird. Infolgedessen ist in diesen Rädern die Kontinuität der Strömung nicht gewahrt, ein Umstand, welcher die Aufstellung einer exakten Theorie in unserem Sinne ausschließt.

§ 20. Die Verbundräder.

Übersteigt mit dem Druck, welchen eine Pumpe oder ein Gebläse zu überwinden hat, bzw. der einer Turbine zur Verfügung steht, die Radkonstante C ein gewisses Maß, so stößt man mit der Energieumwandlung in einem einzelnen Laufradkranze auf unüberwindliche Schwierigkeiten. Da nach unserer Grundgleichung

$$r_2\,\omega\,w_{n2} = C \quad . \quad . \quad . \quad . \quad . \quad . \quad . \quad . \quad . \quad . \quad . \quad (1)$$

ist, wenn beim Ein- oder Austritt, je nachdem man es mit einer Pumpe oder einer Turbine zu tun hat, die Rotationskomponente verschwinden soll, so erkennt man, daß für große Werte von C entweder die Umfangsgeschwindigkeit $r_2\,\omega$ oder die wirksame Rotationskomponente sehr hoch ansteigen müssen. Für die erstere besteht nun schon eine Grenze in der Festigkeit des Laufrades, welche durch die Zentrifugalkraft nicht gefährdet werden darf, während zu große Werte von w_{n2} ein unzulässiges Anwachsen der Reibungsverluste im Gehäuse bzw.

längs der Leitschaufeln zur Folge haben. Es bleibt daher nichts weiter als die Verteilung der Arbeit auf mehrere Räder übrig, welche man entweder auf derselben Achse hintereinander befestigt, oder auch radial umeinander derart anordnet, daß jeder Laufradkranz durch einen Leitapparat vom nächsten getrennt ist. Die erste Anordnung solcher Verbundräder genügt vollständig für Hochdruckpumpen, auch wenn dieselben mehrere hundert Meter Druckhöhe zu überwinden haben, und erfordert um so weniger eine neue Untersuchung, als die durch diese Maschinen zu fördernde tropfbare Flüssigkeit praktisch keine Änderungen des spezifischen Gewichtes erleidet. Nur so viel sei hier bemerkt, daß man diese Pumpen schon

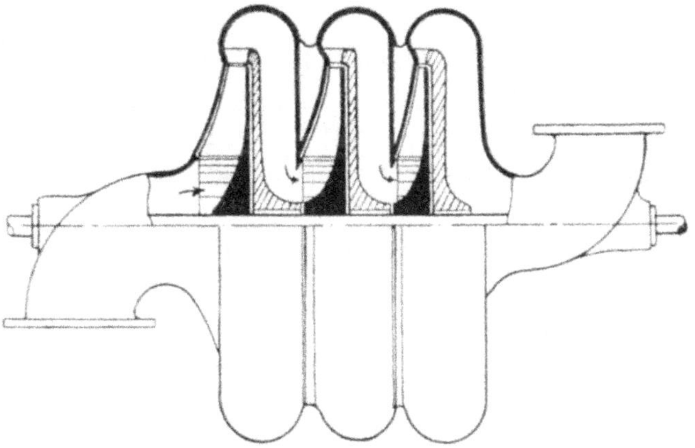

Fig. 77.

darum mit nach außen radial verlaufenden Leitschaufeln versehen wird, um dem folgenden Rade eine geordnete Zuströmung zu sichern. Man erhält auf diese Weise Aggregate von der in Fig. 71 und 72 dargestellten Form, welche dem Konstrukteur in der Ausbildung der Gehäuse und der Wasserführung außerhalb der durch die Theorie festgelegten Laufräder noch hinreichenden Spielraum gewährt. Mit Rücksicht auf die Querschnittsverengung sollen die Leitschaufelwinkel β_2 nicht zu groß ($< 70^0$) sein, was bei der Bemessung der Radschaufelwinkel α_1 und α_2 nach den Gleichungen

$$w_{n2} - \omega r_2 = w_{r2} \operatorname{tg} \alpha_2, \quad w_{n2} = w_{r2} \operatorname{tg} \beta_2, \quad \omega r_1 = - w_{r1} \operatorname{tg} \alpha_1 \quad . \quad . \quad (2)$$

zu beachten ist.

Die einzelnen Räder der Hochdruckpumpen werden, wie man ohne weiteres übersieht, ganz identisch, wenn auf jedes derselben ein gleicher Bruchteil der Gesamtenergie und damit der totalen Radkonstante entfällt. Alsdann kann man sich mit der Berechnung eines solchen Rades begnügen, welche sich in nichts von der im § 16 durchgeführten unterscheidet.

Handelt es sich dagegen um Gebläse, so darf nicht übersehen werden, daß, auch wenn das spezifische Gewicht bei Durchgang durch das Laufrad sich nicht merklich ändert, infolge der Umwandlung des größten Teiles der kinetischen Energie im Leitapparate dort eine solche Änderung stattfindet. Daher erhält jedes auf der Achse nach Fig. 77 folgende Rad die Luft mit einem höheren spezifischen Gewicht, also ein kleineres Volumen

$$V = \frac{Q}{\gamma} = 2\pi \frac{\Psi'}{\gamma}\left(1 - \frac{\Psi''}{\Psi'}\right) \quad . \quad . \quad . \quad . \quad . \quad (3)$$

dem alsdann ein etwas anderer Verlauf der Radwandungen entsprechen wird. Gewöhnlich dürfte man der bequemeren Herstellung wegen hierbei so verfahren, daß alle Laufräder und Leitapparate dieselben Schaufelwinkel und entsprechend gleiche Radien r_1 und r_2 erhalten, mit denen sich bei gleicher Arbeitsverteilung auf die Räder auch gleiche entsprechende Geschwindigkeiten w_{r1}, w_{r2}, w_{n2} ergeben. Dies trifft nicht mehr für die Achsialkomponenten w_z zu, die jedoch ihrer Kleinheit wegen für den Energieumsatz ohne Bedeutung sind. Da schließlich die Kompression zwischen den Leitschaufeln nahezu adiabatisch erfolgt, so ist eine Temperaturerhöhung der Luft unvermeidlich. Es empfiehlt sich, dieselbe durch Kühlung der Leitapparate und des Gehäuses möglichst herabzuziehen, wodurch einerseits etwas Kompressionsarbeit gespart, anderseits aber die Schaufeln der Räder geschont werden.

Sind mehrere Atmosphären Überdruck vom Gebläse zu überwinden, so führt die achsiale Hintereinanderschaltung auf eine große Zahl von Rädern, welche dann eine unbequeme Baulänge der Maschine bedingt. Will man diese einschränken, so bleibt nichts weiter übrig, als die achsiale Hintereinanderschaltung durch eine radiale Unterteilung zu ergänzen. Die ganze Maschine zerfällt alsdann in eine Reihe von achsial hintereinander geschalteten Scheiben, deren jede eine Anzahl von Laufradkränzen trägt, während die dazwischen liegenden Leitradschaufeln sich auf einer mit dem Gehäuse festverbundenen Scheibe befinden. Die Verteilung der Arbeit auf die einzelnen Scheiben ist ganz willkürlich; jedenfalls bietet es keine Schwierigkeiten, alle Scheiben in gleicher Weise zu belasten. Wir wollen daher jetzt mit C die Radkonstante einer einzigen solchen Scheibe bezeichnen, auf der sich im ganzen k konzentrische Laufrad- und ebensoviele Leitschaufelkränze befinden. Die ersteren sind in Fig. 78 durch stark ausgezogene Schaufeln gegenüber den schwach angedeuteten Leitschaufeln hervorgehoben.

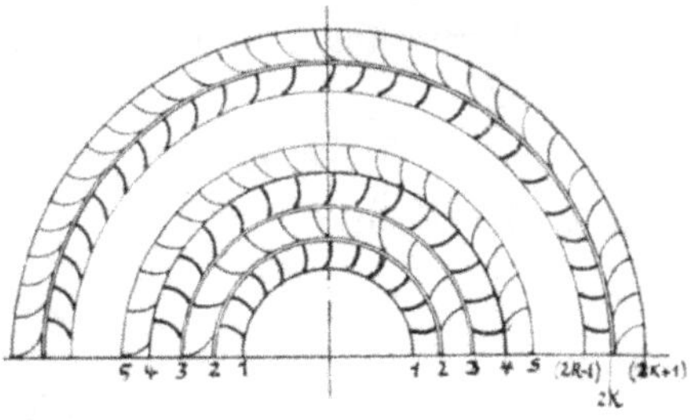

Fig. 78.

Alsdann besitzt das x-te Laufrad den inneren Radius r_{2x-1}, den äußeren Radius r_{2x} und der dazu gehörige, das Rad umgebende Leitapparat den Außenradius r_{2x+1}. Die zugehörigen absoluten Geschwindigkeitskomponenten sind dann $w_{r,\,2x-1}$, $w_{n,\,2x-1}$; $w_{r,\,2x}$, $w_{n\,2x}$, $w_{r,\,2x+1}$, $w_{n,\,2x+1}$, und daher ist der auf das x-te Rad entfallende Betrag der Radkonstante

$$C_x = (r\,\omega\,w_n)_{2x} \quad . \; . \; . \; . \; . \; . \; . \; . \; . \; . \; . \; . \; . \quad (4)$$

wenn der Ein- oder Austritt in das Rad, je nachdem es sich um ein Gebläse oder eine Turbine handelt, wie schon früher ohne Rotationskomponente, d. h. mit $w_{n,\,2x-1} = 0$ erfolgen soll. Die Schaufelwinkel mit dem Radius seien α_{2x-1} und α_{2x} für das Laufrad sowie β_{2x} für den Leitapparat, dessen Schaufeln alsdann nach außen radial verlaufen, damit die Arbeitsflüssigkeit in das folgende Laufrad ohne Rotation eintritt, bzw. ebenso dasselbe verlassen kann. Alsdann haben wir mit Benutzung unserer Stromfunktion $\Psi = A\,\gamma\,r^2 z$

$$\operatorname{tg}\alpha_{2x-1} = -\frac{\omega r_{2x-1}}{w_{r,\,2x-1}} = \frac{\omega}{A},\quad \operatorname{tg}\alpha_{2x} = \frac{\omega r_{2x} - w_{n,\,2x}}{A\,r_{2x}} \quad . \quad (5)$$

oder

$$w_{n,\,2x} = A r_{2x}\,(\operatorname{tg}\alpha_{2x-1} - \operatorname{tg}\alpha_{2x})$$

sowie

$$w_{n,\,2x} = -\,w_{r,\,2x}\operatorname{tg}\beta_{2x} = \omega r_{2x}\frac{\operatorname{tg}\beta_{2x}}{\operatorname{tg}\alpha_{2x-1}} \quad . \; . \; . \quad (6)$$

Durch Verbindung von (4) und (6) folgt weiter

$$C_x = \omega^2 r^2_{2x}\frac{\operatorname{tg}\beta_{2x}}{\operatorname{tg}\alpha_{2x-1}} \quad . \; . \; . \; . \; . \; . \; . \quad (7)$$

und nach Summierung über alle auf derselben Scheibe sitzenden Laufradkränze, für welche die Winkelgeschwindigkeit ω naturgemäß jeweils denselben Wert besitzt,

$$C = \sum_1^k C_x = \omega^2 \sum_1^k r^2_{2x}\,\frac{\operatorname{tg}\beta_{2x}}{\operatorname{tg}\alpha_{2x-1}} \quad . \; . \; . \; . \quad (8)$$

Nach dieser Formel bestimmt sich sofort die Winkelgeschwindigkeit des Verbundrades, wenn die Außenradien aller Laufradkränze und die Schaufelwinkel vorgelegt sind. In der Praxis pflegt man nun den letzteren für alle Räder aus Herstellungsgründen dieselben von vornherein angenommenen Werte zu geben, so daß unsere Gl. (7) und (8) mit

$$\operatorname{tg} \alpha_{2x-1} = \operatorname{tg} \alpha_1, \quad \operatorname{tg} \beta_{2x} = \operatorname{tg} \beta_2$$

auch in der Form

$$C_x = \omega^2 r^2{}_{2x} \frac{\operatorname{tg} \beta_2}{\operatorname{tg} \alpha_1} \quad \ldots \ldots \quad (7^a)$$

$$C = \omega^2 \frac{\operatorname{tg} \beta_2}{\operatorname{tg} \alpha_1} \sum_1^k r^2{}_{2x} \quad \ldots \ldots \quad (8^a)$$

geschrieben werden können. Daraus folgt aber schließlich durch Division

$$C_x = \frac{C r^2{}_{2x}}{\Sigma r^2{}_{2x}} \quad \ldots \ldots \quad (9)$$

d. h. *bei gleichen Schaufelwinkeln verhalten sich die Arbeitsbeträge der einzelnen auf einer Scheibe konzentrischen Laufradkränze wie die Quadrate ihrer Außenradien.* Die inneren Laufradkränze können daher nur einen geringen Bruchteil der auf das Rad insgesamt entfallenden Arbeit übernehmen, so daß ihnen nur eine untergeordnete Bedeutung zukommt.

Die Berechnung der einzelnen Radkonstanten erfolgt nunmehr mit Hilfe der Energiegleichung

$$\omega\, d(w_n r) = \frac{g}{\gamma}\, dp + w\, dw \quad \ldots \ldots \quad (10)$$

deren Integration unter der Voraussetzung des Verschwindens der Rotationskomponente w_n auf der Innenseite einer Stufe sowie nach Vernachlässigung der Achsialkomponente, also mit $w^2 = w_r{}^2 + w_n{}^2$ für das Laufrad

$$\omega\,(w_n r)_{2x} = g \int_{2x-1}^{2x} \frac{dp}{\gamma} + \frac{1}{2}\left(w_r{}^2{}_{,\,2x} - w_r{}^2{}_{,\,2x-1} + w_n{}^2{}_{2x}\right) \quad . \quad (10^a)$$

und für den darauffolgenden Leitkranz

$$0 = g \int_{2x}^{2x+1} \frac{dp}{\gamma} + \frac{1}{2}\left(w_r{}^2{}_{,\,2x+1} - w_r{}^2{}_{,\,2x} - w_n{}^2{}_{2x}\right) \quad . \quad . \quad (10^b)$$

ergibt, da an deren Außenseite $w_{n, 2x+1} = 0$ sein soll. Durch Addition dieser beiden Formeln folgt alsdann unter Hinzufügung eines Koeffizienten ξ mit (4)

$$C_{2x} = \xi \left[g \int_{2x-1}^{2x+1} \frac{dp}{\gamma} + \frac{1}{2} (w_{r, 2x+1}^2 - w_{r, 2x-1}^2) \right] \quad . \quad . \quad (10^c)$$

Die hierin vorkommende Zustandsänderung darf mit großer Annäherung als eine adiabatische angesehen werden, welche für elastische Flüssigkeiten die Gleichung

$$p v^\varkappa = p_0 v_0^\varkappa \text{ bzw. } p \gamma_0^\varkappa = p_0 \gamma^\varkappa \quad . \quad . \quad . \quad . \quad . \quad (11)$$

befolgt, wenn $v = \frac{1}{\gamma}$ das spezifische Volumen bedeutet und der Index 0 irgendeinen Anfangszustand, in dem die Arbeitsflüssigkeit in Ruhe gedacht sein möge, entspricht. Bezeichnen wir den Druck hinter dem k-ten Leitapparat mit p_{2k+1}, so ist die gesamte Arbeit der Masseneinheit

$$g \int_{p_0}^{p_{2k+1}} \frac{dp}{\gamma} = g \int_{p_0}^{p_{2k+1}} v \, dp = \frac{g \varkappa p_0 v_0}{\varkappa - 1} \left(\left(\frac{p_{2k+1}}{p_0} \right)^{\frac{\varkappa - 1}{\varkappa}} - 1 \right)$$

und daher die totale Radkonstante wegen des Verschwindens der Geschwindigkeit w_{r0}

$$C = \xi \frac{g \varkappa p_0 v_0}{\varkappa - 1} \left(\left(\frac{p_{2k+1}}{p_0} \right)^{\frac{\varkappa - 1}{\varkappa}} - 1 \right) + \frac{w_{r, 2k+1}^2}{2}$$

oder

$$C = \xi \frac{g \varkappa p_0^{\frac{1}{\varkappa}} v_0}{\varkappa - 1} \left(p_{2k+1}^{\frac{\varkappa - 1}{\varkappa}} - p_0^{\frac{\varkappa - 1}{\varkappa}} \right) + \frac{w_{r, 2k+1}^2}{2} \quad . \quad (12)$$

Ganz analog erhalten wir aus (10^c) für den x-ten Laufradkranz

$$C_x = \xi \frac{g \varkappa p_{2x-1} v_{2x-1}}{\varkappa - 1} \left(\left(\frac{p_{2x+1}}{p_{2x-1}} \right)^{\frac{\varkappa - 1}{\varkappa}} - 1 \right) + \frac{1}{2} (w_{r\,2x+1}^2 - w_{r\,2x-1}^2)$$

oder nach Elimination von v_{2x-1} vermittelst Gl. (11)

$$C_x = \xi \frac{g \varkappa p_0^{\frac{1}{\varkappa}} v_0}{\varkappa - 1} \left(p_{2x+1}^{\frac{\varkappa - 1}{\varkappa}} - p_{2x-1}^{\frac{\varkappa - 1}{\varkappa}} \right) + \frac{1}{2} (w_{r\,2x+1}^2 - w_{r\,2x-1}^2) \quad (13)$$

Für die Radialkomponenten gilt wegen $\Psi = A \gamma r^2 z$ auch hier die Formel

$$w_r = -A r = - \frac{\omega}{\operatorname{tg} \alpha_1} r \quad . \quad . \quad . \quad . \quad . \quad . \quad . \quad (14)$$

worin *der Koeffizient A nur unter der Annahme gleicher Schaufelwinkel in den einzelnen Radkränzen für alle diese einen konstanten Wert besitzt.* Eine Ausnahme kann allein die Geschwindigkeit $w_{r,\,2k+1}$ am Außenrande des äußersten Leitschaufelkranzes machen, da dessen Form nicht mehr durch einen folgenden Laufradkranz bedingt ist. Man wird diesen äußersten Kranz daher stets so im Profil gestalten, daß $w_{r,\,2k+1}$ so klein als möglich ausfällt und daher $\frac{1}{2}\,w^2_{r,\,2x+1}$ in (12) gegenüber der potentiellen Energie vernachlässigt werden darf. Damit wird aus (12) und (13)

$$C = \xi g \frac{\varkappa p_0^{\frac{1}{\varkappa}} v_0}{\varkappa - 1}\left(p_{2k+1}^{\frac{\varkappa-1}{\varkappa}} - p_0^{\frac{\varkappa-1}{\varkappa}}\right) \quad . \quad . \quad . \quad . \quad (12^a)$$

$$C_x = \xi g \frac{\varkappa p_0^{\frac{1}{\varkappa}} v_0}{\varkappa - 1}\left(p_{2x+1}^{\frac{\varkappa-1}{\varkappa}} - p_{2x-1}^{\frac{\varkappa-1}{\varkappa}}\right) + \frac{\omega^2}{2\,\mathrm{tg}^2\alpha_1}\left(r^2_{2x+1} - r^2_{2x-1}\right) \quad (13^a)$$

oder mit (7^a) und (8^a) nach Ersatz von $v_0 = \frac{1}{\gamma_0}$

$$\xi \frac{g \varkappa p_0^{\frac{1}{\varkappa}}}{\gamma_0(\varkappa - 1)}\left(p_{2k+1}^{\frac{\varkappa-1}{\varkappa}} - p_0^{\frac{\varkappa-1}{\varkappa}}\right) = \omega^2 \frac{\mathrm{tg}\,\beta_2}{\mathrm{tg}\,\alpha_1} \sum_1^k r^2_{2x} \quad . \quad . \quad (15)$$

$$\xi \frac{g \varkappa p_0^{\frac{1}{\varkappa}}}{\gamma_0(\varkappa - 1)}\left(p_{2x+1}^{\frac{\varkappa-1}{\varkappa}} - p_{2x-1}^{\frac{\varkappa-1}{\varkappa}}\right) = \frac{\omega^2}{\mathrm{tg}\,\alpha_1}\left(\mathrm{tg}\beta_2 r^2_{2x} - \frac{r^2_{2x+1} - r^2_{2x-1}}{2\,\mathrm{tg}\,\alpha_1}\right) \quad (16)$$

Die erste dieser Formeln liefert bei bekannten Werten von p_0, p_{2k+1}, α_1, β_2 und Vorgabe aller Radien r der Schaufelkränze die Winkelgeschwindigkeit des Rades, während die zweite die sukzessive Berechnung aller Pressungen vor den einzelnen Laufradkränzen gestattet. Der Druck p_1 vor dem ersten Kranze hängt schließlich mit dem Drucke p_0 der ruhenden Flüssigkeit durch die ebenfalls aus diesen Formeln folgende Beziehung

$$\xi \frac{g \varkappa p_0^{\frac{1}{\varkappa}}}{\gamma_0(\varkappa - 1)}\left(p_0^{\frac{\varkappa-1}{\varkappa}} - p_1^{\frac{\varkappa-1}{\varkappa}}\right) = \frac{w_{r1}^2}{2} = \frac{\omega^2 r_1^2}{2\,\mathrm{tg}^2\alpha_1} \quad . \quad . \quad (17)$$

zusammen. Aus den Drücken kann man dann noch durch (11) die spezifischen Gewichte γ berechnen, welche während des Durchströmens durch den folgenden Laufradkranz als unveränderlich zu betrachten sind. Demgemäß bestehen für jeden solchen Kranz zwei Stromfunktionen

$$\Psi' = A\gamma r'^2 z', \quad \Psi'' = A\gamma r''^2 z'' \quad . \quad . \quad . \quad . \quad . \quad (18)$$

deren Parameterverhältnis

$$\frac{\Psi''}{\Psi'} = \frac{V''}{V'} \quad . \; . \; . \; . \; . \; . \; . \; . \; . \quad (18^a)$$

wie bei den Einzelrädern die relative Querschnittsverengung durch die Schaufeldicken angiebt. Bezeichnen wir das in der Sekunde alle Radkränze durchströmende Gewicht der Arbeitsflüssigkeit wie früher mit $Q = V\gamma$, so bestimmen sich aus

$$Q = V\gamma = 2\pi\,\Psi'\left(1 - \frac{\Psi''}{\Psi'}\right) \quad . \; . \; . \; . \; . \quad (19)$$

die den verschiedenen Werten von γ entsprechenden aufeinanderfolgenden Konstanten $\Psi':\gamma$ der Laufradwandungen. Die Berechnung vereinfacht sich besonders, wenn die Querschnittsverengungen (18) für alle Räder dieselbe Höhe erreichen, was bei der Verwendung gleicher Schaufeln für alle Laufräder bzw. Leitapparate auf eine mit dem Radius proportionale Schaufelzahl in den verschiedenen Schaufelkränzen führt. Alsdann hat auch Ψ' für alle Räder denselben Wert. In Fig. 79 ist die Hälfte eines aus diesen hervorgegangenen Scheibenprofils dargestellt, dessen Laufschaufelkränze schraffiert sind, gegenüber den Leitapparaten, deren seitliche Begrenzung den Übergang zwischen zwei aufeinanderfolgenden Kurven der Leitschaufelbegrenzung möglichst stetig vermitteln, während der äußerste Leitschaufelkranz zur raschen Verminderung der Radialgeschwindigkeit eine Verbreiterung erfährt.

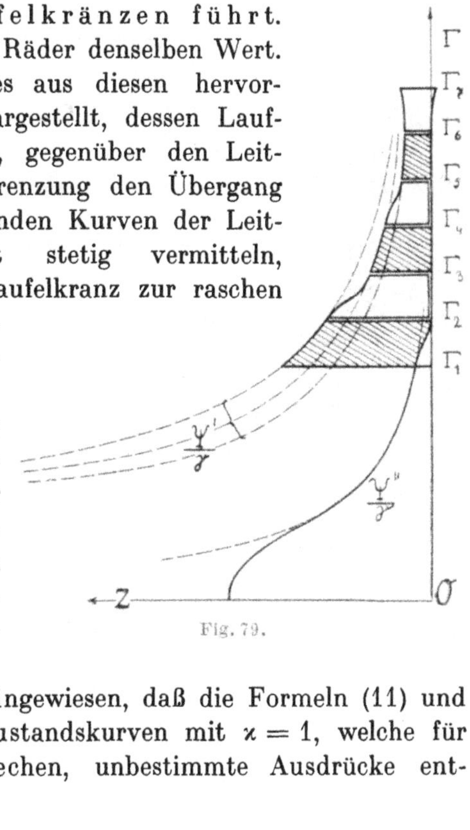

Fig. 79.

Damit sind alle Mittel zur Berechnung eines sog. Turbokompressors oder einer Dampf- bzw. Gasturbine vollständig gegeben, von denen wir im folgenden Abschnitte je ein Beispiel durchführen werden.

Nur darauf sei hier noch hingewiesen, daß die Formeln (11) und (12) bzw. (14) bis (16) für Zustandskurven mit $\varkappa = 1$, welche für Gase Isothermen entsprechen, unbestimmte Ausdrücke enthalten. Man kann dieselben indessen leicht dadurch umformen, daß man die Formel

$$\frac{\varkappa}{\varkappa-1}\left(p_{2x+1}^{\frac{\varkappa-1}{\varkappa}}-p_{2x-1}^{\frac{\varkappa-1}{\varkappa}}\right)=\frac{p_{2x+1}^{\frac{\varkappa-1}{\varkappa}}-p_{2x-1}^{\frac{\varkappa-1}{\varkappa}}}{\frac{\varkappa-1}{\varkappa}}$$

im Zähler und Nenner nach $\frac{\varkappa-1}{\varkappa}$ differenziert und erst dann $\varkappa=1$ setzt. Auf diese Weise wird

$$\frac{\varkappa}{\varkappa-1}\left(p_{2x+1}^{\frac{\varkappa-1}{\varkappa}}-p_{2x-1}^{\frac{\varkappa-1}{\varkappa}}\right)_{\varkappa=1}=\lg n\,\frac{p_{2x+1}}{p_{2x-1}}$$

und damit gehen die Formeln (15) bis (17) über in

$$\xi g\frac{p_0}{\gamma_0}\lg n\,\frac{p_{2k+1}}{p_0}=\omega^2\frac{\operatorname{tg}\beta_2}{\operatorname{tg}\alpha_1}\sum_1^k r^2_{2x}\quad\ldots\ldots\ldots\quad(15^a)$$

$$\xi g\frac{p_0}{\gamma_0}\lg n\,\frac{p_{2x+1}}{p_{2x-1}}=\frac{\omega^2}{\operatorname{tg}\alpha_2}\left(\operatorname{tg}\beta_2\,r^2_{2x}-\frac{r^2_{2x+1}-r^2_{2x-1}}{2\operatorname{tg}\alpha_1}\right)\quad.\quad(16^a)$$

$$\xi g\frac{p_0}{\gamma_0}\lg n\,\frac{p_0}{p_1}=\frac{\omega^2 r_1^2}{2\operatorname{tg}^2\alpha_1}\quad\ldots\ldots\ldots\ldots\quad(17^a)$$

so daß auch dieser Fall keine weiteren Schwierigkeiten bereiten kann.

Bei der Verwendung der vorstehenden Formeln wird man nun stets von den Schaufelwinkeln ausgehen, welche mit Rücksicht auf eine fabrikmäßige Herstellung der Schaufeln so zu wählen sind, daß die Querschnittsverengung beim Ein- und Austritt die Kontinuität der Strömung nicht merklich stört. Dies würde bei Winkeln $> 70^0$ trotz aller Zuschärfung der Schaufeln eintreten, weshalb man auch hier, wie schon bei den früher besprochenen einfachen Rädern nicht darüber hinausgeht.

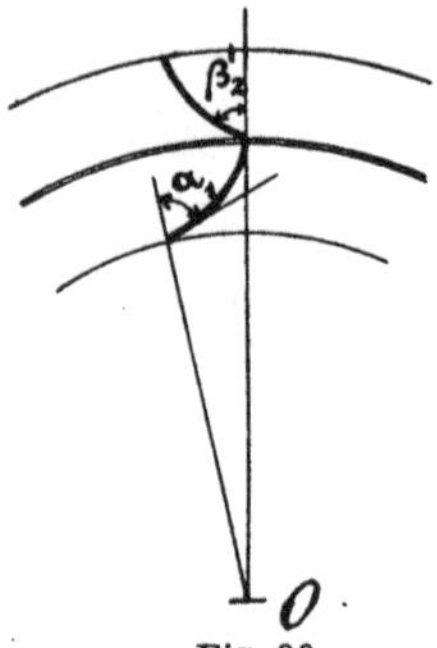

Fig. 80.

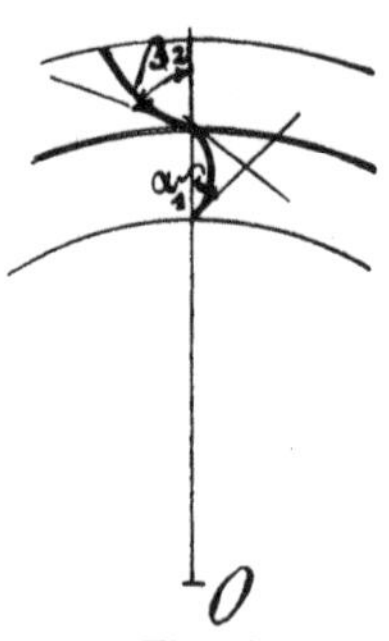

Fig. 81.

Mit Rücksicht auf die gleichartige Herstellung kommen hier bloß die beiden Fälle in Betracht, für welche entweder die Lauf- und Leitschaufeln durchweg entsprechend gleiche Winkel besitzen oder aber die ersteren mit entgegengesetzt gleichen Endwinkeln versehen werden. Im ersteren Falle (Fig. 80) ist $\beta_2=\alpha_1$, also nach Gl. (2) $\alpha_2=0$, im anderen (Fig. 81) $\alpha_2=-\alpha_1$, also wegen (2) tg $\beta_2 = 2$ tg α_1. Da der Leitschaufelwinkel β_2 immer den absolut größten Wert von allen Winkeln besitzt, so wird man denselben ein für allemal zugrunde legen und erhält alsdann in der für die Berechnung der Umlaufszahl maßgebenden Gleichung (15) bzw. (15^a) für $\alpha_1 = \beta_2$

$$\xi \frac{g \varkappa p_0^{\frac{1}{\varkappa}}}{\gamma_0(\varkappa - 1)} \left(p_{2k+1}^{\frac{\varkappa-1}{\varkappa}} - p_0^{\frac{\varkappa-1}{\varkappa}} \right) = \omega^2 \sum_1^k r_{2x}^2 \quad . \quad . \quad . \quad (15^b)$$

und für $\beta_2 = 2$ tg α_1

$$\xi \frac{g \varkappa p_0^{\frac{1}{\varkappa}}}{\gamma_0(\varkappa - 1)} \left(p_{2k+1}^{\frac{\varkappa-1}{\varkappa}} - p_0^{\frac{\varkappa-1}{\varkappa}} \right) = 2\omega^2 \sum_1^k r^2_{2x} \quad . \quad . \quad (15^c)$$

Für den zweiten Fall Gl. (15^c) ergeben sich also unter sonst gleichen Umständen $1 : \sqrt{2} = 0{,}707$ fache Umlaufszahlen als im ersten Fall Gl. (15^b). Es ist dies eine Bestätigung unserer früheren Feststellung, daß entgegengesetzt gleiche Schaufelwinkel ($\alpha_1 = -\alpha_2$) ein M i n i m u m d e r U m d r e h u n g s z a h l bedingen, welches für Dampfturbinen aus praktischen Gründen ganz besonders erwünscht ist.

§ 21. Der Druckverlauf im Innern der Lauf- und Leitkränze von Verbundrädern.

Die Entwicklungen des letzten Abschnittes lieferten uns die Drücke an den beiden Enden jeder Stufe des radialen Verbundrades, geben aber über den Druckverlauf innerhalb des Laufrades, des Spaltes und des Leitapparates keinen Aufschluß. Um diesen zu erhalten, brauchen wir nur auf die Energiegleichung (10) § 20 zurückzugreifen und sie bis zu der Stelle zu integrieren, an der wir den Druck ermitteln wollen. Auf diese Weise erhalten wir für das x-te L a u f r a d ohne Rücksicht auf Bewegungswiderstände

$$\omega(w_n r) = g \int_{p_{2x-1}}^{p} \frac{dp}{\gamma} + \frac{1}{2}(w_r^2 - w_{r,\,2x-1}^2 + w_n^2) \quad . \quad . \quad (1)$$

oder

$$2g \int_{p_{2x-1}}^{p} \frac{dp}{\gamma} = \omega^2 r^2 - (w_n - \omega r)^2 - w_r^2 + w_{r,\,2x-1}^2$$

Hierin ist aber unter Voraussetzung gleicher Schaufelwinkel für alle Stufen

$$\left.\begin{array}{l} w_n - \omega r = w_r \operatorname{tg} \alpha \\ w_r = - A r = - \dfrac{\omega r}{\operatorname{tg} \alpha_1}, \quad w_{r,\, 2x-1} = - \dfrac{\omega r_{2x-1}}{\operatorname{tg} \alpha_1} \end{array}\right\} \quad . \quad . \quad (2)$$

also

$$2 g \int\limits_{p_{2x-1}}^{p} \frac{dp}{\gamma} = \omega^2 \left[r^2 - \frac{1}{\operatorname{tg}^2 \alpha_1} \left(\frac{r^2}{\cos^2 \alpha} - r^2_{2x-1} \right) \right] \quad . \quad . \quad (3)$$

wobei

$$2 g \int\limits_{p_{2x+1}}^{p} \frac{dp}{\gamma} = 2 g \frac{\varkappa}{\varkappa - 1} \frac{p_{2x-1}}{\gamma_{2x-1}} \left(\left(\frac{p}{p_{2x-1}} \right)^{\frac{\varkappa - 1}{\varkappa}} - 1 \right) \quad . \quad . \quad (4)$$

ist. Die Druckänderung fällt mithin um so größer aus, je kleiner der Faktor von $1 : \operatorname{tg}^2 \alpha_1$ der rechten Seite von (3), d. h. je größer $\cos {}^2 \alpha$ wird. Für den Höchstwert $\cos^2 \alpha = 1$ erhalten wir daher auch die größte Drucksteigerung aus

$$2 g \frac{\varkappa}{\varkappa - 1} \frac{p_{2x-1}}{\gamma_{2x-1}} \left(\left(\frac{p}{p_{2x-1}} \right)^{\frac{\varkappa - 1}{\varkappa}} - 1 \right) = \omega^2 \left(r^2 - \frac{r^2 - r^2_{2x-1}}{\operatorname{tg}^2 \alpha_1} \right) > 0 \quad (3^a)$$

die bei radial nach außen endigender Schaufeln (mit $\alpha_2 = 0$, $\alpha_1 = \beta_2$) an diesem Ende eintritt, während sie bei vorwärts gekrümmten Schaufeln im Innern des Laufkranzes liegt. Im Falle der kleinsten Umlaufszahl, also für $\alpha_2 = - \alpha_1$ folgt der Außendruck mit $r = r_{2x}$ aus

$$2 g \frac{\varkappa}{\varkappa - 1} \frac{p_{2x-1}}{\gamma_{2x-1}} \left(\left(\frac{p_{2x}}{p_{2x-1}} \right)^{\frac{\varkappa - 1}{\varkappa}} - 1 \right) = \omega^2 \frac{r^2_{2x-1} - r^2_{2x}}{\operatorname{tg}^2 \alpha_1} < 0 \quad (3^b)$$

entspricht also im ganzen einer Druckabnahme, was wir schon in dem Beispiel III des § 17 zahlenmäßig feststellen konnten. Diese Druckabnahme ist bei Gebläsen das Ergebnis einer anfänglichen Verdichtung nach (3^a) und einer darauf folgenden noch stärkeren Expansion, durch die naturgemäß die vorher in der Flüssigkeit angehäufte potentielle Energie wieder in kinetische umgewandelt wird. Da nun die Steigerung der potentiellen Energie das Ziel der Gebläsewirkung ist, so liegt auf der Hand, daß eine von Verlusten untrennbare Rückverwandlung in Strömungsenergie innerhalb der vorwärts gekrümmten Schaufeln unvorteilhaft sein muß. Wir werden darum in Gebläsen möglichst radial endigende Schaufeln anwenden, bei denen auch erfahrungsgemäß mit Stößen verbundene Drucksprünge weniger zu befürchten sind.

Schreiben wir übrigens die Gl. (3) mit Rücksicht auf (2) in der Form

$$2g\int_{p_{2x-1}}^{p}\frac{dp}{\gamma}=\omega^2(r^2-r^2_{2x-1})+\frac{w_{r,2x-1}^2}{\cos^2\alpha_1}-\frac{w_r^2}{\cos^2\alpha}\quad . \quad . \quad (3^c)$$

so können wir noch die Radialkomponenten durch den Ringquerschnitt $F=2\pi rz$ vermittelst der Beziehung

$$F w_r\gamma=F_{2x-1}\,w_{r,2x-1}\,\gamma_{2x-1}=Q\quad . \quad . \quad . \quad . \quad (5)$$

ersetzen, so zwar, daß

$$2g\int_{p_{2x-1}}^{p}\frac{dp}{\gamma}=\omega^2(r^2-r^2_{2x-1})+\frac{w_{r,2x-1}^2}{\cos^2\alpha_1}\left(1-\frac{\gamma^2_{2x-1}}{\gamma^2}\,\frac{F^2_{2x-1}\cos^2\alpha_1}{F^2\cos^2\alpha}\right)$$

oder wegen (2)

$$2g\int_{p_{2x-1}}^{p}\frac{dp}{\gamma}=\omega^2\left[r^2-r^2_{2x-1}+\frac{r^2_{2x-1}}{\sin^2\alpha_1}\left(1-\frac{\gamma^2_{2x-1}}{\gamma^2}\,\frac{F^2_{2x-1}\cos\alpha_1}{F^2\cos^2\alpha}\right)\right]\quad (3^d)$$

Hierin können wir den Klammerausdruck rechts und damit die Druckänderung zum Verschwinden bringen, wenn wir unter Einführung der Schaufelzahl ϱ und der Schaufeldicke y

$$F=(2\pi r-\varrho y)\,z$$

setzen und danach das Produkt ϱy berechnen. Dies führt, wie man ohne weiteres erkennt, mit $\gamma=\gamma_{2x-1}$ auf ein Gleichdruckrad, in dem die Strömung allerdings wegen der im Innern verdickten Schaufeln nicht mehr achsensymmetrisch verläuft.

Innerhalb der Spalte und der feststehenden Leitkränze lautet mit $\omega=0$ die Energiegleichung kurz

$$\frac{g}{\gamma}\,dp+w\,dw=0$$

oder unter Vernachlässigung der Achsialkomponente w_z

$$\frac{g}{\gamma}\,dp+w_r\,dw_r+w_n\,dw_n=0\quad . \quad . \quad . \quad . \quad . \quad (6)$$

Da nun im schaufelfreien Spalte $w_n r$ konstant bleibt, so wird dort

$$\frac{dw_n}{dr}=-\frac{w_n}{r}$$

womit (6) übergeht in

$$\frac{g}{\gamma}\frac{dp}{dr} = \frac{w_n^2}{r} - w_r \frac{dw_r}{dr} \quad . \quad . \quad . \quad . \quad . \quad . \quad . \quad (7)$$

Hierin dürfen wir mit hinreichender Genauigkeit wegen der Gültigkeit der Konstante A für alle Laufkränze $w_r = -Ar$ und daher

$$w_r \frac{dw_r}{dr} = A^2 r = \frac{w_r^2}{r} = \frac{\omega^2 r}{\operatorname{tg}^2 \alpha_1}$$

setzen, so daß unter Einführung des anstoßenden Leitschaufelwinkels durch $w_n = w_r \operatorname{tg} \beta$ aus Gl. (7)

$$\frac{g}{\gamma}\frac{dp}{dr} = \frac{w_r^2}{r}(\operatorname{tg}^2\beta - 1) = \frac{\omega^2 r}{\operatorname{tg}^2 \alpha_1}(\operatorname{tg}^2\beta - 1) \quad . \quad . \quad . \quad (7^a)$$

wird, wofür wir auch infolge der geringen radialen Spaltbreite hinreichend genau

$$\frac{g}{\gamma}\frac{\Delta p}{\Delta r} = \frac{\omega^2 r}{\operatorname{tg}^2 \alpha_1}(\operatorname{tg}^2\beta - 1) \quad . \quad . \quad . \quad . \quad . \quad . \quad (7^b)$$

schreiben dürfen. Daraus geht dann hervor, daß beim Durchlaufen des Spaltes auf der Innenseite des Laufrades, für den $\beta = 0$ wird, sich eine, wenn auch nur schwache Druckabnahme nach außen zu ergibt, der auf der andern Seite des Laufrades eine um so größere Drucksteigerung entspricht, je größer der Winkel $\beta = \beta_2$ gewählt wurde.

Die Energieformel (6) gilt auch noch — abgesehen von den hier vernachlässigten Bewegungswiderständen — für die Leitapparate und ergibt nach Integration zwischen den Radien r_{2x} und r im x-ten Leitkranz

$$2g\int_{p_{2x}}^{p} \frac{dp}{\gamma} = w_{r\,,2x}^2 - w_r^2 + w_{n\,,2x}^2 - w_n^2$$

oder wegen $w_r^2 + w_n^2 = w_r^2(1 + \operatorname{tg}^2\beta) = \dfrac{w_r^2}{\cos^2\beta}$

$$2g\int_{p_{2x}}^{p} \frac{dp}{\gamma} = \frac{w_{r\,,2x}^2}{\cos^2\beta_2} - \frac{w_r^2}{\cos^2\beta} \quad . \quad . \quad . \quad . \quad . \quad . \quad (8)$$

Hierin darf wieder hinreichend genau $w_r = -Ar = -\dfrac{\omega}{\operatorname{tg}\alpha_1} r$ gesetzt werden, so daß sich nach Ausführung der Integration links nach Analogie von (4) die Druckänderung im Leitapparat aus

$$2g\frac{\varkappa}{\varkappa-1}\frac{p_{2x}}{\gamma_{2x}}\left(\left(\frac{p}{p_{2x}}\right)^{\frac{\varkappa-1}{\varkappa}}-1\right)=\frac{\omega^2}{\mathrm{tg}^2\,\alpha_1}\left(\frac{r^2_{2x}}{\cos^2\beta_2}-\frac{r^2}{\cos^2\beta}\right)\qquad(8^a)$$

berechnet. Dies liefert, da der Winkel β absolut abnimmt, um schließlich auf der Außenseite des Leitkranzes zu verschwinden, innerhalb desselben eine Druckzunahme nach außen.

Die Gl. (8^a) gilt übrigens nicht für den äußersten Leitkranz, der mit Rücksicht auf die Überführung in das Gehäuse eine Erweiterung mit zunehmendem Radius erfährt. Dagegen können wir die Gl. (8) benutzen und in ihr die Radialkomponente w_r durch den Querschnitt $F = 2\pi rz$ des äußersten Leitringes mit der dem Radius r zugeordneten achsialen Breite z unter Zuhilfenahme der vereinfachten Kontinuitätsgleichung (5), die für unseren Fall mit $x = k$

$$F\,w_r\,\gamma = F_{2k}\,w_{r\,2k}\,\gamma_{2k} = Q\,.\quad.\quad.\quad.\quad.\quad.\qquad(5^a)$$

lautet, eliminieren. Auf diese Weise erhalten wir mit $x = k$ entsprechend Gl. (12) an Stelle von (8)

$$2g\frac{\varkappa}{\varkappa-1}\frac{p_{2k}}{\gamma_{2k}}\left(\left(\frac{p}{p_{2k}}\right)^{\frac{\varkappa-1}{\varkappa}}-1\right)=Q^2\left(\frac{1}{F^2_{2k}\,\gamma^2_{2k}\cos^2\beta_{2k}}-\frac{1}{F^2\gamma^2\cos^2\beta}\right)$$

oder mit (5^a) sowie wegen

$$w_{r\,2k} = -A r_{2k} = -\frac{\omega}{\mathrm{tg}\,\alpha_1}\,r_{2k},$$

da die Geschwindigkeit $w_{r\,2k}$ dem Austritt aus dem letzten Laufrade zukommt

$$2g\frac{\varkappa}{\varkappa-1}\frac{p_{2k}}{\gamma_{2k}}\left(\left(\frac{p}{p_{2k}}\right)^{\frac{\varkappa-1}{\varkappa}}-1\right)=\frac{\omega^2 r^2_{2k}}{\mathrm{tg}^2\alpha_1\cos^2\beta_{2k}}\left[1-\frac{\gamma^2_{2k}}{\gamma^2}\left(\frac{F_{2k}\cos\beta_{2k}}{F\cos\beta}\right)^2\right]\quad(8^b)$$

Drücken wir in dieser Formel rechts das variable spezifische Gewicht γ durch das Druckverhältnis aus, so folgt schließlich

$$2g\frac{\varkappa}{\varkappa-1}\frac{p_{2k}}{\gamma_{2k}}\left(\left(\frac{p}{p_{2k}}\right)^{\frac{\varkappa-1}{\varkappa}}-1\right)=\frac{\omega^2 r^2_{2k}}{\mathrm{tg}^2\alpha_1\cos^2\beta_{2k}}\left[1-\left(\frac{p_{2k}}{p}\right)^{\frac{2}{\varkappa}}\left(\frac{F_{2k}\cos\beta_{2k}}{F\cos\beta}\right)^2\right]\quad(8^c)$$

also eine transzendente Gleichung für $p : p_{2k}$, die nur durch Probieren lösbar ist. Dagegen bietet es gar keine Schwierigkeit, umgekehrt für gegebene Verhältnisse $p : p_{2k}$ den Quotienten $F\cos\beta : F_{2k}\cos\beta_{2k}$ zu berechnen, in dem offenbar $F\cos\beta$ den zur resultierenden Stromgeschwindigkeit $\sqrt{w_r^2 + w_n^2}$ normalen Totalquerschnitt bedeutet. Ist somit das Profil des Leitapparates selbst gegeben, also auch der Ringquerschnitt F für jeden Radius r, so bestimmt sich aus (8^b) sofort der zugehörige Schaufelwinkel β und umgekehrt.

Wir wollen nun zum Schlusse noch untersuchen, ob die Strömung durch unser Verbundrad nicht an irgendeiner Stelle der Gefahr von Stößen unterliegt, die durch plötzliche Drucksprünge gekennzeichnet sind, so daß also an einer solchen Stoßstelle

$$\frac{dp}{dr} = \pm \infty$$

wird. Hierzu gehen wir am einfachsten auf die Energiegleichung

$$\omega\, d(w_n r) = \frac{g}{\gamma}\, dp + w_r\, dw_r + w_n\, dw_n \quad . \quad . \quad . \quad . \quad (9)$$

zurück, für die wir nach Division mit w_r^2 wegen der alleinigen Veränderlichkeit der wesentlichen Größen mit der Radius r auch

$$\frac{p g}{\gamma w_r^2} \frac{d \lg n\, p}{dr} = \frac{1}{w_r^2}\left(\omega \frac{d(w_n r)}{dr} - w_n \frac{dw_n}{dr}\right) - \frac{d \lg n\, w_r}{dr} \quad . \quad . \quad (9^a)$$

schreiben können. Hierin ist aber nach (5^a)

$$\frac{d \lg n\, w_r}{dr} = -\frac{d \lg n\, F}{dr} - \frac{d \lg n\, \gamma}{dr} \quad . \quad . \quad . \quad . \quad . \quad (7^a)$$

oder mit Rücksicht auf die adiabatische Zustandsänderung $p\gamma_0^\varkappa = p_0\gamma^\varkappa$

$$\frac{d \lg n\, \gamma}{dr} = \frac{1}{\varkappa} \frac{d \lg n\, p}{dr} \quad . \quad . \quad . \quad . \quad . \quad . \quad . \quad (10)$$

sodaß Gl. (9) in

$$\left(\frac{p g}{\gamma w_r^2} - \frac{1}{\varkappa}\right) \frac{d \lg n\, p}{dr} = \frac{1}{w_r^2}\left(\omega \frac{d(w_n r)}{dr} - w_n \frac{dw_n}{dr}\right) + \frac{d \lg n\, F}{dr} \quad . \quad (9^b)$$

übergeht. Schreiben wir dann für die Klammer der linken Seite unter Einführung der Schallgeschwindigkeit a in der strömenden Flüssigkeit

$$\frac{\varkappa p g}{\gamma} = a^2 \quad . \quad . \quad . \quad . \quad . \quad . \quad . \quad . \quad . \quad (11)$$

$$\frac{p g}{\gamma w_r^2} - \frac{1}{\varkappa} = \frac{a^2 - w_r^2}{\varkappa w_r^2},$$

so wird aus (9^a)

$$\frac{d \lg n\, p}{dr} = \frac{\varkappa}{a^2 - w_r^2}\left(\omega \frac{d(w_n r)}{dr} - w_n \frac{dw_n}{dr}\right) + \frac{\varkappa w_r^2}{a^2 - w_r^2} \frac{d \lg n\, F}{dr} \quad (12)$$

Die Ableitung des Druckes wird hiernach unendlich groß, wenn $a = w_r$, d. h. wenn die Radialkomponente mit der Schallgeschwindigkeit übereinstimmt, was praktisch stets vermieden werden kann.

Im Gegensatz hierzu wird vielmehr w_r sich immer in so mäßigen Grenzen halten, daß man w_r^2 gegen a^2 vernachlässigen und an Stelle von (12) mit (11)

$$\frac{g}{\gamma}\frac{dp}{dr} = \omega\frac{d(w_n r)}{dr} - w_n\frac{dw_n}{dr} + w_r^2\frac{d \lg n F}{dr} \quad . \quad . \quad . \quad (12^a)$$

schreiben darf. Danach ist ein Drucksprung innerhalb eines Lauf- oder Leitkranzes wegen der dort stetigen Änderungen von w_n und F niemals zu befürchten, dagegen kann er auch bei normaler Umlaufszahl in den Spalten eintreten, wenn infolge nicht zureichender Zuschärfung der Schaufelenden der Ringquerschnitt plötzliche Änderungen erleidet. Erfährt schließlich die Rotationskomponente bei Durchgang durch den Spalt eine plötzliche Änderung, die bei Abweichungen vom normalen Betriebszustande unvermeidlich ist, so ist auch stets mit einem Drucksprunge zu rechnen.

Dies gilt übrigens, wie man aus dem Vergleich von (9^a) und (12^a) erkennt, auch ohne weiteres für die Strömung inkompressibler Flüssigkeiten in Pumpen und Wasserturbinen.

§ 22. Beispiele von Turbokompressoren und Dampfturbinen.

I. Als erstes Beispiel wollen wir die Dimensionen und die Form eines Turbokompressors feststellen, welcher in der Minute 75 cbm atmosphärische Luft auf einen absoluten Druck von $p = 45\,000$ kg/qm verdichtet, wobei eine adiabatische Zustandsänderung vorausgesetzt werden möge. Hat die atmosphärische Luft vor dem Eintritt in den Saugstutzen einen absoluten Druck von $p_e = 10\,000$ kg/qm und eine Temperatur von $+ 8^0$ C., so ist ihr spezifisches Gewicht $\gamma_e = 1{,}22$ kg/cbm. Wegen der durch die Eintrittsgeschwindigkeit im engen Saugrohr (40 m/Sek.) bedingten Depression verringert sich der Eintrittsdruck in den ersten Schaufelkranz auf $p_0 = 9900$ kg/qm. Mit dem der Adiabate entsprechenden Exponenten $\varkappa = 1{,}41$ oder $\frac{\varkappa - 1}{\varkappa} = 0{,}291$ ergibt sich alsdann

$$g\,\frac{p_0^{\frac{1}{\varkappa}}\,\varkappa}{\gamma_0(\varkappa-1)} = 19123$$

$$p^{\frac{\varkappa-1}{\varkappa}} - p_0^{\frac{\varkappa-1}{\varkappa}} = 8{,}052$$

daher die Konstante für die ganze Maschine mit einem Koeffizienten $\xi = 1{,}15$

$$C_0 = \xi\,\frac{g\,p_0^{\frac{1}{\varkappa}}\,\varkappa}{\gamma_0(\varkappa-1)}\left(p^{\frac{\varkappa-1}{\varkappa}} - p_0^{\frac{\varkappa-1}{\varkappa}}\right) = 177050.$$

Soll nun die Flüssigkeit mit einer Achsialgeschwindigkeit von ca. 40 m/Sek. in das Rad eintreten, so muß bei einem sekundlichen Luftvolumen von $V = \frac{75}{60} = 1{,}25$ cbm der Eintrittsquerschnitt

$$\frac{1{,}25}{40} = 0{,}031 \text{ qm}$$

besitzen. Dies entspricht einem Radius von 0,1 m, der jedenfalls kleiner als der innerste Schaufelradius sein muß. Da nun ohnehin der innerste Radkranz relativ nur wenig leistet, so setzen wir $r_1 = 0{,}125$ m und erhalten mit einer radialen Breite aller Lauf- und Leitschaufelkränze von 0,025 m und einem größten Radius von 0,3 m die folgenden Außenradien der Laufradkränze:

$$\begin{aligned} r_2 &= 0{,}150 \text{ m} & r_2^2 &= 0{,}0225 \text{ qm} \\ r_4 &= 0{,}200 \text{ »} & r_4^2 &= 0{,}0400 \text{ »} \\ r_6 &= 0{,}250 \text{ »} & r_6^2 &= 0{,}0625 \text{ »} \\ r_8 &= 0{,}300 \text{ »} & r_8^2 &= 0{,}0900 \text{ »} \\ & & \Sigma r_{2x}^2 &= 0{,}2150 \text{ qm} \end{aligned}$$

Für die Schaufelwinkel verwenden wir die im § 20 angegebene Anordnung durchweg gleicher Winkel für Lauf- und Leitradschaufeln, benützen also mit $\beta_2 = \alpha_1$, $\alpha_2 = 0$ die Gleichung (15^b) des § 20 und erhalten für den Fall einer einzigen Radscheibe

$$\omega^2 = \frac{C_0}{\Sigma r_{2x}^2} = \frac{177050}{0{,}215} = 824500,$$

also eine Winkelgeschwindigkeit von $\omega = 908$, entsprechend einer Umlaufszahl von nahezu 8700 pro Minute und einer Umfangsgeschwindigkeit von $0{,}3 \cdot 908 = 272$ m/Sek. Diese Werte müssen als absolut unzulässig bezeichnet werden, so daß eine Verminderung herbeizuführen ist. Dieselbe gewinnen wir sofort durch Verteilung der Gesamtleistung auf mehrere, z. B. 4 Scheiben, von denen bei gleicher Arbeitsverteilung jeder eine Radkonstante

$$C = \frac{1}{4} C_0 = 44262$$

zukommt. Damit erhalten wir für die W i n k e l g e s c h w i n d i g k e i t

$$\omega^2 = \frac{C}{\Sigma r^2_{2x}} = \frac{44262}{0{,}215} = 206125$$

$$\omega = 454, \; n = \frac{30\,\omega}{\pi} = 4330$$

und eine Umfangsgeschwindigkeit von $0{,}3 \cdot 454 = 136{,}2$ m/Sek. Unter Festhaltung dieser Werte gehen wir nunmehr zur Berechnung der Einzelpressungen beim Eintritt in die verschiedenen Laufradkränze über und setzen zu diesem Zwecke in Gl. (16) des § 20 $\beta_2 = 70^0 = \alpha_1$, also

$$\operatorname{tg}\beta_2 = \operatorname{tg}\alpha_1, \; \alpha_2 = 0$$

woraus sich ohne weiteres die Konstante A der Stromfunktion

$$A = \frac{\omega}{\operatorname{tg}\alpha_1} = \frac{\omega}{\operatorname{tg}\beta_2} = 165$$

ergibt. Gl. (16) § 20 schreiben wir für unsere Zwecke jetzt bequemer in der Form

$$p_{2x+1}^{\frac{\varkappa-1}{\varkappa}} - p_{2x-1}^{\frac{\varkappa-1}{\varkappa}} = \frac{\gamma_0\,(\varkappa-1)\,\omega^2}{\xi g \varkappa p_0^{\frac{1}{\varkappa}}} \left(r^2{}_{2x} - \frac{r^2{}_{2x+1} - r^2{}_{2x-1}}{2\operatorname{tg}\alpha_1^2}\right) \quad . \; . \quad (1)$$

deren rechte Seite für alle Radscheiben, entsprechend gleiche Kranzradien vorausgesetzt, dieselben Werte besitzen muß. Hinter dem äußersten Leitschaufelkranze mit dem Radius $r_{2k+1} = 0{,}325$ m wollen wir in Übereinstimmung mit den Bemerkungen des vorigen Paragraphen die Luft wieder im Ruhezustande voraussetzen, so daß für diesen der Druck sich aus

$$p_{2k+1}^{\frac{\varkappa-1}{\varkappa}} - p_{2k-1}^{\frac{\varkappa-1}{\varkappa}} = \frac{\gamma_0(\varkappa-1)\,\omega^2}{\xi g \varkappa p_0^{\frac{1}{\varkappa}}}\left(r^2_{2k} + \frac{r^2_{2k-1}}{2\,\mathrm{tg}^2\,\alpha_1}\right) \quad . \; . \; . \quad (2)$$

berechnet. Außerdem aber ist nach Gl. (17) § 20

$$p_1^{\frac{\varkappa-1}{\varkappa}} - p_0^{\frac{\varkappa-1}{\varkappa}} = -\frac{\gamma_0(\varkappa-1)\,\omega^2 r_1^2}{2\,\xi g \varkappa p_0^{\frac{1}{\varkappa}}\,\mathrm{tg}^2\,\alpha_1} \quad . \; . \; . \; . \; . \; . \quad (3)$$

und der konstante Faktor aller dieser Formeln wird

$$\frac{\gamma_0(\varkappa-1)\,\omega^2}{\xi g \varkappa p_0^{\frac{1}{\varkappa}}} = 9{,}38.$$

Damit ergibt sich zur bequemen Berechnung die folgende Tabelle, in welcher die ersten Terme der beiden letzten Kolumnen nach Gl. (3), die letzten Terme derselben dagegen nach Gl. (2) berechnet sind:

Es ist für	r^2_{2x}	$\frac{r^2_{2x+1} - r^2_{2x-1}}{\mathrm{tg}^2\,\beta_2}$	$p_{2x+1}^{\frac{\varkappa-1}{\varkappa}} - p_{2x-1}^{\frac{\varkappa-1}{\varkappa}}$
$r_0 = 0$	0	0,00103	$-$ 0,010
$r_2 = 0{,}150$	0,0225	0,001	+ 0,201
$r_4 = 0{,}200$	0,04	0,00132	0,362
$r_6 = 0{,}250$	0,0625	0,00165	0,571
$r_8 = 0\ 300$	0,09	$-$ 0,005	0,890

Gehen wir nunmehr von dem Drucke $p_0 = 9890$ kg/qm aus, so erhalten wir für die Pressungen selbst die weiteren Tabellen, in denen jeweils der Druck $p_{2k+1} = p_9$ eines der mit römischen Ziffern bezeichneten Räder mit dem Anfangsdrucke p_0 des folgenden übereinstimmt. Es ist zunächst:

$p^{\frac{\varkappa-1}{\varkappa}}$ am Rad	I	II	III	IV
für $r_0 = 0$	14 546	16,560	18,574	20,588
» $r_1 = 0{,}125$	14,536	16,550	18,564	20,578
» $r_3 = 0{,}175$	14,737	16,751	18,765	20,779
» $r_5 = 0{,}225$	15,099	17,113	19,127	21,141
» $r_7 = 0{,}275$	15,670	17,684	19,698	21,712
» $r_9 = 0{,}325$	16,560	18,574	20,588	22,602

und daraus p

$p^{\frac{\varkappa-1}{\varkappa}}$ am Rad	I	II	III	IV
für $r_0 = 0$	9 890	15 464	22 932	32 663
» $r_1 = 0{,}125$	9 800	15 440	22 840	32 510
» $r_3 = 0{,}175$	10 200	16 080	23 530	33 500
» $r_5 = 0{,}225$	11 220	17 300	25 220	35 480
» $r_7 = 0{,}275$	12 770	19 440	27 790	38 990
» $r_9 = 0{,}325$	15 464	22 932	32 663	45 002

Daraus ergeben sich die zugehörigen spezifischen Gewichte nach der Formel

$$\gamma = \left(\frac{p}{p_0}\right)^{\frac{1}{\varkappa}} \gamma_0$$

wie folgt am Rad	I	II	III	IV
für $r_0 = 0$	1,218	1,661	2,198	2,824
» $r_1 = 0{,}125$	1,211	1,659	2,191	2,816
» $r_3 = 0{,}175$	1,240	1,709	2,201	2,874
» $r_5 = 0{,}225$	1,324	1,802	2,350	2,995
» $r_7 = 0{,}275$	1,463	2,954	2,517	3,201
» $r_9 = 0{,}325$	1,661	2,198	2,824	3,544

Mit diesen Werten, welche im Verein mit den Drucken p das in Fig. 82 dargestellte Druck-Volumendiagramm ergeben, können wir jetzt zur Ermittelung der Radprofile übergehen, welche durch die P a r a m e t e r Ψ' der Stromfunktion nach Gl. (3) § 20

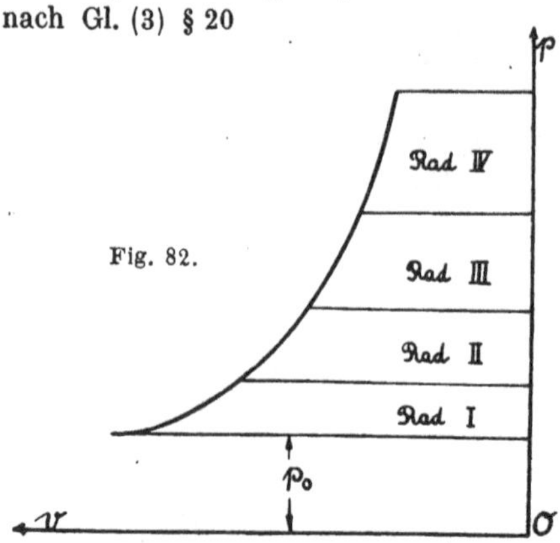

Fig. 82.

$$Q = 2\pi\,\Psi'\left(1 - \frac{\psi''}{\psi'}\right) . \quad . \qquad (4)$$

gegeben sind, nachdem die relative Querschnittsverengung feststeht. Nehmen wir diese zu 12%, also

$$\frac{\psi''}{\psi'} = 0{,}12$$

an, so ist mit

$$Q = \frac{75}{60} \cdot 1{,}22 = 1{,}525 \text{ kg/Sek.}$$

$$\Psi' = 0{,}2762 \quad . \quad . \quad . \qquad (4a)$$

Mit Hilfe der letzten Tabelle liefert uns diese Formel die nachstehenden Werte für die Parameter $\frac{\Psi'}{\gamma}$

am Rad	I	II	III	IV
zwischen r_1 und r_2	0,228	0,167	0,126	0,098
« r_3 « r_4	0,223	0,162	0,125	0,096
« r_5 « r_6	0,209	0,153	0,118	0,092
« r_7 « r_8	0,189	0,141	0,110	0,086

Dabei ist im Einklang mit den Voraussetzungen des letzten Paragraphen angenommen, daß sich während des Durchgangs durch einen Laufradkranz die Werte von γ nur unwesentlich ändern, bzw. daß diese Änderung, welche aus der vorletzten Tabelle ersichtlich ist, sich in der Hauptsache in den Leitapparaten vollzieht. Das Profil derselben ist im Gegensatz zu demjenigen der Laufradkränze willkürlich mit der Einschränkung eines stetigen Anschlusses an deren Profile. Insbesonders sollen — abgesehen von den praktisch nicht ganz zu vermeidenden Spalten — die Breiten z der Lauf- und Leitschaufelkränze an den Übergangsstellen miteinander übereinstimmen. Diese Breiten z bestimmen sich aber aus der Gleichung

$$z = \frac{\psi'}{A \gamma r^2} \quad . \quad . \quad . \quad . \quad . \quad . \quad . \quad . \quad . \quad . \quad . \quad (5)$$

worin $\frac{\psi'}{\gamma}$ aus der vorigen Tabelle zu entnehmen ist. Dies gibt für die verschiedenen Radien auf jeder Scheibe die in der nächsten Tabelle zusammengestellten Werte von z, der zur bequemen Kontrolle noch die allen Scheiben gemeinsamen Werte von $A r^2$ hinzugefügt sind:

Es ist für	$A r^2$	I	II	III	IV
$r_1 = 0,125$	2,574	0,089	0,065	0,049	0,038
$r_2 = 0,150$	3,712	0,061	0,045	0,034	0,026
$r_3 = 0,175$	5,053	0,044	0,032	0,025	0,019
$r_4 = 0,200$	6,600	0,034	0,025	0,019	0,015
$r_5 = 0,225$	8,353	0,025	0,018	0,014	0,011
$r_6 = 0,250$	10,313	0,020	0,015	0,011	0,009
$r_7 = 0,275$	12,478	0,015	0,011	0,009	0,007
$r_8 = 0,300$	14,850	0,013	0,009	0,007	0,0058

Damit sind alle einzelnen Radprofile vollständig festgelegt, so daß deren Aufzeichnung nunmehr vor sich gehen kann (Fig. 83 u. 84). Hierbei ist nur zu beachten, daß die der überall als konstant angenommenen Querschnittsverengung entsprechenden Führungstrichter nur jeweils bis zur innersten Schaufel reichen dürfen, während im übrigen die Innenseite der Radscheibe durchaus eben bleibt.

Endlich haben wir noch die Schaufelradien festzulegen und erhalten für die Laufradkränze wegen $\alpha_2 = 0$ und $r_2 - r_1 = r_4 - r_3$ usw.

$$\varrho = -\frac{r^2_{2x} - r^2_{2x-1}}{2 r_{2x-1} \sin \alpha_1} \quad . \quad . \quad . \quad . \quad . \quad . \quad . \quad . \quad . \quad (6)$$

somit

zwischen r_1 und r_2	$\varrho = 0{,}0293$	Mittelwert
» r_3 » r_4	$\varrho = 0{,}0286$	$\varrho = 0{,}0285$ m
» r_5 » r_6	$\varrho = 0{,}0282$	
» r_7 » r_8	$\varrho = 0{,}0279$	

Für die Leitschaufeln hat man, da der äußere Winkel $\beta = 0$ ist

$$\varrho = \frac{r^2{}_{2x+1} - r^2{}_{2x}}{2\, r_{2x} \sin \beta_2} \quad \ldots \ldots \ldots \quad (7)$$

und erhält

zwischen r_2 und r_3	$\varrho = 0{,}0282$	Mittelwert
» r_4 » r_5	$\varrho = 0{,}0281$	$\varrho = 0{,}028$ m
» r_6 » r_7	$\varrho = 0{,}0279$	
» r_8 » r_9	$\varrho = 0{,}0277$	

Die Abweichung dieser Werte ist so klein, daß man unbedenklich sowohl die Laufrad- als auch die Leitschaufeln für alle Räder kongruent mit den Mittelwerten der Krümmungsradien ausführen darf.

Auch die Zahl ν der Schaufeln können wir für jedes Rad berechnen, wenn wir deren mittlere Dicke, gemessen auf einem Parallelkreis, kennen. Bezeichnen wir dieselbe mit δ, so ist offenbar bei einem mittleren Kranzradius r

$$\frac{\nu\,\delta}{2\pi r} = \frac{\psi''}{\psi'}$$

oder

$$\nu = 2\pi \frac{r}{\delta} \frac{\psi''}{\psi'} \quad \ldots \ldots \ldots \quad (8)$$

Ist z. B. $\delta = 3$ mm $= 0{,}003$ m, so ergibt sich mit $\nu = 251\, r$ in ganzen Zahlen:

für jeden Laufkranz zwischen	r_1 und r_2	$\nu = 35$
» » » »	r_3 » r_4	$\nu = 47$
» » » »	r_5 » r_6	$\nu = 59$
» » » »	r_7 » r_8	$\nu = 71$
und jeden Leitkranz zwischen	r_2 und r_3	$\nu = 41$
» » » »	r_4 » r_5	$\nu = 52$
» » » »	r_6 » r_7	$\nu = 63$
» » » »	r_8 » r_9	$\nu = 78.$

Mit diesen Werten ist der Normalschnitt Fig. 83 entworfen, mit dem die Konstruktion des Turbokompressors soweit als abgeschlossen betrachtet werden kann, als hierfür theoretische Gesichtspunkte maßgebend sind.

II. Als zweites Beispiel möge die Berechnung der wichtigsten Abmessungen einer Niederdruckdampfturbine durchgeführt werden, welche bei ungefähr $n = 2400$ Umläufen in der Minute $N = 500$ PS leisten soll. Die Eintrittsspannung des Dampfes betrage $p_e = 2$ Atm. absolut $= 20\,000$ kg/qm, während der Austrittsdruck $p_a = 0{,}2$ Atm. absolut $= 2000$ kg/qm sein möge (entsprechend einem Vakuum von 80%). Für die Zustandsänderung werde $\varkappa = 1$ vorausgesetzt, so daß hier die logarithmischen Formeln (15^a) bis (17^a) des § 20 anzuwenden sind. Dem Austrittsdrucke p_a entsprechend sei das spezifische Gewicht γ_a aus der Dampftabelle (für trockenen gesättigten Dampf) zu 0,128 angenommen worden. Wegen $\varkappa = 1$ ergeben sich dann einfach alle übrigen Werte γ aus der Formel $\gamma = \gamma_a \dfrac{p}{p_a}$ oder $\gamma = 0{,}000064\, p$, somit z. B. $\gamma_e = 1{,}28$ kg/cbm.

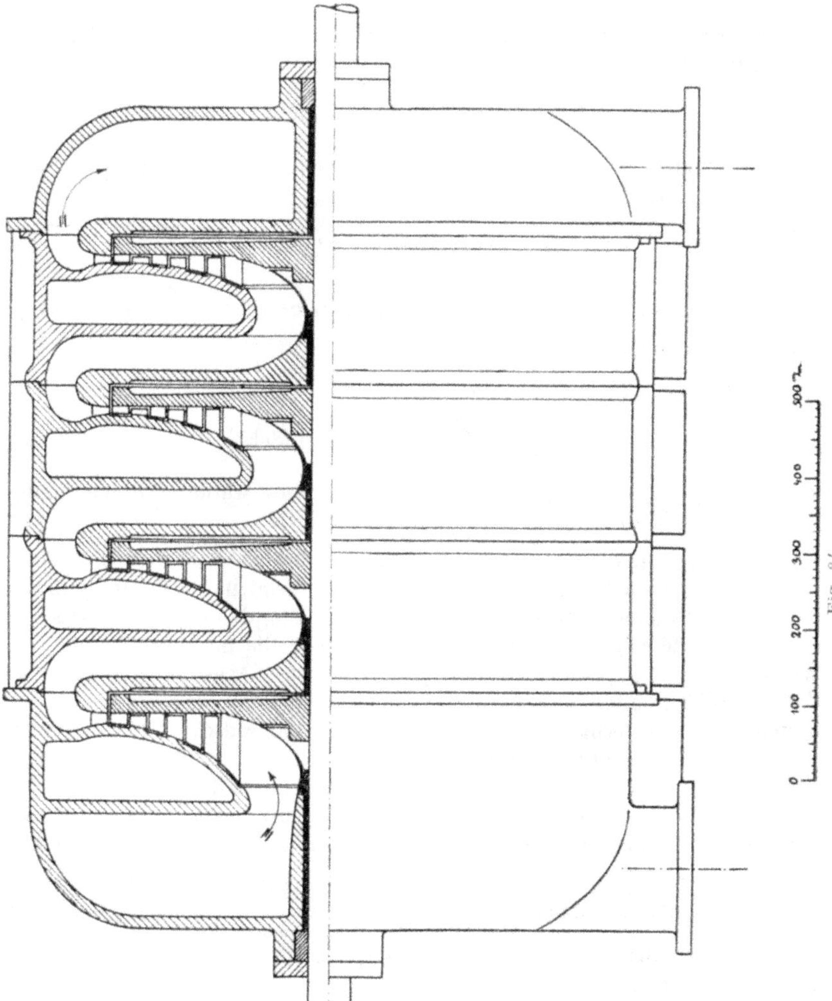

Fig. 84.

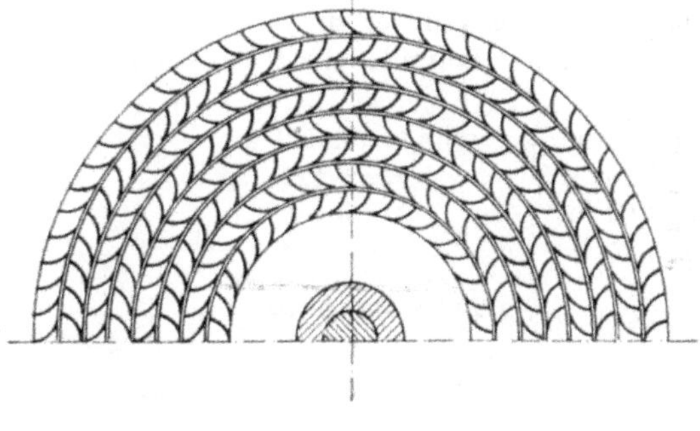

Fig. 83.

Der Koeffizient ξ sei zu 0,8 angenommen (20% Verluste). Die Konstante für die ganze Maschine ergibt sich nun zu

$$C_0 = \xi g \frac{p_a}{\gamma_a} \lg n \frac{p_e}{p_a} = 282\,200.$$

Daraus bestimmen wir sogleich die pro Sekunde durch die Turbine strömende Dampfmenge Q aus der Gleichung

$$C_0 \frac{Q}{g} = 75\, N \text{ zu } Q = 1{,}30 \text{ kg/Sek.},$$

woraus sich der Dampfverbrauch der Turbine zu $\frac{Q \cdot 3600}{N} = 9{,}36$ kg pro eff. Pferdestärke und Stunde ergibt.

Das Volumen des eintretenden Dampfes ist

$$V_e = \frac{Q}{\gamma_e} = \frac{1{,}30}{1{,}28} = 1{,}015 \text{ cbm/Sek.}$$

Bei einem Radius $r_e = 0{,}175$ m des Zudampfrohres würde also die Dampfgeschwindigkeit in demselben ca. 10 m/Sek. betragen.

Maßgebend für die weitere Berechnung der Turbine ist nun die Forderung, daß einerseits die schmalsten Laufräder (beim Dampfeintritt) noch eine praktisch zulässige Öffnungsbreite von mindestens 6 mm besitzen, daß aber anderseits auch die Zahl der Räder nicht zu groß werde, sowie daß die Schaufeln an der Austrittseite des letzten Rades keine zu große achsiale Länge im Verhältnis zur radialen Breite erhalten (aus Festigkeitsrücksichten). Man wird diesen Forderungen am besten gerecht, wenn man den innersten Laufradschaufeln eine größere radiale Breite (3 cm) gibt gegenüber den anderen Rädern, die 2 cm breit genommen werden können. Eine Proberechnung führt dann auf einen kleinsten zulässigen Durchmesser von 0,29 m für die innerste Laufradbegrenzung, während ein größter Außendurchmesser von 0,44 m gerade noch ausführbare Eintrittsschaufeln ergibt.

Das Dampfvolumen beim Austritt beträgt $V_a = \frac{Q}{\gamma_a} = \frac{1{,}30}{0{,}128} = 10{,}15$ cbm/Sek., der Radius des Austrittsrohres werde mit Rücksicht auf den zu 0,29 m festgesetzten Laufrad-Austrittradius zu $r_a = 0{,}25$ m gewählt, die Austrittsgeschwindigkeit würde demnach $w_a = 50$ m/Sek. betragen, was noch als zulässig zu betrachten ist, da das entsprechende Druckgefälle $\Delta p = \gamma_a \frac{w^2_a}{2g} = 0{,}128 \frac{2500}{19{,}62}$ $= 16$ kg/qm $= 0{,}0016$ Atm. ist; um diesen Betrag muß der Kondensatordruck noch erniedrigt werden, was ohne Schwierigkeit zu erreichen ist.

Wir erhalten nunmehr mit 3 cm radialer Breite für das innerste Laufrad und 2 cm für die übrigen Lauf- und Leiträder die folgenden Außenradien der Laufradkränze:

$r_2 = 0{,}32$ m	$r_2^2 = 0{,}1024$ qm
$r_4 = 0{,}36$ »	$r_4^2 = 0{,}1296$ »
$r_6 = 0{,}40$ »	$r_6^2 = 0{,}1600$ «
$r_8 = 0{,}44$ »	$r_8^2 = 0{,}1936$ »
	$\Sigma r^2{}_{2x} = 0{,}5856$ qm

Wenn wir nun im Gegensatz zum vorhergehenden Beispiel die Bedingung $\alpha_1 = -\alpha_2$ für die Schaufelwinkel einführen, so erhalten wir die Konstante C_n für ein Rad

$$C_n = 2\,\omega^2\, \Sigma r^2{}_{2x} = 1{,}171\,\omega^2.$$

In ähnlicher Weise wie bei dem vorhergehenden Beispiel wird nun die Rechnung im einzelnen durchgeführt. Zur Berechnung der Drücke in den einzelnen Stufen jeder Radscheibe dient Gl. (16^a) § 20, aus welcher mit $\operatorname{tg}\beta_2 = 2\operatorname{tg}\alpha_2$

$$\operatorname{lgn}\frac{p_{2x+1}}{p_{2x-1}} = \frac{2\,\omega^2\,\gamma_0}{\xi\, g\, p_0}\left(r^2{}_{2x} - \frac{r^2{}_{2x+1} - r^2{}_{2x-1}}{\operatorname{tg}^2\beta_2}\right)$$

hervorgeht. Für unsern Fall ist darin γ_0, p_0 durch γ_a, p_a zu ersetzen; außerdem sei $\beta_2 = 70^0$, $\operatorname{tg}\beta_2 = 2{,}75$ angenommen und statt der natürlichen Logarithmen mögen gleich die Briggschen berechnet werden, so daß wir also haben

$$\lg_{10}\cdot\frac{p_{2x+1}}{p_{2x-1}} = \frac{2\,\omega^2\gamma_a}{\xi\, g\, p_a}\cdot 0{,}43429\left(r^2{}_{2x} - \frac{r^2{}_{2x+1} - r^2{}_{2x-1}}{2{,}75^2}\right)$$
$$= 0{,}426\left(r^2{}_{2x} - \frac{r^2{}_{2x+1} - r^2{}_{2x-1}}{2{,}75^2}\right).$$

Für den Eintritt in den äußersten Leitradkranz ist (entsprechend Gl. [2] des letzten Beispiels):

$$\log\frac{p_{2x+1}}{p_{2x-1}} = 0{,}426\left(r^2{}_{2x} + \frac{r^2{}_{2x-1}}{2{,}75^2}\right).$$

Es ergeben sich nun folgende Werte:

Für	$r^2{}_{2x}$	$\frac{r^2{}_{2x+1} - r^2{}_{2x-1}}{\operatorname{tg}^2\beta_2}$	$r^2{}_{2x} - \frac{r^2{}_{2x+1} - r^2{}_{2x-1}}{\operatorname{tg}^2\beta_2}$	$\lg_{10}\frac{p_{2x+1}}{p_{2x-1}}$
$r_0 = 0$	0	0,0112	−0,0112	−0,0047
$r_2 = 0{,}32$	0,1024	0,0042	+0,0982	+0,0418
$r_4 = 0{,}36$	0,1296	0,0038	0,1258	0,0536
$r_6 = 0{,}40$	0,1600	0,0042	0,1558	0,0665
$r_8 = 0{,}44$	0,1936	−0,0233	0,2169	0,0925

Von dem Drucke $p_a = 2000$ kg/qm am Austritt des letzten Rades ausgehend, erhalten wir jetzt die Pressungen fortschreitend für jede Stufe und jedes Rad bis zum Eintritt in den Leitapparat des ersten Rades. In den folgenden Tabellen sind zunächst die Logarithmen von p und dann die Drücke selbst eingetragen, wobei die Räder wieder mit römischen Ziffern IV bis I bezeichnet wurden.

$\lg_{10} p$ am Rade	IV	III	II	I
für				
$r_0 = 0$	3,3010	3,5507	3,8004	4,0501
$r_1 = 0{,}29$	3,2963	3,5460	3,7957	4,0454
$r_3 = 0{,}34$	3,3381	3,5878	3,8375	4,0872
$r_5 = 0{,}38$	3,3917	3,6414	3,8911	4,1408
$r_7 = 0{,}42$	3,4582	3,7079	3,9576	4,2073
$r_9 = 0{,}46$	3,5507	3,8004	4,0501	4,2998

Drücke p kg/qm.

am Rade	IV	III	II	I
$r_0 = 0$	2000	3554	6315	11223
$r_1 = 0{,}29$	1979	3516	6247	11102
$r_3 = 0{,}34$	2178	3871	6879	12224
$r_5 = 0{,}38$	2464	4379	7782	13830
$r_7 = 0{,}42$	2872	5104	9070	16117
$r_9 = 0{,}46$	3554	6315	11223	19943

Die letzte Zahl 19 943 kg/qm ist in naher Übereinstimmung mit dem angenommenen Eintrittsdrucke der Turbine $p_e = 20\,000$ kg/qm. Für den Austrittsradius aus dem letzten Leitkranze kann man dabei passend $r_9 = 0{,}46$ m wählen.

Für die spezifischen Gewichte γ erhalten wir jetzt nach der oben aufgestellten Formel

$$\gamma = \gamma a \left(\frac{p}{pa}\right) = 0{,}000064\, p$$

die folgende Tabelle:

am Rade	IV	III	II	I
für $r_0 = 0$	0,1280	0,2275	0,4042	0,7183
$r_1 = 0{,}29$	0,1267	0,2250	0,3998	0,7104
$r_3 = 0{,}34$	0,1394	0,2478	0,4404	0,7824
$r_5 = 0{,}38$	0,1576	0,2802	0,4981	0,8850
$r_7 = 0{,}42$	0,1838	0,3265	0,5805	1,0310
$r_9 = 0{,}46$	0,2275	0,4042	0,7183	1,2770

Mit den früher berechneten Einzeldrücken kann hiermit das Druck-Volumendiagramm (Fig. 85) entworfen werden, aus dem die Verteilung der Arbeit auf die verschiedenen Scheiben der Hoch- und Niederdruckräder ersichtlich ist.

Die Ermittelung der Radprofile geht nun genau so vor sich, wie dies im vorigen Beispiele gezeigt wurde. Aus der Formel

$$Q = 2\pi\, \psi' \left(1 - \frac{\psi''}{\psi'}\right)$$

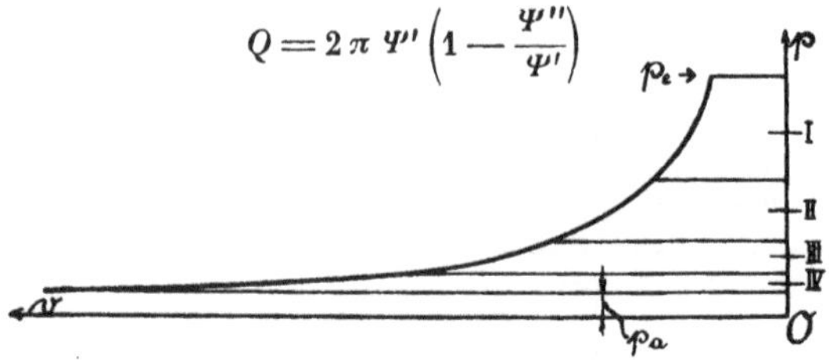

Fig. 85.

und mit einer angenommenen relativen Querschnittsverengung

$$\frac{\psi''}{\psi'} = 0{,}12 \quad (12\%)$$

ergibt sich der Parameter Ψ' der Stromfunktion zu

$$\Psi' = \frac{Q}{2\pi\left(1-\frac{\Psi''}{\Psi'}\right)} = \frac{Q}{5{,}53} \text{ und mit } Q = 1{,}30,\quad \Psi' = 0{,}235.$$

Die mit Hilfe von γ aus den letzten Tabellen berechneten Werte $\frac{\Psi}{\gamma}$ sind in der folgenden Tabelle zusammengestellt:

$$\frac{\Psi}{\gamma}$$

am Rade	IV	III	II	I
zwischen				
r_1 und r_2	1,855	1,045	0,588	0,331
r_3 » r_4	1,685	0,949	0,534	0,300
r_5 » r_6	1,491	0,839	0,472	0,265
r_7 » r_8	1,278	0,720	0,405	0,228

Bezüglich der unwesentlichen Änderung von γ beim Durchgang durch ein Laufrad sowie der Gestaltung der Leitradprofile, gilt die entsprechende Bemerkung des vorigen Beispieles.

Die Breiten z der Kränze an den Übergangsstellen bestimmen sich wieder aus der Formel

$$z = \frac{\Psi'}{A r^2 \gamma}$$

Die Konstante A ist aber $= \frac{\omega}{\operatorname{tg} \alpha_1} = \frac{2\omega}{\operatorname{tg} \beta_2} = \frac{2 \cdot 245{,}4}{2{,}75} = 178{,}5.$

Danach sind die Breiten z berechnet und in den nachstehenden Tabellen zusammengestellt worden:

Es ist für	$A r^2$	Rad IV	III	II	I
$r_1 = 0{,}29$	15,00	0,1240	0,0690	0,0390	0,0220
$r_2 = 0{,}32$	18,28	0,1020	0,0570	0,0320	0,0180
$r_3 = 0{,}34$	20,63	0,0817	0,0460	0,0260	0,0150
$r_4 = 0{,}36$	23,13	0,0730	0,0410	0,0230	0,0130
$r_5 = 0{,}38$	25,77	0,0580	0,0330	0,0180	0,0100
$r_6 = 0{,}40$	28,56	0,0520	0,0290	0,0170	0,0090
$r_7 = 0{,}42$	31,49	0,0410	0,0230	0,0130	0,0072
$r_8 = 0{,}44$	34,56	0,0371	0,0210	0,0120	0,0066

Mit diesen Werten kann die Aufzeichnung der Turbine vor sich gehen. Sollte die große achsiale Breite der letzten Niederdruckräder konstruktive Schwierigkeiten bieten, so könnten einige dieser Räder noch durch solche von größerem Durchmesser in entsprechend geringerer Anzahl ersetzt werden, wobei jedoch auf genauen Anschluß an die festgelegte Druckverteilung sowie auf die Erhaltung des Wertes

C_0 geachtet werden müßte. Im übrigen können selbst diese breiten Schaufeln durch aufgezogene Ringe sowie durch passend angebrachte Versteifungen genügend vor Deformationen geschützt werden; da sie sich überdies am inneren Teil der Räder befinden, ist auch ihre Beanspruchung durch die Zentrifugalkraft noch nicht besorgniserregend.

Es sind nun noch die Schaufelradien zu bestimmen. Wir erhalten für die äußeren Laufradschaufeln wegen $\alpha_1 = -\alpha_2$ und $r_4 - r_3 = r_6 - r_5 = r_8 - r_7 = 0{,}02$ m

$$\varrho = \frac{r_2 - r_1}{2 \sin \alpha_2} = 0{,}0124 \text{ m},$$

während für den innersten Laufradschaufelkranz mit $r_2 - r_1 = 0{,}03$ m

$$\varrho' = \frac{r_2 - r_1}{2 \sin \alpha_2} = 0{,}0186 \text{ m}$$

gefunden wird.

Für die Radien der Leitschaufeln ergeben sich aus der Formel

$$\varrho = \frac{r^2{}_{2x+1} - r^2{}_{2x}}{2 r_{2x} \sin \beta_2}$$

die Werte zwischen	r_2 und r_3	$\varrho = 0{,}0220$		
» » »	r_4 » r_5	$\varrho = 0{,}0219$	Mittelwert	
» » »	r_6 » r_7	$\varrho = 0{,}0218$	$\varrho = 0{,}0218$ m	
» » »	r_8 » r_9	$\varrho = 0{,}0217$		

Der geringen Unterschiede wegen genügt es auch bei diesem Beispiel, die angeführten Mittelwerte bei allen Leiträdern anzuwenden.

Zuletzt möge noch die Schaufelzahl ν berechnet werden. Nach Gl. (8) des vorigen Beispiels ist

$$\nu = 2\pi \frac{r}{\delta} \frac{\Psi''}{\Psi'},$$

worin $\delta = 2$ mm $= 0{,}002$ m die Schaufeldicke bedeutet. Es ergibt sich dann mit $\nu = 377\, r$ in ganzen Zahlen:

für jeden Laufradkranz zwischen	r_1 und r_2	$\nu = 115$
» « « »	r_3 » r_4	132
» » » »	r_5 » r_6	147
» » » »	r_7 » r_8	162
und jeden Leitapparat zwischen	r_2 und r_3	$\nu = 124$
» » » »	r_4 » r_5	139
» » » »	r_6 » r_7	154
» » » »	r_8 » r_9	170

Die ganze Turbine ist in Fig. 86 u. 87 im Längsschnitt dargestellt, daneben befinden sich die Normalprojektionen der Scheibenkränze.

Auf die Wiedergabe der Berechnung des zu unserer Turbine gehörigen Hochdruckrades kann verzichtet werden, da für dieses die Schaufelbreiten der äußersten Kränze zu klein für die praktische Ausführung werden. Man wird es daher besser durch ein oder mehrere hintereinander geschaltete Freistrahlräder mit achsialer Durchströmung nach dem Vorgange von Curtis ersetzen.

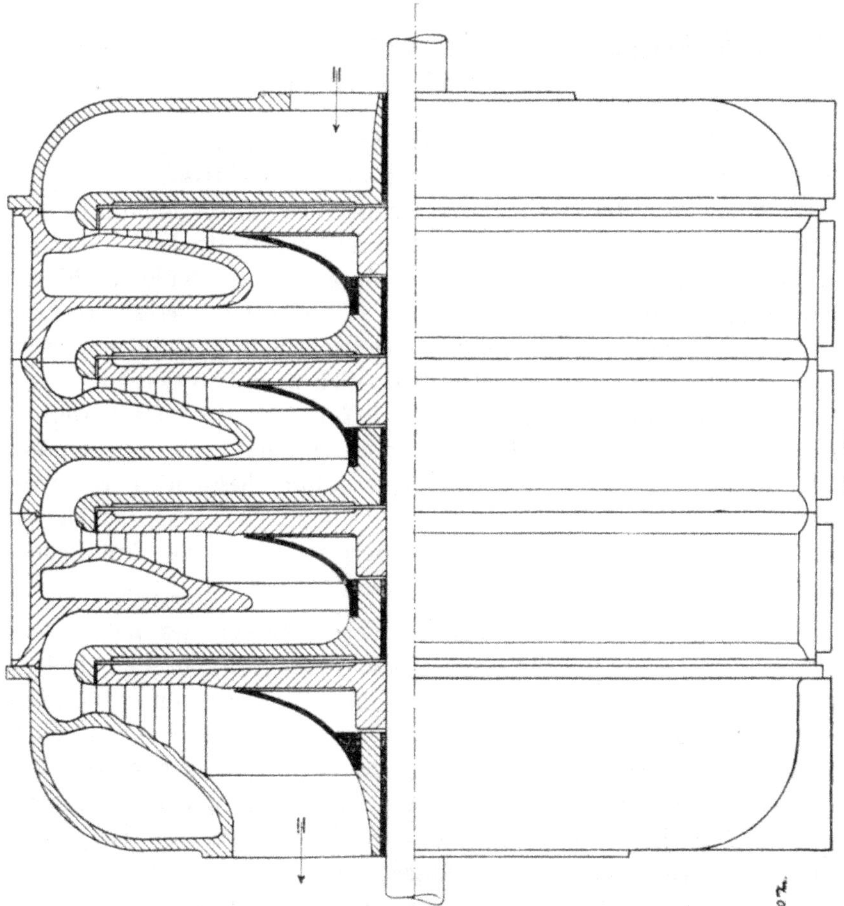

Fig. 87.

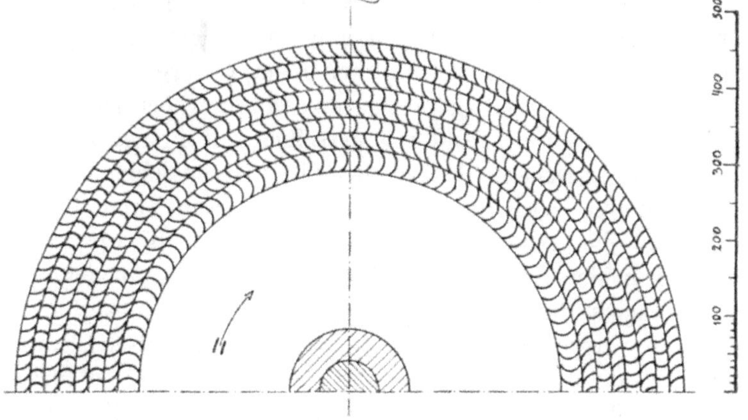

Fig. 86.

§ 23. Die Verwendung von Kreiselgebläsen als Verdichter in Kaltdampfmaschinen.

Die steigende Verwendung von Kreiselgebläsen für die Luftverdichtung — eine Folge der Ausbreitung der elektrischen Energieübertragung und des Dampfturbinenantriebes in Verbindung mit einer außerordentlich vervollkommneten Werkstattpraxis — legt den Gedanken nahe, auch die Kolbenkompressoren der Kühlmaschinen durch solche Kreiselräder zu ersetzen. Der Vorteil dieses Ersatzes liegt in der Vermeidung aller Zwischengetriebe mit äußeren bewegten Teilen bei direkter Kupplung mit den gleich schnell rotierenden Motoren, die allerdings den Antrieb der Nebenapparate (Rührwerke, Pumpen, Gebläse) durch Transmissionen so gut wie ausschließt. Indessen hat sich schon jetzt die Verwendung besonderer Elektromotoren für solche Zwecke im großen Umfange Bahn gebrochen, so daß von dieser Seite kaum noch Hindernisse gegen die Einführung von Kreiselverdichtern zu erwarten sind.

Wir können uns darum hier auf den Vergleich des Kreiselverdichters mit dem Kolbenkompressor beschränken, dessen allen Kältetechnikern geläufige Wirkungsweise in dem Ansaugen kalter Dämpfe, der darauf folgenden mit Temperatursteigerung und eventueller Trocknung verbundenen Verdichtung und schließlich in dem Hinausschieben des praktisch stets überhitzten Dampfes in den Kondensator besteht. Die Innenwandungen des Kolbenkompressors sind also periodischen Temperaturschwankungen ausgesetzt, die zur Vermittung eines unerwünschten Wärmeaustausches zwischen dem hochtemperierten Ausschubdampf und dem danach angesaugten Kaltdampf führten. Dies hat im Falle trockenen Kompressorganges eine Überhitzung des gerade gesättigten Ansaugedampfes, bei nassem Gange dagegen eine teilweise Trocknung desselben zur Folge, während der Rest der mitgerissenen Flüssigkeit beim Hinausschieben sich mit dem überhitzten verdichteten Dampfe vermischt und ihn soweit abkühlt, daß das Druckrohr nicht mehr als handwarm zu werden braucht. In beiden Fällen wird daher das spezifische Ansaugevolumen des Kälteträgers durch die nicht umkehrbare Wärmezufuhr in der Saugperiode vergrößert und damit das für die Kälteleistung maßgebende Ansaugegewicht verringert, ohne daß eine entsprechende Arbeitsverminderung eintritt. Dazu kommen schließlich noch die Lässigkeitsverluste durch den Kolben und die Ventile, die überdies durch Verengung des Stromquerschnitts Unter- und Überdrücke mit unvermeidlichen Arbeitsverlusten bedingen.

Demgegenüber wird das Kreiselgebläse von dem Kälteträger im kontinuierlichen Strome derart durchflossen, daß niemals ein Element mit Wänden in Berührung gelangt, an denen vorher eine andere Temperatur geherrscht hat. Ein nicht umkehrbarer periodischer Wärmeaustausch zwischen dem schon verdichteten Dampfe und dem kalten angesaugten vermittelst der Wandungen ist daher ausgeschlossen, während der ohnehin nur schwache stationäre Wärmestrom von den höher temperierten festen Teilen des Gebläses zu den kühleren sich vorwiegend auf das Gehäuse beschränkt und an dessen wärmeren Stellen durch Wasserkühlung fast unschädlich gemacht werden kann. Durch diese Wasserkühlung kann außerdem ein erheblicher Teil der Verdichtungswärme dem mit großer Geschwindigkeit fließenden Dampfstrom entzogen, und damit die Endtemperatur unter gleichzeitiger Ermäßigung der Kompressionsarbeit in erträglichen Grenzen gehalten werden. Da fernerhin die erheblichen Druckunterschiede zwischen dem Kondensator und Verdampfer einer Kältemaschine nur durch mehrstufige Kreiselgebläse mit achsialer, radialer oder kombinierter Hintereinanderschaltung zu bewältigen sind, so werden die durch den Rückstrom an den Leitapparaten unvermeidlichen Spaltverluste um so kleiner ausfallen, je enger die einzelnen Druckstufen gewählt und je größer die Schaufelbreite im Verhältnis zur Spaltbreite ausgeführt werden darf. Wir werden später sehen, daß diese Forderung nur in den oberen Druckstufen Schwierigkeiten bereitet, die indessen nach geeigneter Wahl des Kälteträgers durch exakte Ausführung und Montage überwunden werden können. Es ist das um so notwendiger, als mit Kreiselgebläsen das Ansaugen eines Dampf- und Flüssigkeitsgemisches, also ein nasser Kompressorgang wegen der starken Korrosion der Schaufeln durch die mit großer Geschwindigkeit kommenden Flüssigkeitströpfchen gänzlich vermieden werden muß. Der beim trockenen Kompressorgang durchweg überhitzte Dampf passiert zwar leichter die Spalte, vermindert anderseits aber auch erheblich die bei Dampfturbinen als Ventilationsverlust bezeichnete Reibungsarbeit der im Dampfe rotierenden Laufräder. Als letzter Vorteil der Kreiselgebläse gegenüber den Kolbenverdichtern sei noch der Wegfall von Sicherheitsvorrichtungen gegen zu hohe Drucksteigerung beim Anlassen mit geschlossener Druckleitung angeführt, da in diesem Falle das Gebläse keinen Strom hervorruft, sondern nur gegen den seiner normalen Umlaufszahl entsprechenden Druck im sog. Schwebezustande unter Aufwand von Reibungsarbeit leer läuft.

Was nun die Ausführungsform der Kreiselgebläse für Kühlmaschinen anlangt, so können nach den bisherigen Erfahrungen mit Luft und im Einklange mit der Theorie nur Radialräder in Frage kommen, mit denen man effektive Kompressorwirkungsgrade von 0,75 gegenüber der adiabatischen Verdichtung schon erzielt hat, während Achsialräder, d. h. die Umkehrung der gebräuchlichen Dampfturbinen mit reinen Druckstufen weit darunter geblieben sind. Schaltet man die Stufen achsial hintereinander, gibt also jeder ein besonderes Laufrad, so erhält man nach den Ausführungen in § 20 eine um so größere Baulänge des Gebläses, je größer das totale Druckgefälle,

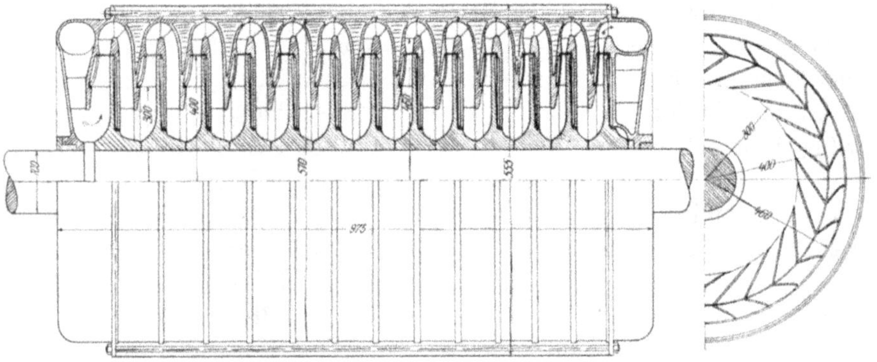

Fig. 88.

bzw. das Verhältnis der absoluten Kondensator- zur Verdampferspannung ausfällt. In Fig. 88 ist ein derartiges Gebläse für SO_2-Dämpfe mit $n = 4000$ Umläufen in der Minute und ebenen Schaufeln dargestellt, welches trocken gesättigte Dämpfe von -10^0 entsprechend einem absoluten Drucke von $p_1 = 10\,400$ kg/qm ansaugt und auf rd. $p_2 = 40\,000$ kg/qm mit einer Kondensatortemperatur von $+25^0$ verdichtet. Unter der Annahme einer Unterkühlung der flüssigen SO_2 auf $+10^0$ vor dem Regelventil würde dieses 13 stufige Gebläse rd. 5740 kg SO_2 ansaugen mit einer Kälteleistung von etwa 500 000 WE und einem effektiven Arbeitsaufwande von rd. 150 PS. Zur Bewältigung derselben Leistung würde ein doppeltwirkender Kolbenkompressor bei einer Umlaufzahl von $n = 60$ in der Minute Zylinderdimensionen besitzen, welche ziemlich genau mit den äußeren Abmessungen des Gebläsegehäuses übereinstimmen, so daß man dieses fast ganz im Inneren des entsprechenden Kompressorzylinders unterbringen könnte.

Noch gedrängter baut sich das Gebläse bei radialer Hintereinanderschaltung mehrerer Stufen auf einem Laufrad, Fig. 89, wobei man für den vorliegenden Fall wegen der intensiveren Wirkung der äußeren Kränze mit neun auf drei Scheiben verteilten Stufen auskommt, wie aus Fig. 89 zu ersehen ist. Auch diese Anordnung erfordert rd. $n = 4000$ Umläufe in der Minute, dagegen besitzen hier die Leit-

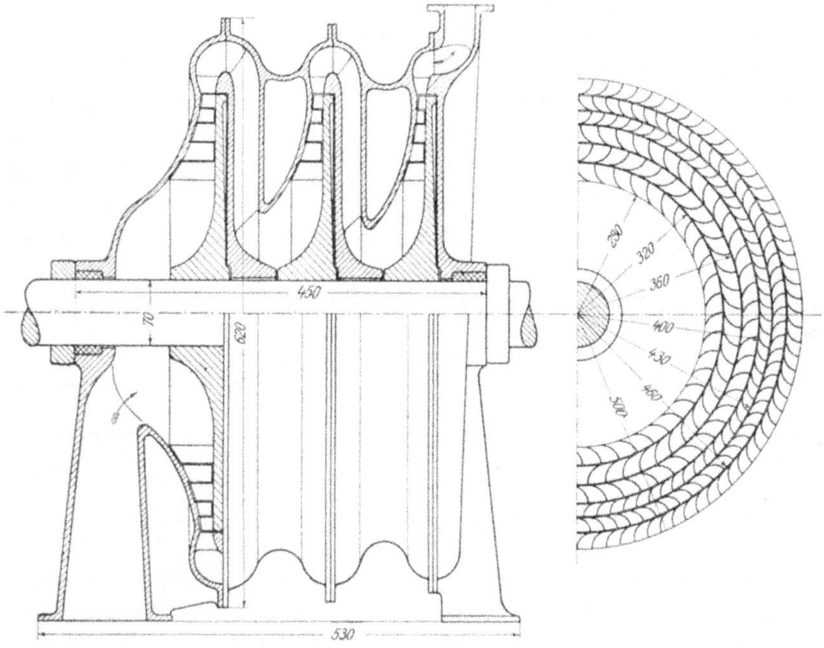

Fig. 89.

schaufeln und Laufschaufeln aus Herstellungsgründen dieselben Eintrittswinkel und radialen Austritt.

Man könnte nun die Frage aufwerfen, warum vorstehenden Gebläseentwürfen die große Kälteleistung von 500 000 WE in der Stunde zu grunde gelegt und außerdem SO_2 als Kälteträger gewählt wurde. Die Antwort hierauf liefert die achsiale Schaufelbreite am Austritt aus dem letzten Laufkzranze, welche in diesem Falle mit zirka 6 mm einen gerade noch zulässigen Grenzwert annimmt, dessen für NH_3 und CO_2 unvermeidliches Unterschreiten zu unverhältnismäßigen Spaltverlusten führen würde. Die beiden Räder Fig. 88 und 89 dürften somit die kleinsten für ein Druckverhältnis von etwa 1 : 4 praktisch noch ausführbaren Kreiselgebläse darstellen, und zwar unabhängig von der Art des Mediums, das erst für die zu erwartende Kälteleistung ausschlaggebend ist.

Bezeichnen wir diese mit K in stündlichen WE, so ist das in gleicher Zeit angesaugte Volumen angenähert

$$V = K \frac{v}{r},$$

worin v das spezifische Dampfvolumen und r die latente Wärme bei der Ansaugetemperatur bedeutet. Da nun diese letzteren Daten für eine Reihe von hierfür in Frage kommenden Körpern unter 0^0 nicht bekannt sind, so können wir für einen ersten rohen Vergleich auch v und r auf 0^0 beziehen und daraus die Kälteleistung unserer Gebläse beim Betriebe mit verschiedenen Kälteträgern ableiten. Hierbei ist von dem Einfluß der durch das Regelventil mitgenommenen Flüssigkeitswärme abgesehen worden, durch das die Leistungen bekanntlich etwas herabgezogen werden. Auf diese Weise erhalten wir für durchweg konstantes V die nachstehende Tabelle, in der das Druckintervall teilweise durch Extrapolation gewonnen wurde.

Kälteleistung eines Kreiselgebläses beim Betrieb mit verschiedenen Kälteträgern.

Kälteträger		Spez. Dampfvolumen v cbm/kg bei 0^0	latente Wärme r WE/kg bei 0^0	Absol. Druck in kg/qcm		Druckverhältnis	$v/r \cdot 10^3$ bei 0^0	Kälteleistung pro Stunde K in WE
				Verdampfer für -10^0	Kondensator $+25^0$			
Kohlensäure . . .	CO_2	0,010	55,2	26,0	63,0	2,4	0,181	6 780 000
Ammoniak	NH_3	0,291	304,4	2,9	10,3	3,5	0,956	1 284 000
Schweflige Säure .	SO_2	0,223	90,8	1,0	4,0	4,0	2,455	500 000
Aether	$\begin{smallmatrix} C_2 H_5 \\ C_2 H_5 \end{smallmatrix}\!\!>\!\!O$	1,27	94,0	0,16	0,72	4,5	13,51	98 000
Schwefelkohlenstoff	CS_2	1,76	90,0	0,12	0,49	3,1	19,55	62 800
Aceton	$CO\!\!<\!\!\begin{smallmatrix} CH_3 \\ CH_3 \end{smallmatrix}$	4,26	140,5	0,068	0,31	4,6	30,30	40 500
Chloroform . . .	$Cl_3\text{-}C\text{-}H$	2,37	67,0	0,061	0,27	4,3	35,4	34 700
Chlorkohlenstoff . .	CCl_4	3,26	52,0	0,023	0,15	6,5	62,7	19 600
Alkohol	$C_2H_5\text{-}OH$	32,1	236,5	0,007	0,08	11,4	135,6	9 050
Wasserdampf . . .	H_2O	210,7	606,5	0,0027	0,032	11,3	347,0	3 540

Aus dieser Tabelle geht zunächst hervor, daß für Leistungen oberhalb 500 000 WE in der Stunde die SO_2 allein in Frage kommen kann, da man schwerlich größere Einheiten als für 1 000 000 WE aufstellen dürfte. Begünstigt wird der Betrieb mit SO_2 noch durch den Umstand, daß für normale Verdampfertemperaturen sich der Saugdruck nur wenig von dem atmosphärischen unterscheidet, so daß Undichtheiten der stets nur auf der Saugseite befindlichen Stopfbüchse kaum zu befürchten sind. Bei tieferen Saugtemperaturen tritt dann allerdings die Gefahr des Eindringens von atmosphärischer Luft auf, welche die Kälteleistung erheblich herabzuziehen geeignet ist. Deshalb wird man auch bei SO_2-Kreiselgebläsen die Stopfbüchse sorgfältig ausbilden und gut im Stande halten müssen.

Für kleinere Kälteleistungen stehen dann nur noch Körper zur Verfügung, deren Zustandsänderung sich ganz im Vakuum abspielt, die also immer Störungen durch Eindringen atmosphärischer Luft ausgesetzt sind. Dies wird naturgemäß um so schlimmer, je größer die spezifischen Dampfvolumina und je kleiner die Kälteleistungen werden. Dazu kommt, daß die meisten dieser Körper mit Luft brennbare Gemische bilden, die ihre Verwendung für unsere Zwecke geradezu gefährlich erscheinen lassen. Beim Wasserdampf besteht diese Gefahr jedenfalls nicht, dagegen liegen bei ihm die Drücke so tief, daß die Aufrechterhaltung des Vakuums mit Hilfe eines Kreiselgebläses in hohem Maße fraglich erscheint. Außerdem nehmen für mittlere Leistungen die Gebläse schon derartige Dimensionen an, daß ihre praktische Ausführung ebenso ausgeschlossen ist wie diejenige von Kolbenkompressoren für dieselben Körper. Schließlich sei noch erwähnt, daß für die relativ hoch siedenden Stoffe, wie Chlorkohlenstoff, Alkohol und Wasser das Druckverhältnis bedeutend ansteigt, womit auch eine erhebliche Vermehrung der Stufenzahl gegenüber dem gezeichneten Gebläse verbunden wäre.

Als praktisches Ergebnis unserer Untersuchung bleibt somit nur die Verwendung der SO_2 für Einheiten von über 500 000 WE in der Stunde, während man für kleinere Leistungen wie bisher auf die Kolbenkompressoren angewiesen ist. Die in Aussicht stehenden Vorteile des Kreiselradbetriebes für sehr große Leistungen sind allerdings hervorstechend genug, um einen Versuch nach dieser Richtung als lohnend erscheinen zu lassen.

§ 24. Die Verwendung von Kreiselrädern in Kaltluftmaschinen und Verbrennungsmotoren.

Trotz der bekannten Überlegenheit der Kaltdampfmaschinen über die älteren Kaltluftmaschinen sind diese bisher nicht vollständig verschwunden. Sie werden zwar nur noch für kleinere Leistungen ausgeführt, erfreuen sich aber insbesondere für die Kühlung von Schiffsräumen einer gewissen Beliebtheit wegen ihres gefahrlosen und sicheren Betriebes. Ihrer Anwendung für mittlere und große Kälteleistungen steht indessen — abgesehen von der Unwirtschaftlichkeit — der erhebliche Raumbedarf der Arbeitszylinder entgegen, der seinerseits durch die Notwendigkeit eines bedeutenden Luftumlaufvolumens in der Zeiteinheit bedingt ist. Hieran konnte auch die Steigerung der absoluten Drücke sowie des Druckverhältnisses in den Zylindern, mit dem eine Vergrößerung der Wärmeaufnahme der Luft verbunden war, wenig ändern. Dagegen glaubt man neuerdings diese Schwierig-

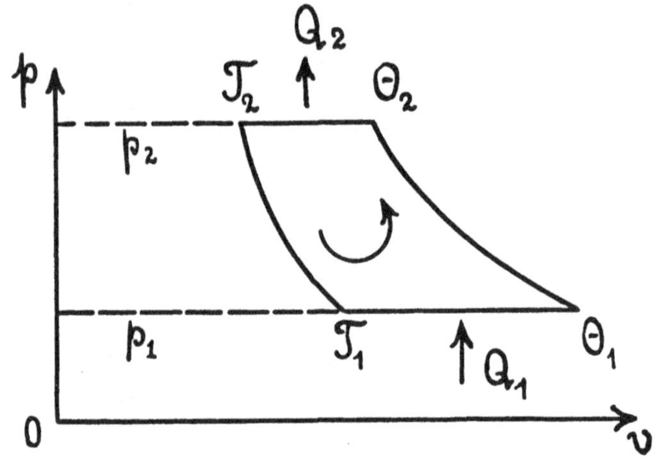

Fig. 90.

keit durch Einführung von Kreiselrädern an Stelle des Verdichter- und Expansionszylinders überwinden zu können und erhofft hiervon sogar eine wesentliche Erhöhung der Wirtschaftlichkeit.

Zur Prüfung dieser Frage wollen wir zunächst den idealen Arbeitsvorgang einer Kaltluftmaschine ins Auge fassen, der natürlich ganz unabhängig von der Verwendung von Arbeitskolben oder Kreiselrädern zwischen zwei Kurven konstanten Druckes (sog. Isobaren) verläuft. Den unteren Druck, bei dem die Wärmeaufnahme Q_1 (Kälteleistung) durch die stündlich umlaufende Luftmenge G kg erfolgt, bezeichnen wir mit p_1, den oberen, bei dem die Wärmemenge Q_2 von der Luft abgegeben wird, mit p_2. Die beiden Isobaren werden, wie aus dem Arbeitsdiagramm (pv) Fig. 90 ersichtlich, von zwei Adiabaten geschnitten, von denen die innere zwischen den absoluten Temperaturen $T_2 > T_1$ der Expansion, die äußere zwischen $\Theta_2 > \Theta_1$ der Kompression der Luft entspricht. Alsdann ist mit der spezifischen Wärme c_p für konstanten Druck die theoretische Kälteleistung und die Wärmeabgabe in WE

$$\left.\begin{aligned} Q_1 &= G\,c_p\,(\Theta_1 - T_1) \\ Q_2 &= G\,c_p\,(\Theta_2 - T_2) \end{aligned}\right\} \quad \ldots\ldots \quad (1)$$

während die Äquivalente der Arbeitsleistung der Expansion und Kompression durch

$$\left.\begin{aligned} AL_1 &= G\,c_p\,(T_2 - T_1) \\ AL_2 &= G\,c_p\,(\Theta_2 - \Theta_1) \end{aligned}\right\} \quad \ldots\ldots \quad (2)$$

gegeben sind, wenn $A = 1 : 427$ das mechanische Wärmeäquivalent und L_1 und L_2 die Stundenarbeiten in mkg bedeuten. Da ferner längs der Adiabate mit dem Exponenten $\varkappa = 1{,}41$

$$\frac{T_2}{T_1} = \left(\frac{p_2}{p_1}\right)^{\frac{\varkappa - 1}{\varkappa}} = \frac{\Theta_2}{\Theta_1} \quad \ldots\ldots \quad (3)$$

ist, so kann eine der vier Temperaturen durch die drei anderen ausgedrückt bzw. aus den Formeln (1) und (2) eliminiert werden. Die theoretische Gesamtarbeit beim Durchlaufen des Kreisprozesses in der Pfeilrichtung ergibt sich nun in WE mit (2) zu

$$AL = A\,(L_2 - L_1) = Gc_p\,(\Theta_2 - \Theta_1 - T_2 + T_1) = Q_2 - Q_1 \quad (2^a)$$

und ihr Verhältnis zur Kälteleistung

$$\zeta = \frac{AL}{Q_1} = \frac{Q_2 - Q_1}{Q_1} = \frac{\Theta_2 - \Theta_1 - T_2 + T_1}{\Theta_1 - T_1} \quad \ldots \quad (4)$$

wofür wir auch nach Elimination von Θ_2 durch (3)

$$\zeta = \frac{T_2 - T_1}{T_1} = \frac{\Theta_2 - \Theta_1}{\Theta_1} \quad \ldots\ldots \quad (4^a)$$

schreiben dürfen. Hiernach ist der Idealprozeß einer Kaltluftmaschine einem Carnotprozeß gleichwertig, der zwischen den Temperaturen T_2 und T_1 oder zwischen Θ_2 und Θ_1 verläuft. Da hierin T_2 nahezu mit der absoluten Zuflußtemperatur des Kühlwassers, Θ_1 mit der oberen Temperatur der aus dem Kühlraum zurückkommenden Luft übereinstimmt, so kann man theoretisch durch beliebige Steigerung des Luftumlaufes G sowie der Kühlwassermenge K für eine vorgelegte Kälteleistung die Temperaturdifferenzen $\Theta_2 - T_2$ und $\Theta_1 - T_1$ herabziehen, die allerdings erst mit $G = \infty$ (und $K = \infty$) verschwinden. Somit stellt

$$\zeta_0 = \frac{T_2 - \Theta_1}{\Theta_1} \quad \ldots\ldots\ldots \quad (4^b)$$

einen Grenzwert für verschwindende Temperaturdifferenzen längs der oberen und unteren Isobare dar, der doch praktisch unerreichbar ist, da er mit $G = \infty$ nach Gl. (2) auf unendliche Arbeitsbeträge für die Kompression und Expansion führen würde, deren Differenz allerdings endlich bleibt. Diesem Grenzwerte entspricht nach (3) auch ein kleinstes Druckverhältnis

$$\frac{p_2}{p_1} = \left(\frac{T_2}{\Theta_1}\right)^{\frac{\varkappa}{\varkappa - 1}} \quad \text{. . . . .} \quad (3^a)$$

Bei ausgeführten Maschinen wird nun der Arbeitsvorgang auch unter Festhaltung der vier Temperaturen durch die Energieverluste in den einzelnen Arbeitsräumen wesentlich geändert. Zunächst erfordert die Kompression einen höheren Arbeitsaufwand, der sich mit einem mechanischen Wirkungsgrad $\eta < 1$ des Verdichters zu

$$A L_2 = \frac{G c_p}{\eta} (\Theta_2 - \Theta_1) \quad \text{. . . . . . .} \quad (5)$$

berechnet, während von der Expansionsarbeit unter der praktisch zulässigen Annahme desselben Wirkungsgrades η nur der Betrag

$$A L_1 = \eta G c_p (T_2 - T_1) \quad \text{. . . . . . .} \quad (6)$$

zurückgewonnen wird. Der effektive Arbeitsaufwand[1]) wird somit

$$A L = G c_p \left(\frac{\Theta_2 - \Theta_1}{\eta} - (T_2 - T_1)\eta\right) \quad \text{. . . .} \quad (7)$$

Von dem Energieverluste in der Expansionsperiode, nämlich $(1 - \eta) G c_p (T_2 - T_1)$, bleibt ein ξ-ter Teil in Form von Wärme in der umlaufenden Luft und vermindert deren Wärmeaufnahmefähigkeit auf der unteren Isobare. Daher haben wir für die effektive Kälteleistung nur noch

$$Q_1 = G c_p [\Theta_1 - T_1 - \xi (1 - \eta)(T_2 - T_1)] \quad \text{. . .} \quad (8)$$

oder mit der Abkürzung

$$\xi (1 - \eta) = \xi_1 \quad \text{. . . . .} \quad (9)$$

$$Q_1 = G c_p [\Theta_1 - T_1 - \xi_1 (T_2 - T_1)] \quad \text{. . . .} \quad (8^a)$$

---

[1]) Auf die Notwendigkeit der getrennten Einführung der positiven und negativen Arbeitsbeträge mit den zugehörigen Einzelwirkungsgraden zur Beurteilung von Kreisprozessen habe ich zuerst hingewiesen in der Abhandlung: »Der mechanische Wirkungsgrad von Kolbenmaschinen«, Zeitschr. d. V. d. Ingenieure 1894. Vgl. auch des Verfassers Techn. Wärmelehre (1904), S. 435.

Daraus folgt schließlich für das Verhältnis des Arbeitsaufwandes zur Kälteleistung

$$\zeta = \frac{AL}{Q_1} = \frac{\Theta_2 - \Theta_1 - (T_2 - T_1)\eta^2}{\eta\,[\Theta_1 - T_1 - \xi_1 (T_2 - T_1)]} \quad . \quad . \quad . \quad . \qquad (10)$$

oder nach Elimination von Θ_2 durch (3)

$$\zeta = \frac{(\Theta_1 - \eta^2\, T_1)(T_2 - T_1)}{T_1\,[\Theta_1 - T_1 - \xi_1 (T_2 - T_1)]\,\eta} \quad . \quad . \quad . \quad . \qquad (10^a)$$

Dieses Verhältnis wird unendlich groß, bzw. es wird $1 : \zeta = 0$, wenn mit $T_2 : T_1$ das Druckverhältnis unendlich wird. Ebenso aber

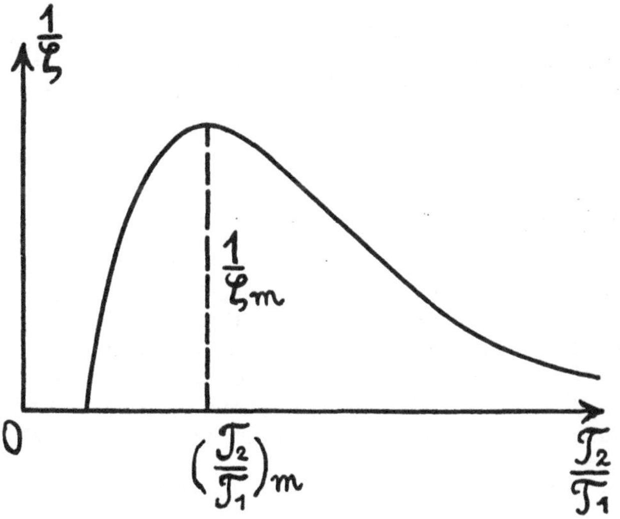

Fig. 91.

auch, wenn der Nenner verschwindet, d. h. wenn durch die bei der Expansion durch Energieverluste freiwerdende Wärme die Kälteleistung gerade aufhebt. Dies führt auf

$$T_1 = \frac{\Theta_1 - \xi_1 T_2}{1 - \xi_1} \quad . \quad . \quad . \quad . \quad . \quad . \quad . \quad . \qquad (11)$$

mit einer unteren Grenze für das Verhältnis $T_2 : T_1$ bzw. $p_2 : p_1$, die etwas über der oben durch (3^a) bestimmten liegt. Zwischen diesen beiden Grenzen, an denen die Maschine versagt, besitzt die in Fig. 91 dargestellte Kurve der $1 : \zeta$ einen Höchstwert, dem ein günstigstes Verhältnis $\left(\frac{T_2}{T_1}\right)_m$ bzw. $\left(\frac{p_2}{p_1}\right)_m$ für die beiden vorgelegten Temperaturen

Θ_2 und T_2 entspricht. Dieses Verhältnis ergibt sich aus (10ᵃ) durch Differentiation nach T_1 sowie mit

$$\frac{d\zeta}{dT_1} = 0 \quad \ldots\ldots\ldots\ldots \quad (12)$$

Die Ausführung dieser Operation führt nach etlichen Kürzungen auf die Formel

$$T_1^2(\Theta_1 - \eta^2\Theta_1 + \eta^2 T_2 - \xi_1\Theta_1) - 2(1-\xi_1)T_2\Theta_1 T_1$$
$$+ T_2\Theta_1(\Theta_1 - \xi_1 T_2) = 0 \quad \ldots\ldots\ldots \quad (12^a)$$

deren Auflösung nach $T_1 : T_2$ schließlich ergibt

$$\left(\frac{T_1}{T_2}\right)_m = \frac{1-\xi_1}{1-\eta^2-\xi_1+\eta^2\dfrac{T_2}{\Theta_1}}\left(1 - \sqrt{1-\left(\frac{\Theta_1}{T_2}-\xi_1\right)\frac{1-\eta^2-\xi_1+\eta^2\dfrac{T_2}{\Theta_1}}{(1-\xi_1)^2}}\right) \quad (12^b)$$

worin das positive Vorzeichen vor der Wurzel, da es auf $T_1 > T_2$ führen würde, weggelassen wurde. Für die verlustlose Idealmaschine ergibt (12ᵃ) bzw. (12ᵇ) mit $\xi_1 = 0$, $\eta = 1$ wieder $T_1 = \Theta_1$, also $\zeta = \zeta_0$, wie (4ᵇ).

Wir wollen nunmehr zur Prüfung unserer Ergebnisse ein Zahlenbeispiel berechnen, und zwar unter Zugrundelegung einer Ansaugetemperatur des Kompressors von $\vartheta_1 = -8^\circ$ C und einer Temperatur von $t_2 = +22^\circ$ vor der Expansion, so daß absolut $\Theta_1 = 273 - 8 = 265^\circ$, $T_2 = 273 + 22 = 295^\circ$ und $T_2 : \Theta_1 = 1{,}11$ wird. Außerdem setzen wir, praktischen Erfahrungen zufolge, $\eta = 0{,}775$, $\eta^2 = 0{,}6$ und $\xi_1 = \xi(1-\eta) = 0{,}225\,\xi = 0{,}1$, woraus $\xi = 0{,}44$, also eine Verminderung der Kälteleistung durch 44 % der Energieverluste bei der Expansion sich ergibt.

Dann erhalten wir zunächst für den Idealprozeß

$$\zeta_0 = \frac{30}{265} = 0{,}113$$

mit dem Druckverhältnis

$$\frac{p_2}{p_1} = \left(\frac{295}{265}\right)^{3,45} = 1{,}45.$$

Demgegenüber folgt aus (11) für die untere Grenze der ausführbaren Maschine

$$T_1 = \frac{265 - 0{,}1 \cdot 295}{0{,}9} = 262^\circ,$$

also

$$\frac{T_2}{T_1} = 1{,}13, \quad \frac{p_2}{p_1} = 1{,}51.$$

Für die Berechnung des günstigsten ausführbaren Prozesses haben wir

$$1 - \eta^2 - \xi_1 + \eta^2\frac{T_2}{\Theta_1} = 1 - 0{,}6 - 0{,}1 + 0{,}6 \cdot 1{,}11 = 0{,}966$$

$$\frac{\Theta_1}{T_1} - \xi_1 = 0{,}9 - 0{,}1 = 0{,}8, \quad (1-\xi_1)^2 = 0{,}81,$$

mithin nach (12^b)

$$\frac{T_1}{T_2} = \frac{0,9}{0,966}\left(1 - \sqrt{1 - \frac{0,8 \cdot 0,966}{0,81}}\right) = 0,736$$

woraus

$$T_1 = 217^0 \text{ oder } t_1 = -56^0$$

und

$$\frac{T_2}{T_1} = 1,36, \quad \frac{p_2}{p_1} = 2,88, \quad \Theta_2 = 360^0, \quad \vartheta_2 = +87^0$$

folgt, während sich aus (10_a)

$$\zeta_m = 1,55 = 13,7\ \zeta_0$$

ergibt. Der effektive Arbeitsaufwand der ausführbaren Kaltluftmaschine ist also unter den vorgelegten Betriebsbedingungen im günstigsten Falle fast 14mal so groß wie derjenige des entsprechenden Idealprozesses.

Soll die Maschine effektiv $Q_1 = 100000$ WE stündlich leisten, so erfordert dies nach (8^a) mit $c_p = 0,2375$ einen Luftumlauf von

$$G = \frac{100000}{40 \cdot 0,2375} = 10526 \text{ kg/St.}$$

mit effektivem Arbeiten im Kompressor und Expansionszylinder nach (5) und (6)

$$AL_2 = 306450 \text{ WE/St.} \sim 480 \text{ PS}_e$$
$$AL_1 = 151450 \quad \text{»} \quad \sim 240 \quad \text{»}$$

denen mit $\eta = 0,775$ indizierte Arbeiten im Betrage von

$$AL_{2i} = 372 \text{ PS}_i, \quad AL_{1i} = 310 \text{ PS}_i$$

zugehören. Die Maschine leistet also mit 1 PS_i rd. 1610 WE/St., mit 1 PS_e dagegen infolge der Reibungsverluste nur 417 WE/St., ein Ergebnis, das in der Praxis infolge willkürlich gewähltem, von dem günstigsten abweichenden Druckverhältnis $p_2 : p_1$ noch nicht einmal erreicht zu werden pflegt; während man mit Kaltdampfmaschinen bequem das 6—8fache erzielt.

Die vorstehenden Entwicklungen sind unabhängig davon, ob in der Kaltluftmaschine der Expansions- und Kompressionsvorgang sich in Arbeitszylindern oder in Kreiselrädern vollzieht; deren Wirkungsgrade η auch praktisch keine nennenswerten Unterschiede aufweisen. Von den Energieverlusten bei der Expansion entfällt jedoch bei der Verwendung eines Zylinders ein sehr erheblicher Teil auf das Kurbelgetriebe, dem nur die Lagerreibung der Luftturbine entspricht. Der größte Teil der Verluste in letzterer rührt dagegen von der Reibung der rasch strömenden Luft an den Schaufeln der Lauf- und Leiträder sowie von inneren Undichtigkeiten her, so daß bei gleichem Wirkungsgrade η doch der Koeffizient ξ_1 der Expansionsarbeit, der für die Verminderung der Kälteleistung in Frage kommt, bei Kreiselrädern größer ausfallen dürfte als bei Arbeitszylindern. Daraus folgt unmittelbar, daß jedenfalls der Ersatz der letzteren durch Schaufelräder für die Kaltluftmaschine keine wirtschaftliche Verbesserung bedeutet, wie gelegentlich angenommen wird.

Was nun die praktische Ausführbarkeit solcher Kaltluft-Turbomaschinen betrifft, so haben wir in § 23 gezeigt, daß mit Rücksicht auf die kleinste Schaufelbreite von 6 mm, bei der die Undichtheitsverluste noch in zulässigen Grenzen bleiben, ein SO_2-Kompressor für 500 000 WE stündliche Kälteleistung die untere Grenze bildet. Dieser Kompressor saugt bei $n = 4000$ Umläufen i. d. Min. stündlich rd. 5740 kg SO_2-Dämpfe von -10^0 an mit einem Totalvolumen von etwa 2000 cbm. Anderseits zirkuliert in der oben für 100 000 WE berechneten Kaltluftmaschine ein stündliches Luftgewicht von $G = 10\,526$ kg, welches bei -8^0 ein Volumen von etwa 8000 cbm besitzt. Da nun für die Kaltluftmaschine die kleinste Spaltbreite der Expansionsturbine maßgebend ist, deren axiale Schaufelbreiten bei gleicher Umlaufzahl zu denen des Turbokompressors sich wie die spezifischen Volumina bei gleichem Drucke, also wie $T_1 : \Theta_1 = T_2 : \Theta_2 = 217 : 295 = 265 : 360 = 1 : 1{,}36$, verhalten, so haben wir beim Austritt aus der Expansionsturbine nur mit einem Totalvolumen von $8000 : 1{,}36 \backsim 6000$ cbm/Std. zu rechnen. Dies entspricht einer Kälteleistung von 100 000 WE; mithin darf, da ein stündliches Endvolumen von 2000 cbm noch auf zulässige Abmessungen der Turbine führt, eine Kaltluftmaschine für rd. 33 000 WE stündlich als die kleinste Ausführungsform mit Kreiselrädern bezeichnet werden. Für kleinere Leistungen bleibt man nach wie vor auf Arbeitszylinder angewiesen, die unter allen Umständen gegenüber den Kreiselrädern — abgesehen von dem erheblich größeren Raumbedarf — keine wirtschaftlichen Nachteile besitzen.

Die vorstehenden Überlegungen lassen sich nun auch auf Verbrennungsmotoren anwenden, deren Arbeitsvorgang als Umkehrung des in Fig. 90 dargestellten Kreislaufes anzusehen ist. Dies trifft in der Tat zu für die Gleichdruckverbrennungsmaschine nach Diesel, aus der nach Ersatz des Kompressors und Expansionszylinders durch Kreiselräder die Gasturbine hervorgehen würde, in der die Verbrennung allerdings kontinuierlich in einer besonderen Verbrennungskammer stattfinden müßte. Nehmen wir, was bei großem Überschuß an Verbrennungsluft angenähert zutrifft, an, daß die spezifische Wärme des arbeitenden Gases sich durch den Verbrennungsvorgang nicht ändert, so können wir die obigen Formeln (1) und (2) unmittelbar wieder benutzen, und haben nur zu beachten, daß jetzt L_2 die positive, L_1 die negative Arbeit und Q_2 den Wärmeaufwand bedeutet. Der effektive Arbeitsgewinn ist demnach hierbei, wenn wir wieder der Kompression und Expansion der Einfachheit halber dieselben Wirkungsgrade zuschreiben, in Wärmeeinheiten

$$AL = AL_2 \eta - \frac{AL_1}{\eta} = G c_p \left((\Theta_2 - \Theta_1)\eta - \frac{T_2 - T_1}{\eta}\right) \quad . \quad (13)$$

während der Einfluß der Arbeitsverluste bei der Kompression auf den Wärmeaufwand ohne Bedeutung ist, so daß wir ohne Einführung des Faktors ξ kurz

$$Q_2 = G c_p (\Theta_2 - T_2)$$

setzen können. Alsdann sind in dem Verhältnis

$$\zeta = \frac{AL}{Q_2} = \frac{(\Theta_2 - \Theta_1)\eta^2 - T_2 + T_1}{\eta(\Theta_2 - T_2)} \quad . \quad . \quad . \quad . \quad . \quad (14)$$

die Ansaugetemperatur T_1 der Verbrennungsluft und die höchste Temperatur Θ_2 nach der Verbrennung, die letztere mit Rücksicht auf die Widerstandsfähigkeit des Materials des Expansionszylinders bzw. der Turbinenschaufeln, als gegeben anzusehen. Eliminieren wir dann noch aus Gl. (3) die Temperatur T_2, so geht (14) über in die Gleichung

$$\zeta = \frac{(\Theta_2 - \Theta_1)(\Theta_1 \eta^2 - T_1)}{\Theta_2 \eta (\Theta_1 - T_1)} \quad . \quad . \quad . \quad . \quad . \quad . \quad (14^a)$$

in der nur noch die Temperatur Θ_1 willkürlich gewählt werden darf. Der zu erstrebende Höchstwert von ζ ergibt sich daraus, wie oben aus (10^a) durch Differentiation nach dieser Temperatur Θ_1 und führt auf die Gleichung

$$\left(\frac{\Theta_1}{T_1}\right)_m = 1 + \sqrt{\left(\frac{\Theta_2}{T_1} - 1\right)\left(\frac{1}{\eta_2} - 1\right)} \quad . \quad . \quad . \quad . \quad . \quad (15)$$

die infolge des Wegfalls von ξ erheblich einfacher gebaut ist als die Formel (12^b) für Kaltluftmaschinen. Das negative Zeichen vor der Wurzel in (15) ist übrigens weggelassen worden, weil es im Widerspruch zu den Voraussetzungen auf $\Theta_1 < T_1$ führen würde. Weiter erkennt man aus (14^a), daß $\zeta = 0$ wird für $\Theta_1 \eta^2 = T_1$, woraus sich bei vorgelegtem Θ_2 und T_1 ein oberer Grenzwert des Druckverhältnisses

$$\left(\frac{p_2}{p_1}\right)^{\frac{\varkappa - 1}{\varkappa}} = \frac{\Theta_2}{\Theta_1} = \frac{\Theta_2}{T_1}\frac{T_1}{\Theta_1} = \eta^2 \frac{\Theta_2}{T_1} \quad . \quad . \quad . \quad . \quad . \quad (16)$$

ergibt, während der untere aus $\Theta_1 = \Theta_2$ zu $p_2 : p_1 = 1$ folgen würde, dem naturgemäß keine Leistung entsprechen kann. Demgemäß wird die Kurve des Verhältnisses $\zeta = AL : Q_2$ in ihrer Abhängigkeit von $\Theta_2 : \Theta_1$ bei der Abszisse 1 beginnen und nach Überschreiten eines Höchstwertes bei dem Werte (16) die Achse wieder erreichen, Fig. 92.

Setzen wir z. B. die Ansaugetemperatur $t_1 = +27°$, also $T_1 = 300°$ und die Höchsttemperatur mit Rücksicht auf das Schaufelmaterial der Turbine $\vartheta_2 = 627°$, d. h. $\Theta_2 = 900°$ und $\Theta_2 : T_1 = 3$, so erhalten wir mit $\eta = 0{,}775$, $\eta^2 = 0{,}6$ aus (16) für den oberen Grenzwert

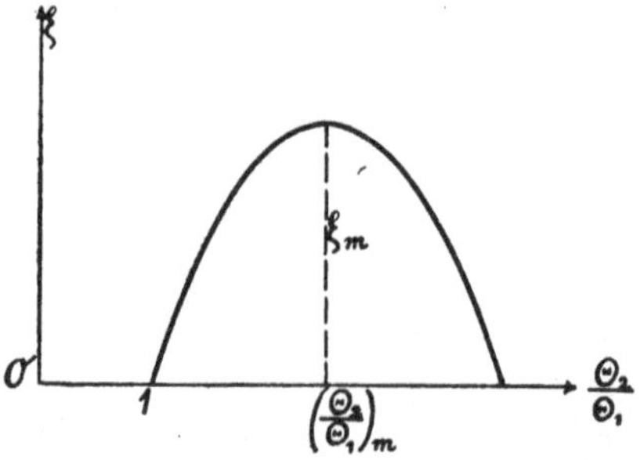

Fig. 92.

$$\frac{\Theta_2}{\Theta_1} = 1{,}8, \quad \frac{p_2}{p_1} = 7{,}6,$$

während für das Maximum von ζ aus (15)

$$\left(\frac{\Theta_1}{T_1}\right)_m = 1 + \sqrt{\frac{2 \cdot 0{,}4}{0{,}6}} = 2{,}136$$

also

$$\left(\frac{\Theta_2}{\Theta_1}\right)_m = 1{,}4, \quad \left(\frac{p_2}{p_1}\right)_m = 3{,}2$$

und das günstigste Nutzungsverhältnis selbst nach (14a) $\zeta_m = 0{,}091$ wird.

Demgegenüber erzielt man in neueren Dieselmotoren mit Arbeitszylindern, in denen allerdings erheblich höhere Maximaltemperaturen zulässig sind, während gleichzeitig auch die Einzelwirkungsgrade der Expansion und Kompression günstiger liegen, leicht Nutzungsverhältnisse von $\zeta = 0{,}3$ und darüber. Danach kann die nach dem Gleichdruckprozeß arbeitende Gasturbine als unwirtschaftlich zurzeit nicht in Frage kommen. Man könnte sie indessen durch Vorschaltung eines Regenerators vor die Verbrennungskammer, in dem die verdichtete Verbrennungsluft durch die heissen Auspuffgase der Turbine im Gegenstrom vorgewärmt werden, verbessern. Liegt die Vorwärmtemperatur der Verbrennungsluft infolge des unvollkommenen Wärmeaustausches um ϑ^0 unter Θ_1, so wäre in der Verbrennungskammer nur noch die Wärme

$$Q_2 = G\, c_p\, (\Theta_2 - \Theta_1 + \vartheta)$$

aufzuwenden, womit wir an Stelle von (14)

$$\zeta = \frac{AL}{Q_2} = \frac{(\Theta_2 - \Theta_1)\,\eta^2 - T_2 + T_1}{\eta\,(\Theta_2 - \Theta_1 + \vartheta)}$$

oder nach Elimination von T_2 durch (3)

$$\zeta = \frac{(\Theta_2 - \Theta_1)\,(\eta^2\,\Theta_1 - T_1)}{\eta\,\Theta_1\,(\Theta_2 - \Theta_1 + \vartheta)} \quad . \quad . \quad . \quad . \quad . \quad (17)$$

erhalten mit den beiden aus Fig. 92 ersichtlichen Grenzwerten. Für den Höchstwert von ζ ergibt sich durch Differentiation nach Θ_1

$$\frac{\Theta_1}{\Theta_2} = \frac{T_1}{T_1 - \vartheta\,\eta^2}\left(1 - \sqrt{\frac{(\Theta_2\,\eta^2 - T_1)\,\vartheta + \vartheta^2\,\eta^2}{\Theta_2\,T_1}}\right) \quad . \quad . \quad (18)$$

worin man ϑ^2 vernachlässigen kann. Außerdem darf nicht übersehen werden, daß durch Einschaltung des Regenerators die Bewegungswiderstände der Luft eine Erhöhung erfahren, die sich in niederen Einzelwirkungsgraden η geltend machen muß. Führt man mit dem hierfür schon hoch gegriffenen Werte $\eta^2 = 0,5$ sowie mit $\vartheta = 30^0$ unter Beibehaltung der obigen Temperaturen die Rechnung durch, so ergibt sich der Höchstwert $\zeta_m = 0,146$ bei einem Verhältnis $\Theta_2 : \Theta_1 = 1,092$ entsprechend $p_2 : p_1 = 1,36$, woraus dann für einigermaßen erhebliche Arbeitsleistungen so große Dimensionen der Kreiselräder folgen, daß schon durch die Anschaffungskosten die Wirtschaftlichkeit der Gasturbine mit Regenerator in Frage gestellt ist. Wir wollen uns darum mit der Ermittelung der Dimensionen nicht weiter aufhalten.

Kapitel III.

Die Achsialräder.

§ 25. Allgemeine Eigenschaften der Achsialräder.

Unter einem Achsialrad wollen wir ganz allgemein ein solches Kreiselrad verstehen, welches von der Arbeitsflüssigkeit in wesentlich achsialer Richtung durchflossen wird. Damit die Kontinuität der Strömung in einem solchen Rade aufrechterhalten bleibt, müssen die Wandungen desselben analog dem Radialrade einer Stromfunktion

$$\Psi = f_1(r\,z) \quad . \quad . \quad . \quad . \quad . \quad . \quad . \quad . \quad (1)$$

genügen, aus der sich nach den früheren Sätzen über die symmetrische (zweidimensionale) Strömung die beiden Geschwindigkeitskomponenten

$$w_r = -\frac{1}{\gamma r}\frac{\partial \Psi}{\partial z}, \quad w_z = \frac{1}{\gamma r}\frac{\partial \Psi}{\partial r} \quad . \quad . \quad . \quad . \quad . \quad (2)$$

ergeben. Ein Blick auf den in Fig. 8 und 9 dargestellten Meridianschnitt des Stromverlaufs lehrt unmittelbar, daß der für Achsialräder verfügbare Bereich im Gegensatz zum radialen von der Nullebene durch O relativ weit entfernt ist, und daß in diesem Bereiche die Achsialkomponente der Geschwindigkeit die radiale an Größe weitaus überragt. Die Änderung der Rotationskomponente w_n ist auch für diese Radgattung durch die Energiegleichung

$$\omega\, d(w_n r) + g\, dz = \frac{g}{\gamma}\, dp + w\, dw \quad . \quad . \quad . \quad . \quad (3)$$

bestimmt, deren Integration getrennt für die Zu- und Abströmung, sowie für den Durchgang durch das Rad durchzuführen ist. Ob außerhalb des Rades eine Änderung des Produktes $w_n r$ in Frage kommt, hängt lediglich vom Vorhandensein von Leitschaufeln ab, auf die man bei der Verwendung der Achsialräder als sog. Schraubengebläse und Schiffspropeller der Einfachheit und Betriebssicherheit halber gern verzichtet. Bei Wasserturbinen und Pumpen ist dies allerdings nicht angängig, indessen kommt die Verwendung der Achsialräder für diese Zwecke heute kaum noch in Betracht, hauptsächlich wegen der Schwierigkeit der Anpassung an das Saugrohr; außerdem aber weil die Erfahrung die Überlegenheit der Radialräder in der Energieausnutzung ergeben hat. Da wir nun gesehen haben, daß sich die Radialräder als Turbinen und Pumpen allen praktischen Verhältnissen anpassen, so wollen wir uns mit der Untersuchung der für diese Zwecke überlebten Achsialräder an dieser Stelle nicht erst aufhalten und nur noch ihre Verwendung für Schraubengebläse und Schiffspropeller näher ins Auge fassen. In diesen beiden Maschinengattungen spielt nun die Vertikalbewegung der das Rad durchströmenden Flüssigkeit eine so untergeordnete Rolle, daß wir von ihr und damit vom Einflusse der Schwere gänzlich absehen können. Dadurch vereinfacht sich aber die Energiegleichung in

$$\omega d(w_n r) = \frac{g}{\gamma} dp + w dw \quad \ldots\ldots \quad (3^a)$$

und ergibt durch Integration über den Flüssigkeitsweg durch das Rad bei konstant angenommenem spezifischen Gewichte

$$\omega([w_n r]_2 - [w_n r]_1) = \frac{g}{\gamma}(p_2 - p_1) + \frac{w_2^2 - w_1^2}{2} \quad \ldots \quad (4)$$

Hierin verschwindet aber das Produkt $(w_n r)_1$, wenn in Übereinstimmung mit der praktischen Ausführung vor dem Rade kein Leitapparat angebracht wird, während in der Flüssigkeit nach dem Verlassen des Rades das Produkt

$$w_n r = (w_n r)_2 \quad \ldots\ldots\ldots \quad (5)$$

konstant bleibt. Wegen der geringen Radialbewegung darf diese Konstanz mit großer Annäherung auch für die Rotationskomponente w_n selbst angenommen und deren Veränderlichkeit hinter dem Rade mithin vernachlässigt werden. Da diese Rotationskomponente niemals beabsichtigt ist und im Verlaufe des weiteren Verlaufes der Strömung auch nicht weiter ausgenutzt werden kann, so stellt die Rotationsenergie der austretenden Flüssigkeit bei Achsialrädern einen unvermeidlichen Arbeitsverlust dar, welcher naturgemäß deren Wirkungsgrad herabzieht.

Lösen wir ferner in Gl. (4) die Totalgeschwindigkeit in ihre Komponenten

$$w^2 = w_r^2 + w_z^2 + w_n^2 \quad . \; . \; . \; . \; . \; . \qquad (6)$$

auf, so dürfen wir, wieder mit Rücksicht auf das Verschwinden von w_{n1} für die Energiegleichung schreiben:

$$\omega w_{n2} r_2 = \frac{g}{\gamma}(p_2 - p_1) + \frac{w_{n2}^2}{2} + \frac{w_{r2}^2 - w_{r1}^2}{2} + \frac{w_{z2}^2 - w_{z1}^2}{2} \qquad (4^a)$$

oder auch unter Zusammenfassung aller Glieder mit w_{n2}

$$(w_{n2} - \omega r_2)^2 = \omega^2 r_2^2 - 2\frac{g}{\gamma}(p_2 - p_1) - (w_{r2}^2 - w_{r1}^2) - (w_{z2}^2 - w_{z1}^2) \quad (7)$$

Bezeichnen wir schließlich den Druck der ruhenden Flüssigkeit vor dem Eintritt in das Rad mit p_0, so gilt für die Zuströmung die durch Integration von (3^a) mit $d\,(w_n r) = 0$ erhaltene Energiegleichung siehe Fig. 93

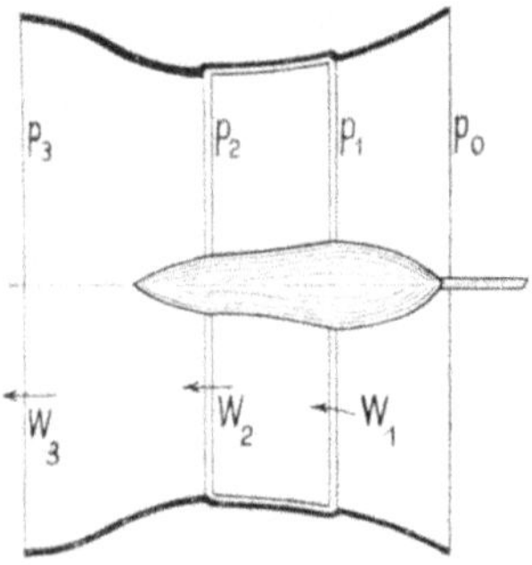

Fig. 93.

$$2\frac{g}{\gamma}(p_0 - p_1) = w_{r1}^2 + w_{z1}^2 \qquad (8)$$

und für die Abströmung in einen Raum mit dem Drucke p_3 und der Geschwindigkeit $w_3^2 = w_{z3}^2 + w_{r3}^2$ analog unter Vernachlässigung der Änderung von w_n^2

$$2\frac{g}{\gamma}(p_3 - p_2) = w_{z2}^2 + w_{r2}^2 - w_3^2 \qquad (9)$$

Vereinigen wir diese beiden Formeln mit (7), so folgt

$$(w_{n2} - \omega r_2)^2 = \omega^2 r_2^2 - 2\frac{g}{\gamma}(p_3 - p_0) + w_3^2 \quad . \; . \qquad (10)$$

und wir erkennen, daß die durch die Druckdifferenz $p_3 - p_0$, sowie sie Endgeschwindigkeit w_3 der Flüssigkeit verlangte Wirkung nur erzielt werden kann, solange über den ganzen Austrittsquerschnitt des Rades

$$\omega^2 r_2^2 > 2\frac{g}{\gamma}(p_3 - p_0) + w_3^2 \quad . \; . \; . \; . \qquad (11)$$

ist. Diese Bedingung besagt aber, daß *die Umfangsgeschwindigkeit des Rades nirgends unter einen bestimmten Wert herabsinken darf.* Da der kleinste Wert der Umfangsgeschwindigkeit der Nabe zukommt, so gibt die Ungleichung (11) bei vorgelegter Umlaufszahl des Achsialrades den *kleinsten Wert des Nabenradius* an, mit dem die beabsichtigte Wirkung noch erreicht werden kann. Die Richtigkeit dieser Forderung ist erst ganz neuerdings auf empirischem Wege an Schraubengebläsen festgestellt worden, deren bekannte mangelhafte Leistung vorwiegend auf der Nichterfüllung der Ungleichung (11) beruht. Daß der Meridianschnitt der Nabe selbst, um die Kontinuität zu wahren, der Stromfunktion (1) mit einem Parameter Ψ'' genügen sollte, braucht kaum erst hervorgehoben zu werden.

Wir kehren nunmehr wieder zu unserer Energiegleichung zurück und integrieren dieselbe vom Eintritt bis zu einer beliebigen Stelle innerhalb des Rades. Dies liefert in der Schreibweise von Gl. (7)

$$(w_n - \omega r)^2 = \omega^2 r^2 - \frac{2g}{\gamma}(p - p_1) - (w_r^2 - w_{r1}^2) - (w_z^2 - w_{z1}^2).$$

Hierin dürfen wir nach der Voraussetzung, daß die Radialkomponente w_r der Geschwindigkeit stets klein ist gegen die Achsialkomponente, die Differenz $w_r^2 - w_{r1}^2$ vernachlässigen und damit kürzer schreiben:

$$(w_n - \omega r)^2 = \omega^2 r^2 - \frac{2g}{\gamma}(p - p_1) - (w_z^2 - w_{z1}^2) \quad . \quad (12)$$

Da nun die Winkelgeschwindigkeit ω für das ganze Rad eine Konstante darstellt und außerdem der Radius r infolge der vorwiegend achsialen Strömung sich längs einer Flüssigkeitsbahn nur wenig ändert, während anderseits die Leistung des Rades bis zu der ins Auge gefaßten Stelle kleiner als die Gesamtleistung, d. h.

$$\frac{2g}{\gamma}(p - p_1) + (w_z^2 - w_{z1}^2) < \frac{2g}{\gamma}(p_3 - p_0) + w_3^2$$

sein muß, so ist jedenfalls nach Erfüllung der Bedingung (11) auch

$$\omega^2 r^2 > \frac{2g}{\gamma}(p - p_1) + w_z^2 - w_{z1}^2 \quad . \quad . \quad . \quad . \quad (13)$$

Schreiben wir dann Gl. (12) in der Form

$$(w_n - \omega r)^2 = \omega^2 r^2 \left(1 - \frac{2g}{\gamma}\frac{(p - p_1)}{\omega^2 r^2} - \frac{w_z^2 - w_{z1}^2}{\omega^2 r^2}\right) \quad . \quad (12^a)$$

so darf der Klammerausdruck rechts bei kleinen Änderungen des Druckes und der Achsialgeschwindigkeit im Rade als eine von Eins nur wenig verschiedene Größe aufgefaßt werden. Damit aber ergibt die angenäherte Bildung der Wurzel

$$w_n - \omega r = -\omega r \left(1 - \frac{g}{\gamma}\frac{p - p_1}{\omega^2 r^2} - \frac{w_z^2 - w_{z1}^2}{2\,\omega^2 r^2}\right) \quad . \quad (12^b)$$

in der wir nur das n e g a t i v e V o r z e i c h e n gebrauchen können, wenn wir nicht unerwünscht große Werte von w_n und damit abnorme

Energieverluste mit in Kauf nehmen wollen. Alsdann gilt aber angenähert

$$w_n = \frac{g}{\gamma} \frac{p - p_1}{\omega r} + \frac{w_z^2 - w_{z1}^2}{2 \omega r}$$

oder auch

$$w_n r = \frac{1}{\omega} \left(\frac{g}{\gamma} (p - p_1) + \frac{w_z^2 - w_{z1}^2}{2} \right) \quad . \quad . \quad . \quad . \quad (14)$$

Diese Gleichung hätten wir aus (12) auch unmittelbar durch Vernachlässigung von w_n^2 gegen $r^2 \omega^2$ erhalten, die somit als eine Folge kleiner Änderungen des Druckes und der Achsialgeschwindigkeit erscheint.

Da nun sowohl der Druck p als auch die Geschwindigkeit w_z im allgemeinen Funktionen von r und z sind, so ergibt (14) die Gleichung einer Kurvenschar im Meridianschnitt (Fig. 94)

$$w_n r = f_2 (r z) \quad . \quad . \quad (15)$$

deren Parameter die Werte von $w_n r$ bilden.

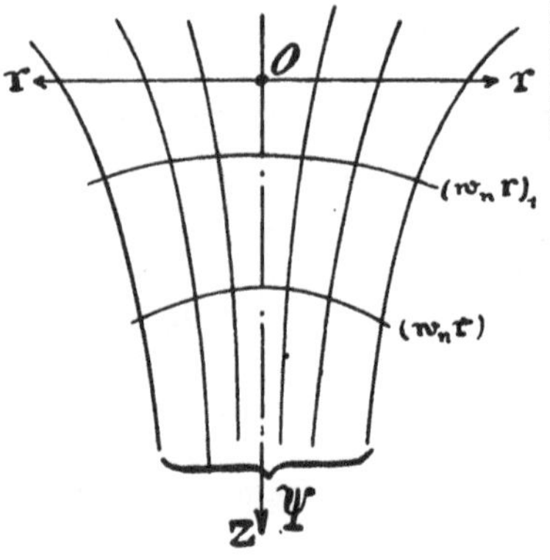

Fig. 94.

Die Wahl dieser Funktion $f_2 (rz)$ wird nun dadurch erleichtert, daß wir für Schraubenventilatoren unter Vernachlässigung der Änderung der Achsialgeschwindigkeit nur die Drucksteigerung zu beachten brauchen, während für Schiffspropeller, welche durch die Reaktion eines nach hinten ausgestoßenen Wasserstrahles wirken, umgekehrt nur die Geschwindigkeitszunahme in Frage kommt.

Weiterhin aber sind Änderungen von p und w_2 in radialer Richtung nicht beabsichtigt, da sie den vorwiegend achsialen Charakter der Strömung nicht nur innerhalb des Rades, sondern auch vor und hinter demselben erheblich stören würden. Diese Änderungen treten jedenfalls hinter den achsialen weit zurück, die ihrerseits bei mäßigem Betrage dem Zuwachse von z selbst angenähert proportional gesetzt werden dürfen. Die hieraus folgende lineare Abhängigkeit des Produktes $w_n r$ von z hatten wir aber schon im § 10, Beispiel III für eine rein zylindrische Strömung als Näherungslösung kennen gelernt, die mithin für die Achsialräder eine große praktische Bedeutung gewinnt.

Durch die vorstehende Entwicklung ist auch schon die Form der Schaufeln, die man hier gewöhnlich als Flügel bezeichnet, festgelegt. Ist nämlich, wie früher χ der Drehwinkel der relativen Flüssigkeitsbahn, welche längs des Flügels verlaufen muß, so haben wir

$$\frac{d\chi}{dt} = \frac{d\varphi}{dt} - \omega = \frac{w_n}{r} - \omega \quad . \quad . \quad . \quad . \quad . \quad . \quad . \quad (16)$$

womit (12^a) übergeht in

$$\frac{d\chi}{dt} = -\omega\left(1 - \frac{g}{\gamma}\frac{p - p_1}{\omega^2 r^2} - \frac{w_z^2 - w_{z1}^2}{2\omega^2 r^2}\right).$$

Da nun anderseits

$$\frac{dz}{dt} = w_z$$

ist, so folgt auch

$$d\chi = -\omega\left(1 - \frac{g}{\gamma}\frac{p - p_1}{\omega^2 r^2} - \frac{w_z^2 - w_{z1}^2}{2\omega^2 r^2}\right)\frac{dz}{w_z} \quad . \quad . \quad . \quad (17)$$

Hieraus erkennen wir, daß einerseits die Schaufel, dem negativen Vorzeichen der rechten Seite entsprechend, der Drehrichtung des Rades entgegengesetzt verläuft und weiterhin, daß ihre Bogenlänge infolge der geringen Veränderlichkeit des Klammerausdrucks nahe zu der Winkelgeschwindigkeit proportional sein wird.

Daß es sich hierbei, im Gegensatz zu den Radialrädern, nur um eine Näherungslösung handeln kann, erkennt man schon aus dem ganzen vorstehenden Entwicklungsgange. Die demselben eigentümlichen Vernachlässigungen betreffen nämlich nicht nur die Radialgeschwindigkeit, sondern auch, wie der Vergleich von (12^a) und (14) ergibt, die Rotationsenergie $\frac{1}{2}\, w_n^2$, welche nach der Nabe des Rades hin entsprechend Gl. (5) stark zunimmt. Wir werden diesem Umstande in der Folge durch Hinzufügung eines Mittelwertes von $w_{n}{}^2{}_2$ und gegebenenfalls auch von $w^2{}_{r2}$ nach Maßgabe von Gl. (4^a) gerecht werden, außerdem aber noch die Reibungswiderstände durch Hinzufügung eines Koeffizienten $\xi > 1$ auf der rechten Seite von Gl. (4) berücksichtigen. Damit geht diese Formel bzw. (10) für den Austrittsquerschnitt über in

$$\omega(w_n r)_2 = \xi\left(\frac{g}{\gamma}(p_3 - p_0) + \frac{w_3^2 + w_{n2}^2}{2}\right) \quad . \quad . \quad . \quad (10^a)$$

und wir erhalten als W i r k u n g s g r a d   d e s   R a d e s

$$\eta = \frac{\frac{g}{\gamma}(p_1 - p_0) + \frac{w_3{}^2}{2}}{\omega(w_n r)_2} = \frac{2g(p_3 - p_0) + \gamma w_3{}^2}{\xi(2g[p_3 - p_0] + \gamma[w_3{}^2 + w_{n2}{}^2])} \quad (18)$$

Bringt man diese Korrektionen auch in der Formel für den
Schaufelwinkel an, so zeigt sich, daß hierdurch der Klammerausdruck
der rechten Seite von (17) verkleinert, die Schaufel also verkürzt
wird. Bezeichnet man, dem Sprachgebrauche folgend, das Verhältnis
der achsialen Länge der relativen Flüssigkeitsbahn zur Bogenlänge
im Normalschnitt des Rades als die S t e i g u n g   d e s   o f f e n b a r
s c h r a u b e n a r t i g e n   F l ü g e l s , so erkennen wir, daß d i e s e
S t e i g u n g   d u r c h   d i e   u n v e r m e i d l i c h e n   V e r l u s t e
e i n e   V e r g r ö ß e r u n g   e r f ä h r t .

§ 26. Theorie und Berechnung der Schraubengebläse.

S c h r a u b e n g e b l ä s e bevorzugt man in der technischen
Praxis ihrer großen Einfachheit wegen dann, wenn es sich, wie bei Lüf-
tungsanlagen um die. F ö r d e r u n g   g r o ß e r   L u f t m e n g e n   b e i

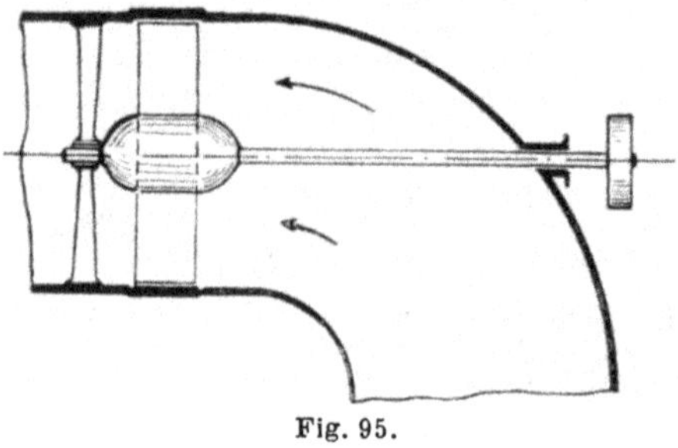

Fig. 95.   Fig. 96.

k l e i n e m   Ü b e r d r u c k handelt. Das Flügelrad wird hierbei gewöhnlich unmittelbar in die zylindrische Luftleitung derart hinein-
gebaut, daß die Welle durch einen Krümmer derselben nach Fig. 95
herausragt, wenn man es nicht vorzieht, auch den neuerdings häufig
zum Antriebe benutzten Elektromotor unter direkter Kuppelung mit
der Ventilatorwelle dem Luftstrome auzusetzen.

Infolge des meist nur wenige Millimeter Wassersäule betragenden
Überdruckes der Luft hinter dem Gebläse spielt die Änderung des
spezifischen Gewichtes γ beim Durchgang durch diese Maschinen gar
keine Rolle. Da dieser kleine Überdruck zur Überwindung der Be-

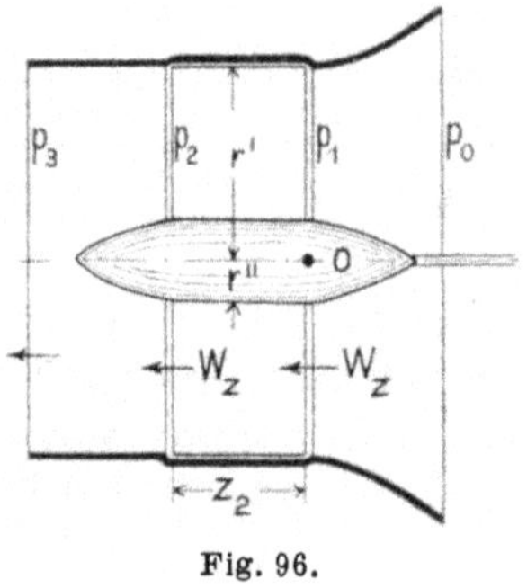

wegungswiderstände in der Luftleitung genügt, so kommt auch eine Erhöhung der Stromgeschwindigkeit durch den Ventilator nicht in Betracht, so daß dessen Wandungen unter Verzicht auf jede Radialbewegung rein zylindrisch gestaltet werden können, entsprechend einer Stromfunktion

$$\Psi = A \gamma r^2 \quad . \quad . \quad . \quad . \quad . \quad . \quad . \quad . \quad (1)$$

mit den Parametern Ψ' für die Außenwand und Ψ'' für die Nabe. Ist dann V das in der Sekunde durchströmende Luftvolumen, so wird auch hier

$$V\gamma = 2\pi (\Psi' - \Psi'') = 2\pi A (r'^2 - r''^2) \quad . \quad . \quad . \quad (2)$$

wenn r' den Außenradius der Flügel und r'' den Radius der Nabe bedeutet (Fig. 96). Aus (1) folgt noch nach Gl. 2 § 25

$$w_r = 0, \quad w_z = 2A = \text{Const.} \quad . \quad . \quad . \quad . \quad . \quad (3)$$

womit (2) übergeht in

$$V = \pi (r'^2 - r''^2) w_z \quad . \quad . \quad . \quad . \quad . \quad . \quad (2^a)$$

Bezeichnen wir dann noch mit w_3 die Geschwindigkeit im Druckrohr, wo die Pressung p_3 herrscht, so bestimmt sich der Nabenradius r'' aus der Ungleichung (11) § 25, nämlich

$$\omega^2 r''^2 > 2g \frac{p_3 - p_0}{\gamma} + w_3^2 \quad . \quad . \quad . \quad . \quad . \quad (4)$$

Mit w_3 ergibt sich sofort auch der mit r' identische Druckrohrradius aus

$$V = \pi r'^2 w_3 \quad . \quad . \quad . \quad . \quad . \quad . \quad . \quad . \quad (5)$$

durch den im Verein mit dem Nabenradius r'' nach Gl. (2^a) die Achsialgeschwindigkeit w_z im Rade sich berechnet.

Der Druck p_1 im Eintrittsquerschnitt folgt weiter aus der Energiegleichung (8) § 25, welche unter Wegfall der Radialkomponente w_{r1} und wegen $w_{z1} = w_{z2} = w_z$ lautet

$$\frac{p_0 - p_1}{\gamma} = \frac{w_z^2}{2g} \quad . \quad . \quad . \quad . \quad . \quad . \quad . \quad (6)$$

Daraus erkennt man schon, daß es sich an dieser Stelle um eine Depression handelt, während der Überdruck hinter dem Rade nach Gl. (9) § 14

$$\frac{p_2 - p_0}{\gamma} = \frac{p_3 - p_0}{\gamma} - \frac{w_z^2 - w_3^2}{2g} \quad . \quad . \quad . \quad . \quad . \quad (7)$$

wird.

Nunmehr berechnen wir die auf die Masseneinheit der in der Sekunde vom Rad geförderten Luft entfallende Arbeit nach Gl. (10^a) § 25

$$\omega (w_n r)_2 = \xi \left(\frac{g}{\gamma} (p_3 - p_0) + \frac{w_3^2 + w_{n2}^2}{2}\right) \quad . \quad . \quad . \quad (8)$$

nachdem wir rechts für w_{n2}^2 einen Mittelwert eingeführt haben. Wenn man sich nicht mit einer Schätzung desselben begnügen will, indem man etwa $w_{n2} = w_3$ setzt, so kann man hierzu auf folgendem Wege gelangen. Nach Gl. (5) § 25 ist nämlich für irgendeinen Radius der Austrittsstelle

$$w_n = \frac{(w_n r)_2}{r} \text{ oder } w_n^2 = \frac{(w_n r)_2^2}{r^2},$$

mithin ist die doppelte Rotationsenergie des einen Ring vom Radius r und der Breite dr passierenden Luftvolumens

$$2\pi w_n^2 r \, dr \, w_z = 2\pi (w_n r)_2^2 \frac{dr}{r} w_z.$$

Integrieren wir diesen Ausdruck über den ganzen Austrittsquerschnitt unter der Annahme $(w_n r)_2 = \text{Const.}$, so wird die gesamte doppelte Rotationsenergie

$$2\pi (w_n r)_2^2 w_z \int_{r''}^{r'} \frac{dr}{r} = \pi (w_n r)_2^2 w_z \lg n \left(\frac{r'}{r''}\right)^2,$$

während wir hierfür unter Einführung des Mittelwertes w_{n2} auch schreiben dürfen

$$\pi (r'^2 - r''^2) w_{n2}^2 w_z.$$

Setzen wir die beiden letzten Ausdrücke einander gleich, so erhalten wir für den Mittelwert

$$w_{n2}^2 = (w_n r)_2^2 \cdot \frac{\lg n \, r'^2 - \lg n \, r''^2}{r'^2 - r''^2} \quad . \quad . \quad . \quad . \quad (9)$$

für den wir mit der Abkürzung

$$\frac{\lg n \, r'^2 - \lg n \, r''^2}{r'^2 - r''^2} = \frac{1}{\varrho^2} \quad . \quad . \quad . \quad . \quad . \quad . \quad . \quad (10)$$

auch

$$w_{n2}^2 = \frac{(w_n r)_2^2}{\varrho^2} \quad . \quad . \quad . \quad . \quad . \quad . \quad . \quad . \quad (9^a)$$

schreiben können.

Man wird also zunächst aus Gl. (8) mit Vernachlässigung von w_{n2} den Wert $(w_n r)_2$ bestimmen und dann die Berechnung unter Einführung von (9) bzw. (9^a) wiederholen. Ist somit der Endwert $(w_n r)_2$

festgelegt, so müssen wir uns entscheiden, nach welchem Gesetz das Produkt $(w_n r)$, welches im Eintrittsquerschnitt noch verschwindet, beim Durchgang durch das Rad sich ändert. Da radiale Bewegungen gänzlich ausgeschlossen sind, so bleibt nur eine Abhängigkeit von z übrig, d. h. die Flächen gleichen Druckes sind Normalebenen zur Achse.

Verlegen wir den Anfang O des Koordinatensystems willkürlich in den Eintrittsquerschnitt und beachten ferner, daß es sich nur um sehr kleine Druckänderungen handelt, so dürfen wir $(w_n r)$ unbedenklich dem Abstand z proportional annehmen, also kurz

$$(w_n r) = \frac{(w_n r)_2}{z_2} z \quad . \quad . \quad . \quad . \quad . \quad . \quad . \quad (11)$$

setzen, worin z_2 unmittelbar die achsiale Radlänge bedeutet.

Damit aber folgt für den Schaufelwinkel χ

$$\frac{d\chi}{dt} = \frac{d\varphi}{dt} - \omega = \frac{(w_n r)}{r^2} - \omega$$

oder mit $w_z = \frac{dz}{dt}$

$$d\chi = \left(\frac{(w_n r)}{r^2 w_z} - \frac{\omega}{w_z}\right) dz = \frac{(w_n r)_2}{w_z z_2 r^2} z\,dz - \frac{\omega}{w_z} dz$$

und nach Integration zwischen z und $z = 0$

$$\chi = \frac{(w_n r)_2}{2 w_z r^2} \frac{z^2}{z_2} - \frac{\omega z}{w_z} \quad . \quad . \quad . \quad . \quad . \quad . \quad . \quad (12)$$

Dies ist schon die Gleichung der Schaufelfläche, deren Verzeichnung jetzt ohne weiteres vor sich gehen kann.

Schließlich berechnet sich noch die zum Betriebe des Ventilators nötige Arbeit durch Multiplikation des Produktes $\omega\,(w_n r)_2$ mit der Masse

$$\frac{Q}{g} = \frac{V\gamma}{g}$$

der vom Rad in der Sekunde geförderten Luft zu

$$L = \frac{Q}{g}\,\omega (w_n r)_2 = V\omega \frac{\gamma}{g}\,(w_n r)_2 \quad . \quad . \quad . \quad . \quad (13)$$

und der Wirkungsgrad zu

$$\eta = \frac{2g\,(p_3 - p_0) + \gamma w_3^2}{2\gamma\omega (w_n r)_2} \quad . \quad . \quad . \quad . \quad . \quad . \quad (14)$$

Auf die Querschnittsverengung durch die Schaufeldicken haben wir in unserer ganzen Betrachtung keine Rücksicht genommen, weil die Zahl der Flügel in Achsialrädern stets viel kleiner gewählt wird wie bei Radialrädern. Außerdem aber stellt die eben entwickelte Theorie gegenüber derjenigen der Radialräder nur eine so rohe Annäherung dar, daß feinere Korrektionen am Resultat ihren Sinn verlieren.

Zur Verdeutlichung des Rechnungsganges wollen wir ein Schraubengebläse betrachten, welches in der Minute 200 cbm Luft gegen einen Überdruck von 15 mm Wassersäule zu fördern hat, wobei die Geschwindigkeit im Druckrohr $w_3 = 7$ m/Sek. betragen soll. Daraus folgt ein sekundliches Fördervolumen von

$$V = \frac{200}{60} = 3{,}33 \text{ cbm}$$

oder bei einem spezifischen Gewicht $\gamma = 1{,}22$ kg/cbm

$$Q = V\gamma = 4{,}07 \text{ kg.}$$

Weiter ergibt sich mit

$$p_3 - p_0 = 15 \text{ kg/qm}$$

aus (4)

$$\omega^2 r''^2 > 2 \cdot 9{,}81 \frac{15}{1{,}22} + 49 = 290$$

oder

$$\omega r'' > 17 \text{ m/Sek.}$$

Diese untere Begrenzung der Umfangsgeschwindigkeit auf 17 m/Sek. würde für

Umlaufszahlen von	$n = 600$	800	1000	1200	i. d. Min.
bzw. Winkelgeschwindigkeiten von	$\omega = 63$	84	105	126	
auf Nabenradien	$r'' > 0{,}27$	0,203	0,162	0,135	m

führen. Danach wählen wir, um einerseits die Umfangsgeschwindigkeit am Außenrande und anderseits den Nabendurchmesser in mäßigen Grenzen zu halten

$$r'' = 0{,}17 \text{ m}, \qquad n = 1000 \text{ i. d. Min.}$$

Dann berechnet sich der Radius des Druckrohres aus (5) zu

$$r' = \sqrt{\frac{V}{\pi w_3}} = 0{,}39 \text{ m}$$

und aus (2[a]) die Achsialgeschwindigkeit im Flügelrade

$$w_z = \frac{V}{\pi (r'^2 - r''^2)} = 8{,}6 \text{ m/Sek.}$$

Durch dieselbe ist dann nach (6) die Depression vor dem Rade zu

$$p_0 - p_1 = \frac{\gamma w_z^2}{2g} = 4{,}6 \text{ kg/qm} = 4{,}6 \text{ m/m Wasser}$$

und der Überdruck unmittelbar hinter dem Rade aus (7) zu

$$p_2 - p_0 = 13{,}45 \text{ kg/qm} = 13{,}45 \text{ m/m Wasser}$$

bestimmt. Weiter erhalten wir mit einem Koeffizienten $\xi = 1{,}2$ und der vorläufigen Annahme eines Mittelwertes $w_{n2} = w_3 = 7$ m/Sek. aus (8)

$$(w_n r)_2 = 1{,}935$$

und daraus zur Kontrolle mit (9)

$$w_{n_2}^2 = (w_n r)_2^2 \frac{\lg n\, r'^2 - \lg n\, r''^2}{r'^2 - r''^2} = 50{,}5$$

oder $w_{n2} = 7{,}09$ m/Sek., also eine fast vollständige Bestätigung unserer Annahme von 7 m/Sek.

Zur Berechnung der Schaufelwinkel müssen wir noch die achsiale Radlänge festsetzen. Mit $z = 0{,}15$ m erhalten wir alsdann aus Gl. (12)

$$\chi = 0{,}188 \frac{z^2}{r^2} - 12{,}2\, z.$$

Die Darstellung dieser Fläche geschieht am bequemsten, wenn wir durch das Rad einerseits Normalschnitte im Abstande von je 0,05 m und weiter Zylinder mit verschiedenen Radien legen. Alsdann ergeben sich die in der nachstehenden Tabelle zusammengestellten Werte von χ im Bogenmaß

für $z =$	0	0,05	0,1	0,15 m
für $r = 0{,}17$ m	0	— 0,550	— 0,960	— 1,245
0,24 m	0	— 0,577	— 1,090	— 1,536
0,31 m	0	— 0,590	— 1,142	— 1,654
0,39 m	0	— 0,597	— 1,171	— 1,719

oder in Bogengraden, da arc 57,3° = 1 ist

für $z =$	0	0,05	0,1	0,15 m
$r = 0{,}17$ m	0	— 31,2°	— 55,0°	— 71,3°
0,24 m	0	— 32,9°	— 67,5°	— 88,0°
0,31 m	0	— 33,8°	— 65,3°	— 94,7°
0,39 m	0	— 34,2°	— 67,0°	— 98,5°

In Fig. 97 u. 98 ist die Form eines solchen durch 16 Punkte bestimmten Flügels ersichtlich; sie zeichnet sich von den bisher üblichen vor allen durch ihre Länge und den relativ großen inneren Durchmesser aus. Für den ins Auge gefaßten

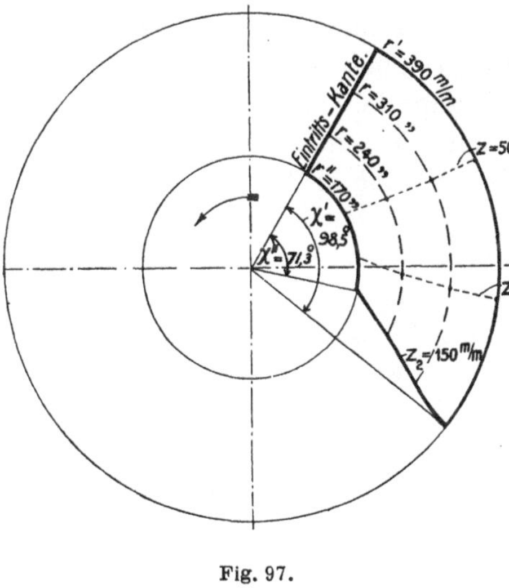

Fig. 97.

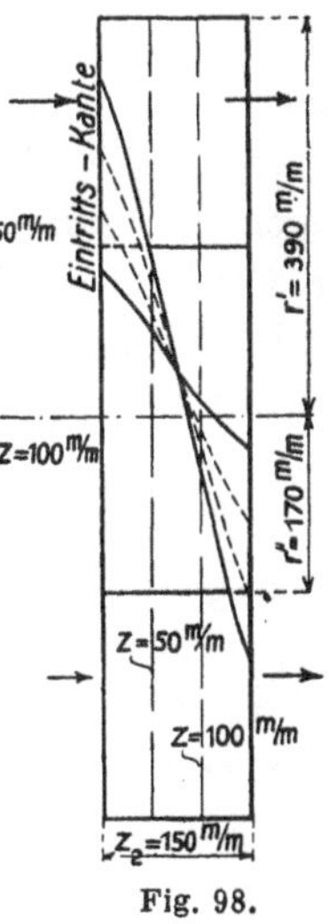

Fig. 98.

Ventilator dürften 4—5 solcher Flügel genügen, welche, dem geringen Überdruck entsprechend, aus dünnem Blech geschnitten, keine nennenswerte Querschnittsverengung zur Folge haben.

Der Arbeitsbedarf des Ventilators ist weiterhin nach (13)

$$L = \frac{Q}{g} \omega (w_n r)_2 = 85 \text{ mkg/Sek.}$$

oder 1,13 PS und der Wirkungsgrad nach (14)

$$\eta = 0,705,$$

während bis jetzt mit Schraubengebläsen trotz viel niederer Pressungen (3—5 mm Wasser) nur selten mehr als 0,5 erzielt wurde.

Die Brauchbarkeit der vorstehenden Rechnungsmethode ergibt sich aus dem schon erwähnten Berichte von H. Strehler, der mit einem hiernach ausgeführten Schraubengebläse von 900 m/m Durchmesser bei $n = 900$ Umläufen i. d. Minute 6,2 cbm Luft sekundlich auf 25 m/m Wassersäule förderte, wozu effektiv 3 PS, entsprechend einem Wirkungsgrade von $\eta = 0,7$, erforderlich waren. Bei einem etwas kleineren Gebläse, das mit $n = 1300$ Umdrehungen lief und 1,7 cbm/Sek. auf 20 m/m förderte, konnte der Wirkungsgrad sogar auf 0,73 gesteigert werden.

Es steht natürlich nichts im Wege, die Zahl der Flügel unter gleichzeitiger Verminderung ihrer Breite, d. h. des Winkels χ zu vergrößern, wenn man dementsprechend auch die achsiale Nabenlänge verkürzt.

§ 27. Theorie der Schiffspropeller.

Die Schiffspropeller, von denen hier allein die Rede sein soll, sind fast ausschließlich offene Kreiselräder mit wenigen auf der Welle befestigten schraubenartigen Flügeln. Sie werden gewöhnlich hinter dem Heck des Schiffes oder symmetrisch zur Seite desselben derart angebracht, daß sie tunlichst bei jedem Tiefgang vollständig eintauchen, wobei die Richtung der Wellenachse mit derjenigen der Schiffslängsachse ganz oder doch nahezu übereinstimmt. Die Wirkung der Schiffspropeller, welche früher irrtümlich als eine Fortschraubung in dem als unbeweglich gedachten Wasser aufgefaßt wurde, beruht in der Reaktion einer nach hinten geschleuderten Wassermenge, welche bei der Vorwärtsbewegung des Schiffes von selbst in den Propeller gelangt, bzw. von ihm angesaugt wird. Wir haben es also mit einem durchaus dynamischen Vorgange zu tun, der sich ohne erhebliche Vertikalbewegungen in der Nähe der Wasseroberfläche abspielt. Daher wollen wir für die folgenden Untersuchungen nicht nur den Einfluß der Schwere, sondern auch die Änderungen des hydraulischen Druckes vernachlässigen.

Bevor wir in der Lage sind, eine Theorie der Propellerwirkung aufzustellen, müssen wir uns wenigstens in den Grundzügen über die Wasserbewegung in der nächsten Umgebung des Schiffes Klarheit verschaffen. Denken wir uns selbst auf einem Schiffe befindlich, welches ohne Propeller durch eine äußere Kraft (z. B. durch den Winddruck auf die Segel oder von einem Schlepper gezogen) mit der Geschwindigkeit c_0 fortschreitet, so beobachten wir, daß vor dem Schiffe die Wasserelemente zur Seite ausweichen und hinten wieder nach der Mitte zurückströmen. Wir erhalten daher eine relative Wasserbewegung gegen das Schiff mit einer Achsialkomponente w_z und einer Radialkomponente w_r. Von diesen verschwindet die letztere sowohl in der als z-Achse gewählten Fortsetzung der Schiffsachse nach vorn und hinten, als auch seitlich im unendlichen, während die relative Achsialkomponente infolge von Reibungskräften an der Außenhaut ver-

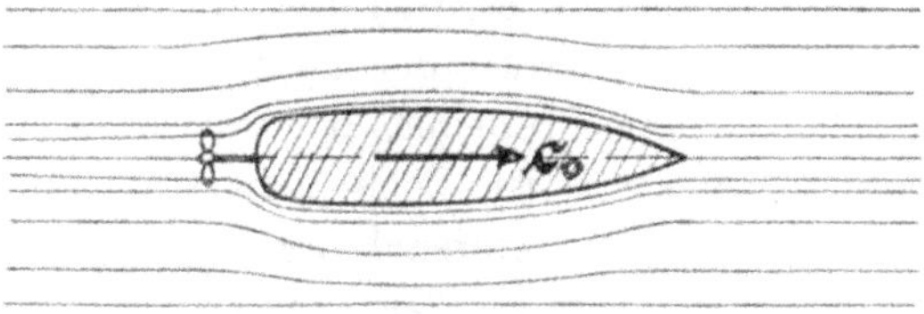

Fig. 99.

schwindet und überall im unendlichen mit der Schiffsgeschwindigkeit c_0 identisch wird. Die Achsialkomponente der absoluten Wassergeschwindigkeit, der sog. Vorstrom, ergibt sich alsdann sofort zu $w_z - c_0$, während die Radialkomponente w_r mit derjenigen der Relativgeschwindigkeit übereinstimmt. Da der Druck auf der Wasseroberfläche überall denselben Wert hat, so muß dem seitlichen Abströmen des Wassers am Vorderschiff eine Stauung, der Rückströmung zum Hinterschiff dagegen eine Oberflächensenkung entsprechen, welche beide vereint zur Wellenbildung Anlaß bieten und den Schiffswiderstand[1]) bei der Fortbewegung erhöhen.

Bewegt sich dagegen das Schiff unter der Wirkung eines eigenen Propellers, so ändert sich das Strombild merklich nur in der Umgebung des Propellers nach Maßgabe von Fig. 99, so

[1]) Näheres hierüber findet man in meiner Abhandlung »Beitrag zur Theorie des Schiffswiderstandes«, Z. d. Vereins d. Ingenieure 1907, sowie in meiner Techn. Hydromechanik (München 1910) S. 441.

zwar, daß die relativen Wasserbahnen dort infolge der Saugwirkung des Propellers eine vorwiegend achsiale Richtung erhalten. Diese Saugwirkung ist auf den nach hinten austretenden Flüssigkeitsstrahl, den sog. Schraubenstrahl zurückzuführen, sie bedingt naturgemäß in der Umgebung des Propellers einen etwas geringeren Druck, als er dort ohne den Propeller herrschen würde. Dadurch wird natürlich die Rückströmung zum Hinterschiff gehindert, und eine Oberflächensenkung über dem Propeller hervorgerufen. Dieser, den Schiffsbauern wohlbekannten Erscheinung kann bei günstigen Schiffsformen am Vorderschiff eine verminderte Stauung entgegenstehen, so daß die Wirkungsweise des Propellers nicht unbedingt eine Erhöhung des Schiffswiderstandes zur Folge haben muß.

Jedenfalls erkennt man aus diesen Überlegungen, daß die Zuströmung des Wassers zum Propeller wesentlich von der Schiffsform abhängt, ohne daß es möglich ist, den Einfluß derselben rechnerisch zu verfolgen. Dadurch aber wird der approximative Charakter der nachstehenden Theorie der Propeller, der schon in der vorwiegend achsialen Strömung begründet ist, noch bedeutend verschärft. Schon die für jede wissenschaftliche Untersuchung unumgängliche Forderung einer symmetrischen Gruppierung der Wasserbewegung um die Propellerachse stellt angesichts der Nähe der Oberfläche und der Hinterschiffswand eine weitgehende Vereinfachung der ganzen Problemstellung dar, welche im Grunde nur bei zigarrenförmigen Unterseebooten vollauf berechtigt erscheint. Noch verwickelter gestalten sich die Verhältnisse bei Anwendung von Seitenschrauben, bei denen infolge des seitlichen Einflusses der Schiffswand nicht einmal die Symmetrie in einer Horizontalebene gewahrt bleibt. Infolgedessen werden wir im allgemeinen auf eine gleichförmige Energieausnutzung aller das Rad passierenden Wasserteile auch dann nicht rechnen dürfen, wenn wir den Einfluß der Rotationskomponente außer Betracht lassen.

Nach diesen Vorbemerkungen denken wir uns ein mit dem Schiff fest verbundenes Zylinderkoordinatensystem, dessen Achse mit dem Wellenmittel des Propellers zusammenfällt. In demselben bedeutet dann w_z die relative Achsialgeschwindigkeit des Wassers, aus der sich die absolute durch Abzug der Schiffsgeschwindigkeit c_0 zu

$$v = w_z - c_0 \quad \dots \dots \dots \quad (1)$$

ergibt. Bleibt die Schiffsgeschwindigkeit c_0 konstant, was wir für unsere Untersuchungen durchweg annehmen wollen, so folgt aus (1) durch Differentiation

$$\frac{dv}{dt} = \frac{dw_z}{dt} \quad \ldots\ldots\ldots \quad (1^a)$$

d. h. die absolute Achsialbeschleunigung des Wassers beim Durchgang durch den Propeller ist mit der Relativbeschleunigung identisch. Da sich nun die Relativbewegung auf die achsiale Richtung beschränkt, so bleiben für unser Problem auch die hydrodynamischen Grundformeln bestehen, welche unter Vernachlässigung des Einflusses der Schwere sowie der Veränderlichkeit des hydraulischen Druckes kurz lauten

$$\left.\begin{aligned} q_r &= \frac{dw_r}{dt} - \frac{w_n^2}{r} \\ q_n &= \frac{dw_n}{dt} + \frac{w_n w_r}{r} \\ q_z &= \frac{dw_z}{dt} \end{aligned}\right\} \quad \ldots\ldots \quad (2)$$

Multiplizieren wir dieselben der Reihe nach mit dr, $r\,d\varphi$ und dem Differential des absoluten Weges in achsialer Richtung

$$dz' = dz - c_0 dt \quad \ldots\ldots\ldots \quad (1^b),$$

so ergibt sich mit

$$w_r = \frac{dr}{dt}, \quad w_n = r\frac{d\varphi}{dt}, \quad v = \frac{dz'}{dt} \quad \ldots\ldots \quad (3)$$

sowie unter Einführung der resultierenden Absolutgeschwindigkeit w' durch

$$w_r^2 + w_n^2 + v^2 = w'^2 \quad \ldots\ldots \quad (4)$$

die Energieformel

$$q_r dr + q_n r d\varphi + q_z dz = q_z c_0 dt + w' dw'.$$

Ersetzen wir in derselben noch den Drehwinkel φ der Absolutbahn durch den Winkel χ der Relativbahn mit Hilfe der Winkelgeschwindigkeit ω, also

$$d\varphi = d\chi + \omega dt \quad \ldots\ldots\ldots \quad (5)$$

so erhalten wir

$$q_r dr + q_n r d\chi + q_z dz + q_n r\omega dt = q_z c_0 dt + w' dw',$$

oder, da die drei ersten Terme der linken Seite wegen der Normalstellung der Zwangsbeschleunigung auf der Relativbahn verschwinden, kurz

$$q_n r\,\omega\,dt = q_z c_0\,dt + w'dw' \quad . \quad . \quad . \quad . \quad . \quad . \quad (6)$$

Nun ist aber nach der zweiten Gl. (2) nach Zusammenziehung der beiden Terme rechts

$$q_n r\,dt = d\,(w_n r) \quad . \quad . \quad . \quad . \quad . \quad . \quad . \quad . \quad (2^a)$$

und nach der dritten Gl. (2)

$$q_z dt = d\,w_z \quad . \quad . \quad . \quad . \quad . \quad . \quad . \quad . \quad . \quad (2^b)$$

also wird aus (6)

$$\omega\,d\,(w_n r) = c_0\,d\,w_z + w'\,d\,w' \quad . \quad . \quad . \quad . \quad . \quad . \quad (6^a)$$

Integrieren wir diese Gleichung vom rotationsfreien Eintritt des Wassers in den Propeller, dem der Index 1 zugeordnet sein möge, so folgt

$$\omega\,w_n r = c_0\,(w_z - w_{z1}) + \frac{w'^2 - w_1'^2}{2} \quad . \quad . \quad . \quad . \quad (6^b)$$

In dieser Energieformel bedeutet also w_{z1} die relative Achsialgeschwindigkeit des Wassers beim Eintritt, während die Absolutgeschwindigkeiten durch

$$\left.\begin{aligned} w'^2 &= w_r^2 + (w_z - c_0)^2 + w_n^2 \\ w_1'^2 &= w_{r1}^2 + (w_{z1} - c_0)^2 \end{aligned}\right\} \quad . \quad . \quad . \quad . \quad (7)$$

gegeben sind. Multiplizieren wir dann noch die rechte Seite von (6^b) mit einem Koeffizienten $\xi > 1$ zur Berücksichtigung der Reibungsverluste, so erhalten wir für die auf die erwähnte Masseneinheit insgesamt von den Schaufeln übertragene Arbeit

$$\omega\,w_n r = \xi\left[(w_z - w_{z1})\,c_0 + \frac{w_r^2 - w_{r1}^2}{2} + \frac{w_n^2}{2} + \frac{(w_z - c_0)^2}{2} - \frac{(w_{z1} - c_0)^2}{2}\right] \quad (8)$$

Das ist schon die von uns gesuchte Energiegleichung des Propellers in der für unsere Problemstellung allgemeinsten Form. Zur Vereinfachung derselben transformieren wir die beiden letzten Terme nach der Identität

$$(w_z - c_0)^2 - (w_{z1} - c_0)^2 = w_z^2 - w_{z1}^2 - 2\,c_0\,(w_z - w_{z1})$$

und erhalten so

$$\omega\,w_n r = \xi\left[\frac{w_r^2 - w_{r1}^2}{2} + \frac{w_n^2}{2} + \frac{w_z^2 - w_{z1}^2}{2}\right] \quad . \quad . \quad . \quad (8^a)$$

Daraus folgt schließlich für den Austritt des Wassers aus dem Propeller

$$\omega\,(w_n r)_2 = \xi\left[\frac{w_{r2}^2 - w_{r1}^2}{2} + \frac{w_{n2}^2}{2} + \frac{w_{z2}^2 - w_{z1}^2}{2}\right] \quad . \quad . \quad (9),$$

eine Formel, welche sich durch die Überlegung noch vereinfacht, daß einerseits die infolge der ohnehin konvergenten Strömung am Hinterschiff meist nur sehr kleine oder gar negative Differenz $w_{r2}^2 - w_{r1}^2$ vernachlässigt werden kann. Man darf daher angenähert an Stelle von (9) schreiben

$$\omega (w_n r)_2 = \frac{\xi}{2} (w_n^2 + w_{z2}^2 - w_{z1}^2) \quad . \quad . \quad . \quad . \quad (9^a)$$

Daraus ergibt sich aber mit $(w_n r)_2 = w_{n2} r_2$ nach Multiplikation mit $2 : \xi$ die Gleichung

$$\left(w_{n2} - \frac{\omega r_2}{\xi}\right)^2 = \frac{\omega^2 r_2^2}{\xi^2} - w_{z2}^2 - w_{z1}^2 \quad . \quad . \quad . \quad . \quad (9^b)$$

deren Wurzeln nur so lange reell sind, als

$$\omega^2 r_2^2 > \xi^2 (w_{z2}^2 - w_{z1}^2) \quad . \quad . \quad . \quad . \quad . \quad . \quad (10)$$

Durch diese Ungleichung bestimmt sich ganz wie beim Schraubengebläse die k l e i n s t e z u l ä s s i g e U m f a n g s g e s c h w i n d i g k e i t d e s P r o p e l l e r s bzw. bei vorgelegter Umfangsgeschwindigkeit eine untere Grenze für den N a b e n d u r c h m e s s e r desselben. Setzt man dann noch, ebenso wie beim Schraubengebläse für w_{n2}^2 den M i t t e l w e r t über den Austrittsquerschnitt

$$w_{n2}^2 = (w_n r)_2^2 \frac{\lg n\, r_2'^2 - \lg n\, r_2''^2}{r_2'^2 - r_2''^2} \quad . \quad . \quad . \quad . \quad (11)$$

und bildet ebenso einen M i t t e l w e r t w_{r2}^2 für die Radialkomponente, so kann man in (9) das Produkt $(w_n r)_2$ als einen Parameter des Austrittsquerschnittes betrachten, dessen Veränderlichkeit in achsialer Richtung durch diejenige von w_z gegeben ist. Sollen die den verschiedenen Werten $w_n r$ entsprechenden Querschnitte Ebenen sein, so ist die bisher noch nicht weiter erörterte Stromfunktion Ψ der symmetrischen Wasserbewegung so zu wählen, daß w_z nur von z abhängt. Alsdann darf auch die rechte Seite von (8^a) angenähert als eine reine Funktion von z angesehen und diese Gleichung in der Form

$$\omega (w_n r) = f(z) - f(z_1) \quad . \quad . \quad . \quad . \quad . \quad . \quad (12)$$

geschrieben werden. Entwickeln wir die Funktion $f(z)$ nach einer Taylorschen Reihe und beachten, daß im Meridianschnitt des Strömungsbildes Fig. 100 die Differenz $z - z_1$ nur klein gegen die Absolutwerte ausfällt, so dürfen wir im Einklang mit der Näherungslösung in § 10 unter III für die zylindrische Strömung kurz

$$f(z) - f(z_1) = B (z - z_1)$$

setzen, worin sich die Konstante B aus

$$\omega(w_n r)_2 = B(z_2 - z_1) \quad . \quad . \quad . \quad . \quad . \quad . \quad . \quad . \quad (12^a)$$

bestimmt. Dann aber haben wir

$$w_n r = \frac{(w_n r)_2}{z_2 - z_1}(z - z_1) \quad (12^b)$$

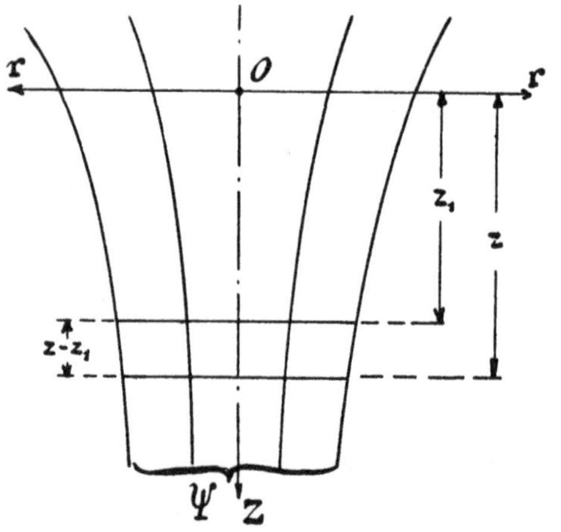

Fig. 100.

Nunmehr steht auch der Berechnung des Schaufelwinkels χ nichts mehr im Wege, da nach (5)

$$w_n r = r^2 \frac{d\varphi}{dt} = r^2 \left(\frac{d\chi}{dt} + \omega\right)$$

ist. Eliminieren wir hieraus noch das Zeitelement durch $dz = w_z\, dt$, so erhalten wir für den Schaufelwinkel die Differentialgleichung

$$d\chi = -\left(\omega - \frac{(w_n r)_2}{z_2 - z_1} \frac{z - z_1}{r^2}\right) \frac{dz}{w_z} \quad . \quad . \quad . \quad . \quad (13)$$

deren Integration sofort möglich ist, wenn wir die Stromfunktion Ψ und daraus die Abhängigkeit der Achsialkomponente w_z von z kennen. Da nun das Produkt $w_n r$ dem auf die einzelnen Wasserelemente entfallenden Arbeitsbetrage direkt proportional ist, so *verbürgt die durch (13) definierte Form der Flügelflächen wenigstens angenähert einen gleichen Energieumsatz und damit ein Maximum des Wirkungsgrades des Propellers.*

§ 28. Die Berechnung der Schiffspropeller.

Wir haben am Schlusse des letzten Paragraphen gesehen, daß ein angenähert gleicher Energieumsatz für alle den Propeller passierenden Flüssigkeitselemente nur dann erwartet werden kann, wenn mit der relativen Achsialkomponente w_z auch das Produkt $w_n r$ nur von der Koordinate z abhängt. Da nun außerdem die Radialkomponente in der Nähe des Propellers nach der Achse zu, also mit r abnehmen muß, so werden wir beiden Tatsachen am ehesten durch lineare Beziehungen gerecht, denen die uns längst vertraute *Stromfunktion*

$$\Psi = A\gamma r^2 z \quad . \quad . \quad . \quad . \quad . \quad . \quad . \quad . \quad (1)$$

mit

$$w_z = 2\,Az, \quad w_r = -\,Ar \quad . \quad . \quad . \quad . \quad . \quad . \qquad (2)$$

gerade genügt. Dann erhalten wir für die relativen Achsialgeschwindigkeiten des Wassers beim Ein- und Austritt

$$w_{z1} = 2\,Az_1, \quad w_{z2} = 2\,Az_2 \quad . \quad . \quad . \quad . \quad . \quad . \quad . \qquad (2^a)$$

wobei z_1 und z_2 die Abstände der nunmehr ebenen Ein- und Austrittsquerschnitte in dem Zylinderkoordinatensystem um die Propellerachse bedeuten, welches mit dem Propeller bzw. mit dem Schiffe selbst fest verbunden zu denken ist. Aus (2^a) folgt ferner durch Subtraktion

$$w_{z2} - w_{z1} = 2\,A\,(z_2 - z_1) \quad . \quad . \quad . \quad . \quad . \qquad (3)$$

eine Gleichung, welche die Bestimmung der Konstanten A der Stromfunktion bei bekannter Achsenlänge $z_2 - z_1$ des Propellers aus dem Geschwindigkeitszuwachs erlaubt. Dieser Geschwindigkeitszuwachs hängt aber durch die letzte Gl. (2) § 27 mit dem Propellerschub P derart zusammen, daß

$$P = \int q_z\,dm = \int \frac{dm}{dt}\,dw_z \quad . \quad . \quad . \quad . \quad . \quad . \qquad (4)$$

ist. Da nun alle Flüssigkeitselemente in denselben Abständen z_1 bzw. z_2 ein- und austreten, so erleiden sie nach (2^a) auch denselben Geschwindigkeitszuwachs (3), so daß wir nach Einführung des in der Sekunde das Rad passierenden Flüssigkeitsgewichtes

$$Q = g\,\frac{dm}{dt} \quad . \quad . \quad . \quad . \quad . \quad . \quad . \quad . \qquad (5)$$

die in (4) angedeutete Integration sofort ausführen und schreiben können

$$P = \frac{Q}{g}\,(w_{z2} - w_{z1}) \quad . \quad . \quad . \quad . \quad . \quad . \quad . \qquad (6)$$

Damit ferner der Propeller alle Wasserelemente mit gleichen Achsialgeschwindigkeiten aufnimmt und entläßt, müssen sowohl die Außenkanten der Flügel, als auch die an die Nabe angrenzenden Innenkanten derselben auf Rotationsflächen liegen, welche der Stromfunktion Ψ genügen. Bezeichnen wir die den Außen- und Innenkanten entsprechenden Radien mit r' bzw. r'', so besitzen die beiden Rotationsflächen, von denen die innere zugleich die Nabe zu bilden hat, die Parameter Ψ' und Ψ'', derart, daß

$$\Psi' = A\,\gamma\,r'^2 z, \quad \Psi'' = A\,\gamma\,r''^2 z \quad . \quad . \quad . \quad . \quad . \qquad (1^a)$$

und wir erhalten für die ein- und austretende Flüssigkeit

$$Q = \pi\gamma(r_1'^2 - r_1''^2)\, w_{z1} = \pi\gamma(r_2'^2 - r_2''^2)\, w_{z2} \quad . \quad . \quad . \quad (7)$$

oder mit (1[a])

$$Q = 2\pi(\Psi' - \Psi'') \quad . \quad . \quad . \quad . \quad . \quad . \quad . \quad (7^a)$$

Dafür dürfen wir aber auch schreiben

$$\left.\begin{aligned} \pi(r_1'^2 - r_1''^2) &= \frac{Q}{\gamma w_{z1}} \\ \pi(r_2'^2 - r_2''^2) &= \frac{Q}{\gamma w_{z2}} \end{aligned}\right\} \quad . \quad . \quad . \quad . \quad . \quad . \quad . \quad (7^b)$$

worin der kleinste Nabenradius r_2'' der Bedingung (10) § 27

$$\omega^2 r_2''^2 > \xi^2 . (w_{z2}^2 - w_{z1}^2) \quad . \quad . \quad . \quad . \quad . \quad . \quad (8)$$

genügen muß.

Nun ist wegen (6)

$$w_{z2}^2 - w_{z1}^2 = 2\,\frac{Pg}{Q}\, w_{z1} + \frac{P^2 g^2}{Q^2} = \frac{Pg}{Q}\left(2\, w_{z1} + \frac{Pg}{Q}\right)$$

worin Q aus der ersten Formel (7b) einzusetzen ist. Vernachlässigen wir dabei r''^2 gegen r'^2, setzen also angenähert

$$Q = \pi\gamma r_1'^2\, w_{z1} \quad . \quad . \quad . \quad . \quad . \quad . \quad . \quad . \quad (7^c)$$

so wird

$$w_{z2}^2 - w_{z1}^2 = \frac{Pg}{\pi\gamma r_1'^2}\left(2 + \frac{Pg}{\pi\gamma r_1'^2\, w_{z1}^2}\right).$$

Dies liefert mit (8) als **Bedingung für den kleinsten Nabenradius**

$$\omega^2 r_2^2 > \frac{\xi^2\, Pg}{\pi\gamma r_1'^2}\left(2 + \frac{Pg}{\pi\gamma r_1'^2\, w_{z1}^2}\right) \quad . \quad . \quad . \quad . \quad (8^a)$$

die allerdings nicht nur eine vorgängige Wahl des Eintrittsradius r_1' sondern auch die Kenntnis der relativen Eintrittsgeschwindigkeit w_{z1} des Wassers voraussetzt, die infolge des Vorstroms unter normalen Verhältnissen etwas kleiner als die Schiffsgeschwindigkeit c_0 anzunehmen ist. Hierin liegt zweifellos eine gewisse Unsicherheit, die indessen nicht wohl umgangen werden kann.

Danach wird

$$r_1'' > r_2''$$

abgeschätzt und aus der ersten Gl. (7^b) die Wassermenge Q berechnet, mit der Gl. (6) den Geschwindigkeitszuwachs $w_{z2} - w_{z1}$ ergibt.

Ist somit die Austrittsgeschwindigkeit w_{z2} festgelegt, so bestimmt sich der äußere Austrittsradius r_2' entweder aus der zweiten Gl. (7b) oder mit Hilfe der Beziehungen

$$\left.\begin{aligned}\Psi' &= A\gamma r_1'^2 z_1 = A\gamma r_2'^2 z_2 \\ \Psi'' &= A\gamma r_1''^2 z_1 = A\gamma r_2''^2 z_2\end{aligned}\right\} \quad . \quad . \quad . \quad . \quad . \quad (1^b)$$

aus denen

$$\left(\frac{r_1''}{r_1'}\right)^2 = \left(\frac{r_2''}{r_2'}\right)^2 \quad . \quad . \quad . \quad . \quad . \quad . \quad . \quad . \quad (9)$$

sowie mit (7b)

$$\left(\frac{r_1'}{r_2'}\right)^2 = \frac{w_{z2}}{w_{z1}} \quad . \quad . \quad . \quad . \quad . \quad . \quad . \quad . \quad (10)$$

folgt. Damit ist jedenfalls das Profil des Rades im Meridianschnitt festgelegt, dem sich die Flügel anzupassen haben. Zur Bestimmung des Drehwinkels χ der Schaufelradien gehen wir auf Gl. (13) § 27 zurück, in der das Produkt $(w_n r)_2$ erscheint, welches seinerseits aus Gl. (9^a) § 27, d. h.

$$\omega (w_n r)_2 = \frac{\xi}{2} (w_n^2 + w_{z2}^2 - w_{z1}^2) \quad . \quad . \quad . \quad . \quad (11)$$

zu berechnen ist. Diese Rechnung setzt also die Kenntnis des Koeffizienten ξ voraus, den man im Notfalle norläufig abschätzen kann, der jedoch eng mit den Reibungsverlusten an den Schaufeln zusammenhängt. Bezeichnet man die Reibungsarbeit der Masseneinheit Flüssigkeit beim Durchgang durch das Rad mit E', so ist offenbar die Gesamtarbeit der Masseneinheit

$$\omega (w_n r)_2 = \frac{w_n^2 + w_{z2}^2 - w_{z1}^2}{2} + E' \quad . \quad . \quad . \quad . \quad (12)$$

oder nach Abzug von (11)

$$\xi - 1 = \frac{2E'}{w_n^2 + w_{z2}^2 - w_{z1}^2} \quad . \quad . \quad . \quad . \quad . \quad (12^a)$$

Bezeichnen wir ferner die totale Reibungsarbeit in der Sekunde mit L', setzen also

$$L' = \frac{Q}{g} E' \quad . \quad . \quad . \quad . \quad . \quad . \quad . \quad . \quad (13)$$

so können wir deren Element einerseits proportional der Flügelzahl ν, dem Quadrate der relativen Wassergeschwindigkeit mit dem rohen Näherungswerte

$$w^2 = \omega^2 r^2 \quad . \quad . \quad . \quad . \quad . \quad . \quad . \quad . \quad . \quad (14)$$

und schließlich dem Produkte des Flügelelementes dF mit dem von ihm in der Zeiteinheit zurückgelegten Wege setzen. Dieser letztere ist aber wiederum angenähert identisch mit dem Bogen ωr, so daß wir mit Rücksicht darauf, daß sowohl die Vorder- als auch die Rückenfläche der Flügel eintauchen, schreiben dürfen

$$dL' = 2\nu f \omega^3 r^3 dF \quad . \; . \; . \; . \; . \; . \; . \quad (15)$$

worin f einen Reibungskoeffizienten bedeutet, dessen Wert nach Versuchen über den Schiffswiderstand etwa 0,1 bis 0,16 anzunehmen ist. Weiter ist angenähert (Fig. 101)

$$dF = \chi_2 r\, dr \quad . \; . \; . \; . \; . \; . \; . \; . \quad (16)$$

wenn wir mit χ_2 den größten Schaufelwinkel bezeichnen und von der Abweichung der Bahnprojektionen von der Kreisform für unsere Überschlagsrechnung absehen. Alsdann berechnet sich χ_2 genau genug aus Gl. (13) § 27, wenn wir dort nur das erste Glied rechts beibehalten, mit $w_z = 2Az$ für kleine Differenzen $z_2 - z_1$ gegenüber den Absolutwerten von z zu

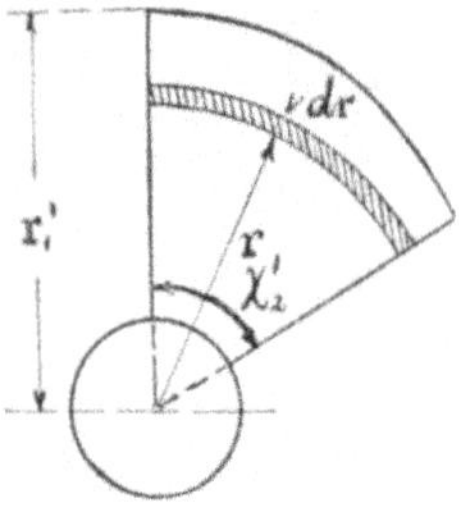

Fig. 101.

$$\chi_2 = \frac{\omega}{2A} \operatorname{lgn} \frac{z_2}{z_1} \sim \frac{\omega (z_2 - z_1)}{2A z_1} = \frac{\omega (z_2 - z_1)}{w_{z1}} \quad (16^a)$$

so daß wir für das Flächenelement des Flügels erhalten

$$dF = \frac{\omega (z_2 - z_1)}{w_{z1}} r\, dr \quad . \; . \; . \; . \; . \; . \; . \quad (16^b)$$

Dies gibt eingesetzt in (15)

$$dL' = 2\nu f \omega^4 \frac{z_2 - z_1}{w_{z1}} r^4 dr$$

oder integriert unter Vernachlässigung des auf die Nabe entfallenden Bruchteils der Flügelfläche

$$L' = \frac{2}{5} \nu f \omega^4 r'^5 \frac{z_2 - z_1}{w_{z1}} = \frac{2}{5} \nu f \omega^3 \chi_2 r'^5 \quad . \; . \; . \quad (15^a)$$

Da nun anderseits die Durchflußmenge angenähert $Q = \pi r'^2 \gamma w_{z1}$ ist, so ergibt sich daraus mit (13)

$$E' = \frac{L' g}{Q} = \frac{2\nu f g}{5\pi\gamma} \cdot \frac{\omega^4 r'^3}{w_{z1}^2} (z_2 - z_1) = \frac{2\nu f g \omega^3 r'^3 \chi_2}{5\pi\gamma w_{z1}} \quad . \quad (17)$$

und durch Einsetzen dieses Wertes in (12^a) schließlich der Koeffizient ξ. Damit steht der genaueren Berechnung der Schaufelwinkel χ nichts mehr im Wege. Wir greifen zu diesem Zwecke wieder auf Gl. (9^a) § 27 zurück und setzen in derselben

$$w_{z2} = 2Az_2, \quad w_{z1} = 2Az_1,$$

außerdem aber führen wir für $w_{n\,2}^2$ den durch Gl. (11) § 27 definierten Mittelwert ein.

Mit dem hieraus folgenden Werte von $(w_n r)_2$ geht Gl. (13) § 27 unter Einführung von $w_z = 2\,Az$ über in

$$d\chi = -\frac{\omega}{2A}\frac{dz}{z} + \frac{(w_n r)_2}{2(z_2 - z_1)}\frac{z - z_1}{A r^2 z}\,dz \quad . \quad . \quad . \quad (18)$$

oder mit Rücksicht auf (1)

$$d\chi = -\frac{\omega}{2A}\frac{dz}{z} + \frac{\gamma(w_n r)_2}{2\Psi(z_2 - z_1)}(z - z_1)\,dz.$$

Durch Integration bei konstant gehaltenem Ψ, d. h. längs einer durch diesen Parameter definierten Stromlinie folgt daraus

$$\chi = -\frac{\omega}{2A}\lg n\frac{z}{z_1} + \frac{\gamma(w_n r)_2}{4\Psi(z_2 - z_1)}(z - z_1)^2 \quad . \quad . \quad (19)$$

Wegen der Kleinheit der Differenz $z - z_1$ darf man erwarten, daß das erste Glied der rechten Seite an Bedeutung weitaus überwiegt und jedenfalls in der Hauptsache die Form der Schaufel bestimmt, während das zweite Glied den nur kleinen Drehwinkel der absoluten Wasserbahn darstellt. Die Schaufel wird demnach um so größer ausfallen, je rascher sich der Propeller dreht. Außerdem aber wird die Außenkante der Flügel, der achsialen Geschwindigkeitszunahme entsprechend, nach hinten spiralförmig konvergieren, während die durch das Verhältnis $dz : d\chi$ definierte Steigung nach (18) mit wachsendem Radius, d. h. von innen nach außen abnimmt und mit wachsendem z, also von vorn nach hinten sich vergrößert. Daß Propeller mit derartig veränderlicher Steigung günstiger arbeiten als solche mit konstanter Steigung, deren Flügel aus gewöhnlichen Schraubenflächen herausgeschnitten sind, hat die Erfahrung schon ergeben, ohne daß man sich über den Grund dieser Tatsache bisher klar geworden war.

Das vorstehende Rechnungsverfahren setzt nun die Kenntnis einiger Daten voraus, von denen der größte Radius r' und die Nabenlänge weitaus die wichtigsten sind. Diese bedingen aber mit der stets durch den Antriebsmotor gegebenen Winkelgeschwindigkeit ω nicht nur die Größe der oben unter (15^a) berechneten Reibungsarbeit, sondern auch den Verlust an kinetischer Energie, für den wir unter Vernachlässigung der Rotation und der Radialbewegung in erster Annäherung mit $w_{z1} = c_0$

$$L'' = \frac{Q}{2g}(w_{z2} - c_0)^2 \sim \frac{Q}{2g}(w_{z2} - w_{z1})^2 \quad . \quad . \quad . \quad . \quad (20)$$

setzen wollen. Da nun der Propellerschub angenähert

$$P = \frac{Q}{g}(w_{z2} - w_{z1}) \sim \frac{\pi \gamma w_{z1} r'^2}{g}(w_{z2} - w_{z1}) \quad . \quad . \quad . \quad (6^a)$$

ist, so haben wir auch

$$L'' = \frac{P^2 g}{2 \pi \gamma w_{z1} r'^2} \quad . \quad . \quad . \quad . \quad . \quad . \quad . \quad . \quad (20^a)$$

Dies gibt mit (15a) den gesamten Energieverlust

$$L_0 = L' + L'' = \frac{2}{5} \nu f \omega^3 \chi_2 r'^5 + \frac{P^2 g}{2 \pi \gamma w_{z1} r'^2} \quad . \quad . \quad (21)$$

Führen wir in diese Formel den Näherungsausdruck (16^a) für den Schaufelwinkel χ_2 ein und beachten, daß mit Rücksicht auf die Festigkeit der Flügel mit einem Koeffizienten β zweckmäßig $\nu(z_2 - z_1) \sim \beta r'$ also

$$\nu \chi_2 = \beta \frac{\omega r'}{w_{z1}} \quad . \quad . \quad . \quad . \quad . \quad . \quad . \quad . \quad (16^a)$$

gesetzt werden kann, so folgt auch

$$L_0 = \frac{2}{5} \beta f \frac{\omega^4}{w_{z1}} r'^6 + \frac{P^2 g}{2 \pi \gamma w_{z1} r'^2} \quad . \quad . \quad . \quad . \quad (21^a)$$

mit einem Minimum für

$$\frac{dL_0}{dr'} = \frac{12}{5} \beta f \frac{\omega^4}{w_{z1}} r'^5 - \frac{P^2 g}{\pi \gamma w_{z1} r'^3} = 0.$$

Daraus ergibt sich aber für die Vorausberechnung des Propellerradius die Näherungsformel

$$r'^8 = \frac{5 P^2 g}{12 \beta \pi f \cdot \gamma \omega^4} \quad . \quad . \quad . \quad . \quad . \quad . \quad . \quad . \quad (22)$$

während gleichzeitig die Nabenlänge mit der Flügelzahl ν durch

$$\nu(z_2 - z_1) = \beta r' \quad . \quad . \quad . \quad . \quad . \quad . \quad . \quad . \quad (23)$$

zusammenhängt.

Diese Formeln gelten übrigens nur für den gewöhnlichen Fall, daß die relative Eintrittsgeschwindigkeit w_{z1} am Propeller sich nur wenig von der Fahrgeschwindigkeit c_0 des Schiffes unterscheidet, was z. B. für Propeller an Schleppdampfern nicht zutrifft.

Schließlich bestimmt sich noch die Gesamtarbeit der Schraube aus

$$L = \frac{Q}{g} \omega (w_n r)_2 \quad . \quad . \quad . \quad . \quad . \quad . \quad . \quad . \quad (25)$$

während die Nutzarbeit

$$L_0 = P c_0 = \frac{Q}{g}(w_{z2} - w_{z1}) c_0 \quad . \quad . \quad . \quad . \quad . \quad . \quad (26)$$

ist. . Folglich ist der Wirkungsgrad

$$\eta = \frac{L_0}{L} = \frac{(w_{z2} - w_{z1})\, c_0}{\omega\, (w_n r)_2} \quad . \; . \; . \; . \; . \; . \; . \quad (27)$$

Derselbe erreicht ein Maximum für den Idealpropeller, welcher ohne Reibungsverluste, d. h. mit $\xi = 1$ und ohne Änderung der Radial- bzw. Rotationsgeschwindigkeit des Wassers arbeitet. Alsdann wird $2\,\omega\,(w_n r)_2 = w_{z2}^2 - w_{z1}^2$ und

$$\eta_0 = \frac{2\, c_0}{w_{z2} + w_{z1}} \quad . \; . \; . \; . \; . \; . \; . \; . \quad (27^a)$$

Da nun infolge des Vorstroms hierin Zähler und Nenner nur wenig voneinander abweichen können, so wird der Wirkungsgrad des Idealpropellers $\eta_0 = 1$, woraus geschlossen werden darf, daß es möglich sein wird, Propeller mit Wirkungsgraden zu bauen, welche denen guter Turbinen nicht nachstehen.

Als Beispiel wollen wir die Propeller eines Schnelldampfers von 22,5 Knoten Geschwindigkeit mit einem Gesamtwiderstand von 112 000 kg berechnen. Setzen wir der üblichen Bauart entsprechend zwei Seitenschrauben voraus, so trifft auf jede derselben ein Propellerschub

$$P = 56\,000 \text{ kg},$$

während die Schiffsgeschwindigkeit $c_0 = 11{,}6$ m/Sek. ist. Den Vorstrom wollen wir, dem ziemlich großen Abstand der Schrauben von der Schiffswand entsprechend, zu 5% annehmen und erhalten damit eine mittlere relative Eintrittsgeschwindigkeit des Wassers

$$w_{z1} = 11 \text{ m/Sek.}$$

Die Maschinenumdrehungszahl sei $n = 78$ i. d. Minute, folglich

$$\omega = \frac{\pi n}{30} = 8{,}17, \quad \omega^2 = 66{,}75.$$

Die dem Propellerschub entsprechende Nutzleistung ist für eine Maschine

$$L_1 = P\, c_0 = 650\,000 \text{ mkg/Sek.}$$

oder rd. 8660 PSe. Wir berechnen nunmehr aus der Näherungsformel (22) mit $\beta = 1{,}2$ und $f = 0{,}10$ unter der Voraussetzung gut polierter Bronzeflügel den größten Radius zu

$$r'_1 = 3{,}1 \text{ m}, \quad r'^2 = 9{,}6 \text{ qm}, \quad \pi r'^2 = 30{,}2 \text{ qm}$$

womit sich bei 4 Flügeln aus (23) eine Nabenlänge von

$$z_2 - z_1 = 0{,}93 \text{ m}$$

und aus (16ª) ein größter Flügelwinkel

$$\chi_2 = 0{,}695 \text{ entspr. } 40^0$$

ergeben würde. Dies liefert weiter in (17) die Reibungsarbeit für die Masseneinheit

$$E' = 0{,}52,$$

während sich die Austrittsgeschwindigkeit unter vorläufiger Vernachlässigung der Nabendicke aus (6ª) zu

$$w_{z2} = 12{,}7 \text{ m/Sek.}$$

berechnet. Setzen wir diese Werte unter Weglassung des nur kleinen Betrages w_n^2 in (12[a]) ein, so ergibt sich für den Koeffizienten ξ der Energieformel der Wert

$$\xi = 1{,}025,$$

den wir mit Rücksicht auf unsere Vernachlässigungen auf $\xi = 1{,}03$ aufrunden wollen. Dann folgt aus (8) für den kleinsten Nabenradius

$$r_2''^2 = 0{,}64, \qquad r_2'' = 0{,}8 \text{ m},$$

so daß wir mit einem Eintrittsradius $r''_1 = 0{,}86$ m ziemlich sicher gehen. Da-

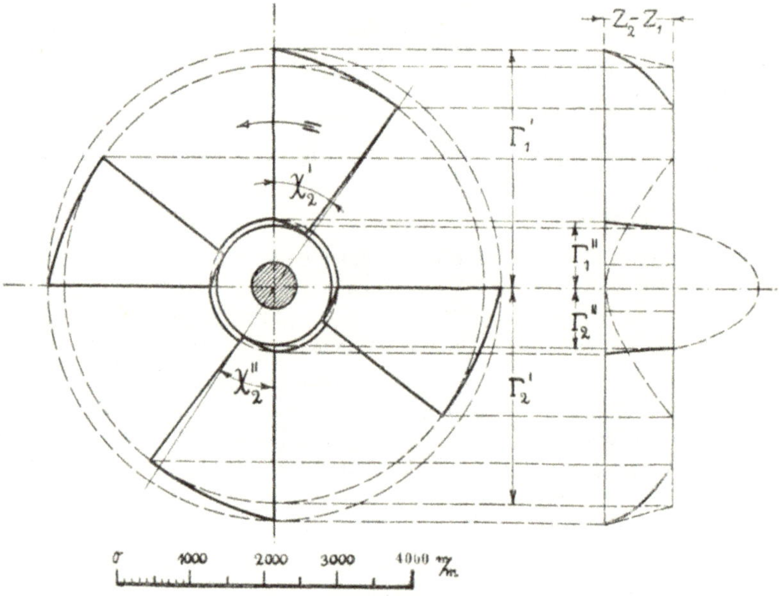

Fig. 102.

durch wird aber der Eintrittsquerschnitt um $\pi r''^2_1 = 2{,}3$ qm verringert, so daß der Propeller insgesamt eine Wassermenge von

$$Q = \pi \gamma (r'^2_1 - r''^2_1)\, w_{z1} = 306\,900 \text{ kg/Sek.}$$

aufnimmt und ihr einen Geschwindigkeitszuwachs von

$$w_{z_2} - w_{z_1} = \frac{P g}{Q} = 1{,}79 \text{ m}$$

erteilt, womit endgültig

$$w_{z2} = 12{,}79$$

wird. Dies gibt in der zweiten Gl. (7[b])

$$\pi (r_2'^2 - r_2''^2) = \frac{Q}{\gamma\, w_{z_2}} = 24 \text{ qm}$$

oder mit $r_2'' = 0{,}8$ m, $\pi r_2'^2 = 26{,}1$ qm, $r'_2 = 2{,}88$ m.

Nachdem so die Hauptabmessungen des Propellers festgelegt sind, gehen wir an die nähere Bestimmung des Profils und der Flügelform, und berechnen zunächst aus Gl. (11) unter Vernachlässigung von w_n^2

$$\omega (w_n r)_2 = \frac{\xi}{2}(w_{z_2}^2 - w_{z_1}^2) = 22$$

$$(w_n r)_2 = 2,7.$$

Daraus folgt mit Gl. (11) § 27 der Mittelwert

$$w_{n_2}^2 = (w_n r)_2^2 \frac{\lg n\, r_2'^2 - \lg n\, r_2''^2}{r_2'^2 - r_2''^2} = 0,56$$

so daß nach Gl. (11) endgültig

$$\omega (w_n r)_2 = 22,3, \quad (w_n r)_2 = 2,73$$

wird.

Weiter erhalten wir für die Konstante A des Radprofils nach Gl. (3)

$$A = \frac{w_{z_2} - w_{z_1}}{2(z_2 - z_1)} = 0,962$$

also

$$z_1 = \frac{w_{z_1}}{2A} = 5,72 \text{ m}, \quad z_2 = \frac{w_{z_2}}{2A} = 6,65 \text{ m}$$

$$\frac{\Psi'}{\gamma} = A r_1'^2 z_1 = 52,8, \quad \frac{\Psi''}{\gamma} = 4,07.$$

$$2\pi(\Psi' - \Psi'') = 306\,900 \text{ kg} = Q.$$

Eingesetzt in Gl. (19) § 28 ergibt dies für die Schaufelwinkel

$$\chi = -4,246 \lg n \frac{z}{z_1} + 0,79 \frac{\gamma}{\Psi}(z - z_1)^2$$

mithin für die größten Winkel der Außenkante mit $z = z_2$ und $\Psi = \Psi'$ sowie an der Nabe mit $\Psi = \Psi''$

$$\chi_2' = -0,627 \quad \text{oder } 35,93^\circ$$

$$\chi_2'' = -0,582 \quad \text{»} \ 33,35^\circ$$

Die endgültigen Werte der Schaufelwinkel sind demnach verschieden für die Innen- und Außenkante der Flügel und durchweg kleiner als der obere vorläufig ermittelte Wert von 40°, der für eine Schraube von konstanter Steigung zutreffen würde, während der nach unserer Theorie berechnete Propeller, wie schon oben bemerkt, eine sowohl in achsialer wie auch in radialer Richtung veränderliche Steigung besitzt. Für die Aufzeichnung des durch Fig. 102 dargestellten Propellers ist natürlich die Berechnung einer größeren Zahl von Zwischenwinkeln erforderlich, die wir an dieser Stelle übergehen können, da sie nach den vorstehenden Formeln nichts Neues bietet.

Schließlich berechnet sich noch der Wirkungsgrad des Propellers zu

$$\eta = \frac{(w_{z_2} - w_{z_1}) c_0}{\omega (w_n r)_2} = \frac{20,76}{22,3} = 0,93.$$

mit einem effektiven Arbeitsbedarf von 9310 PS, wobei allerdings vorausgesetzt ist, daß alle Wasserelemente im Propeller in gleicher Weise am Energieumsatz teilnehmen. Daß dies nur mit einer unendlichen Flügelzahl erreichbar, bei 4 Flügeln dagegen ausgeschlossen ist, leuchtet ohne weiteres ein, so daß man sich praktisch mit einem wesentlich niedrigeren Wirkungsgrad wird begnügen müssen.

Außerdem wird man, da nicht die theoretisch erforderliche Wassermenge von den Flügeln erfaßt werden kann, erwarten müssen, daß der Propeller tatsächlich mit einer größeren Winkelgeschwindigkeit läuft, als hier vorausgesetzt wurde. Diese versuchsmäßig nachgewiesenen

Abweichungen von der Theorie lassen sich wenigstens einigermaßen ausgleichen durch eine Erhöhung der Flügelzahl ohne Vermehrung ihrer Gesamtfläche, d. h. durch Anordnung von etwa acht halb so schmaler Flügel, deren achsiale Länge natürlich dann ebenfalls die Hälfte der Nabenlänge des berechneten Propellers betragen wird.

Außerdem wird man bei praktischen Ausführungen zweckmäßig die scharfen Ecken der berechneten Flügelform etwas abrunden, wobei man indessen nicht zu weit gehen sollte. Bei sehr schmalen Flügeln wird deren geometrische Form durch die Materialstärke, die jedenfalls mit der Flügelbreite abnimmt, ganz wesentlich beeinträchtigt, so daß in diesem Falle ein erheblicher Unterschied der Wirkung von Propellern nach unserer Theorie gegenüber solchen mit konstanter Steigung unter sonst gleichen Verhältnissen, d. h. gleichem Durchmesser, gleicher Nabendicke und gleicher Gesamtflügelflächen nicht erwartet werden kann. Bei kleinen Propellern, z. B. für Motorboote, kann man übrigens mit dem Faktor β, der hauptsächlich für die Flügelbreite maßgebend ist, noch bedeutend herabgehen, sogar unter $\beta = 1$, ohne dadurch die Festigkeit zu gefährden. Das über den Propeller hinausragende freie Wellenende wird meist durch eine an die Nabe sich stetig anschließende Kappe verdeckt, deren Form zur Vermeidung von Wirbelbildungen nach der in § 7 III entwickelten und durch Fig. 26 dargestellten Stromfunktion gestaltet werden kann.

§ 29. Versuche mit Schiffspropellern.

Die Erprobung von Propellern nach unserer Theorie sowie ihr Vergleich mit Schrauben gewöhnlicher Bauart wurde durch das Entgegenkommen des Maschinenbauressorts der kaiserlichen Werft in Danzig ermöglicht, welches hierzu dankenswerterweise ein Dampfboot zur Verfügung stellte und die Versuchspropeller ausführte. Das Versuchsboot war 12 m lang, 2,8 m breit und verdrängte bei einem Tiefgang von 0,75 m rd. 11 t Wasser. Es besaß eine Verbundmaschine von 150 bzw. 280 mm Zylinderdurchmesser bei 200 mm Hub, sowie einen Kessel für 9 kg/qm Betriebsüberdruck. Die vorhandene Schraube S_3 (Fig. 103) hatte eine konstante Steigung von 1450 mm, einen Durchmesser von 880 mm und drei nach hinten geneigte Flügel von nahezu elliptischer Form. Sie erteilte dem Boot mit $n = 301{,}5$ Umläufen i. d. Min. und 65,17 PS_i eine höchste Geschwindigkeit von 8,33 Knoten bei einer Wassertiefe von etwa 8,5 m. Durch Schleppversuche mit abgenommener Schraube wurde festgestellt, daß dieser Geschwindigkeit bei gleicher Tiefe ein reiner Schiffswiderstand von rd. 430 kg entsprach, der sich natürlich durch die Schraubenwirkung etwas erhöht.

Auf Grund dieser Daten wurde zunächst (1906) ein ebenfalls dreiflügliger Propeller L_3 (Fig. 104) nach unserer Theorie berechnet,

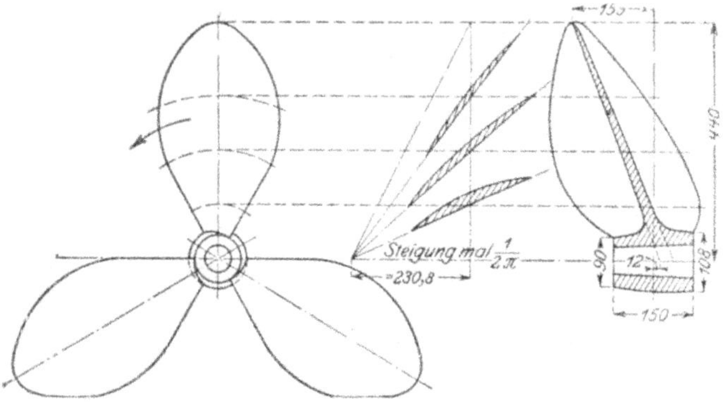

Fig. 103.

dessen Durchmesser jedoch wegen der Gestaltung des Hecks nur 850 mm betrug. Außerdem war auf die Bedingung für die kleinste Nabendicke noch keine Rücksicht genommen worden. Wie aus der Versuchstabelle hervorgeht, konnte man mit diesem Propeller L_3

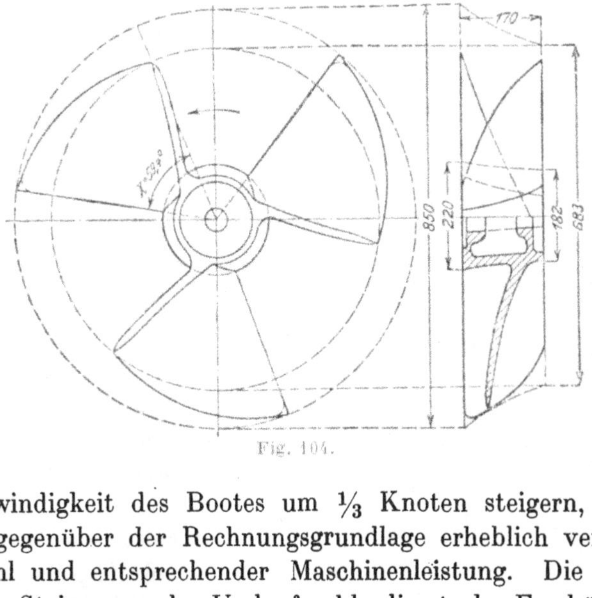

Fig. 104.

die Geschwindigkeit des Bootes um $\frac{1}{3}$ Knoten steigern, allerdings mit einer gegenüber der Rechnungsgrundlage erheblich vergrößerten Umlaufszahl und entsprechender Maschinenleistung. Die sehr unerwünschte Steigerung der Umlaufszahl, die starke Erschütterungen

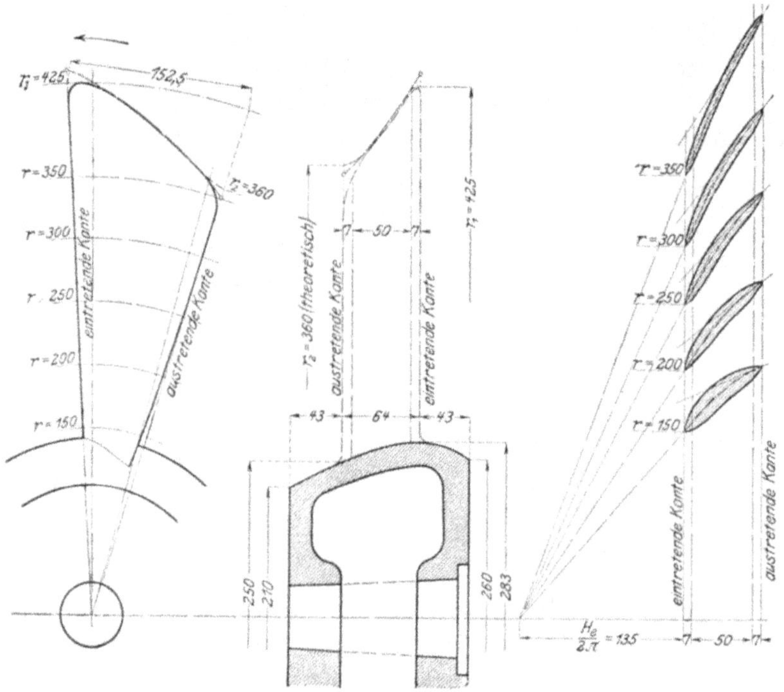

Fig. 105.

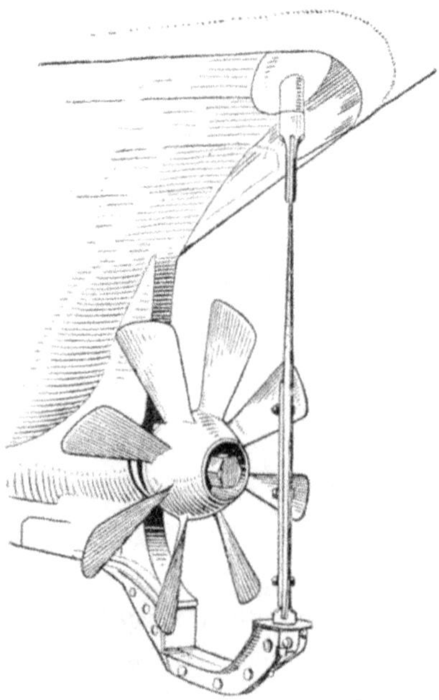

Fig. 106.

des Bootes mit sich brachte und die Maschinenlager durch Warmlaufen gefährdete, wurde vorerst einer unrichtigen Einschätzung der relativen Wassereintrittsgeschwindigkeit, bzw. des zu 5% angenommenen Vorstroms zugeschrieben. Darauf hin wurden zwei neue Propeller L'_3 und S'_3 konstruiert, von denen der erste wieder nach unserer Theorie mit der Annahme $w_{z1} = c_0$ berechnet wurde, während der andere bei gleicher Form der Flügelprojektion wie bei L'_3 die konstante Steigung 1500 mm erhielt. Aus den damit angestellten Versuchen ergab sich zwar eine wesentliche Herabsetzung der Umlaufszahl, jedoch auf Kosten der Fahrgeschwindigkeit, so daß diese Schrauben keine nennenswerten Vorteile boten.

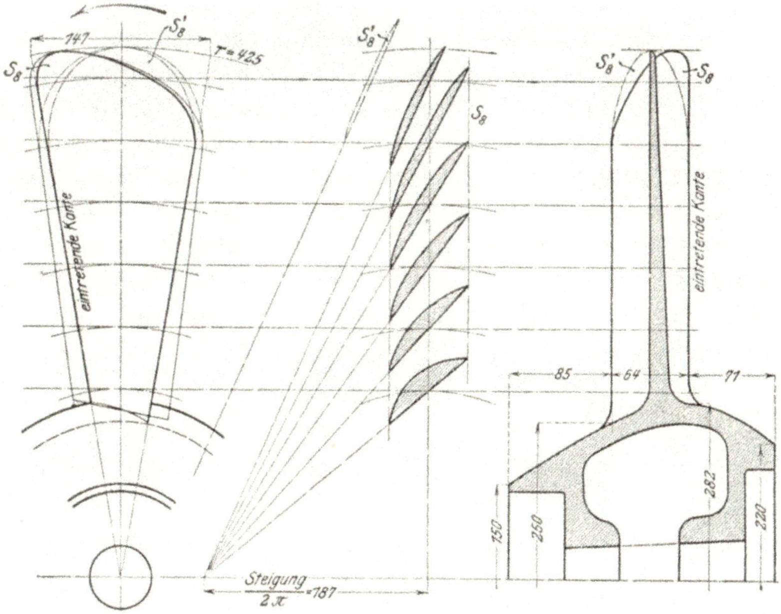

Fig. 107.

Schließlich kam man zu der Einsicht, daß die Ursache der hohen Umlaufszahl gegenüber der Schraube mit konstanter Steigung in der geringen Eintrittssteigung der nach unserer Theorie gebauten Propeller lag, die ihrerseits — ohne Rücksicht auf die Reibung — ja eine unendliche Flügelzahl voraussetzt. Daraus geht schon hervor, daß die praktische Gestaltung eines zweckmäßigen Propellers auf einem Kompromiß beruhen muß, für das die Flüssigkeitsreibung eine ausschlaggebende Rolle spielt. Diese macht sich nun vor allem in der Gesamtfläche aller Flügel geltend, die mithin bei miteinander vergleichbaren Propellern wenigstens angenähert übereinstimmen sollte. Auf

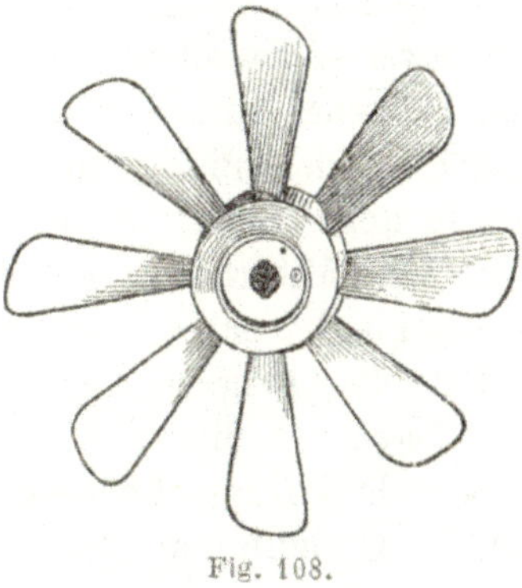

Fig. 108.

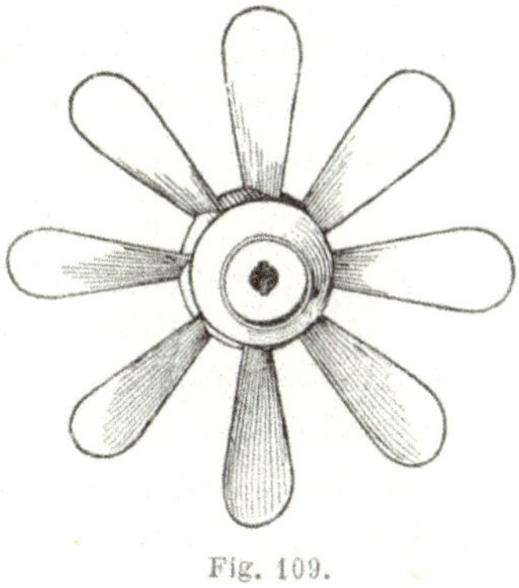

Fig. 109.

Grund derartiger Überlegungen wurde dann nach unserer Theorie ein neuer Propeller L_8 mit acht Flügeln unter gleichzeitiger Einhaltung der Bedingung der geringsten Nabendicke konstruiert (Fig. 105 und 106) und aus diesem zwei weitere Schrauben S_8 und S'_8 mit der konstanten Steigung 1170 mm und gleicher Flügelfläche abgeleitet (Fig. 107 bis 109), von denen die erstere (Fig. 108), die gleiche Flügelform wie L_8 aufwies, während die Flügel von S'_8 (Fig. 109) in üblicher Weise abgerundet waren. Schließlich wurde noch eine vierflügelige Schraube S_4 mit derselben Steigung, Flügelfläche und normaler Abrundung

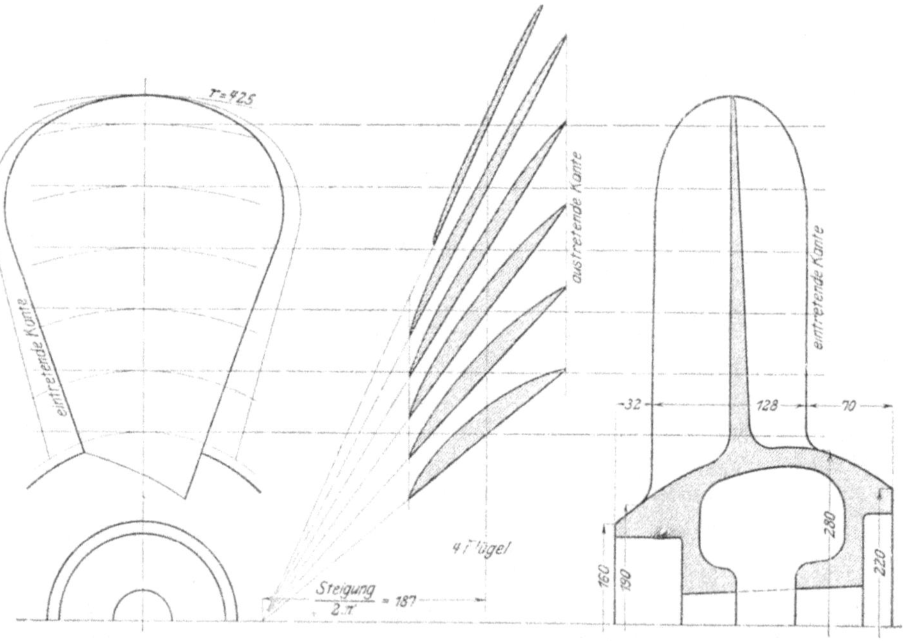

Fig. 110.

ausgeführt, Fig. 110, um einige Zwischenwerte zwischen den bei den Gruppen der drei- und achtflügeligen Propeller zu erhalten.

Das Ergebnis aller dieser Versuche, deren jeder mindestens zwei Fahrten an einer im Kaiserhafen zu Danzig abgesteckten Meile umfaßte, ist in Tabelle I zusammengestellt, die mein Mitarbeiter, Dr.-Ing. A. Pröll, bereits in der Zeitschrift des Vereins deutscher Ingenieure 1910 (S. 1186 ff.) mit den Skizzen der Propeller (Fig. 103 bis 110) auf meine Veranlassung veröffentlicht hat. Berechnet man aus diesen Versuchen durch Interpolation für die normale Fahrgeschwindigkeit von 8,33 Knoten (d. i. $c_0 = 4{,}2$ m/Sek.) die Umlaufszahl sowie den

Tabelle I.

Propeller Versuchsdatum	Durchmesser		Steigung		Flügelfläche projiziert	Umlaufszahl	Fahrgeschwindigkeit	Ind. Arbeit
	Flügel mm	Nabe mm	Eintritt mm	i. Mittel mm	qm	i. d. Min.	Knoten	PS_i
S_3	880	100	1450	1450	0,196	157	5,25	8,21
6. VI. 07.		90				225,5	7,01	23,56
						301,5	8,335	65,17
L_3	850	220	785	rd.	0,208	118	3,3	2,72
22. IV. 09.	683	180		1050		183	4,93	6,52
						263	6,61	17,66
						317,5	7,64	31,4
						416,5	8,665	76,0
L_3'	850	230	820	rd.	0,151	173	5,18	9,42
6. V. 07.	652	205		1300		223,5	6,48	17,72
						328,0	8,27	54,66
						358,5	8,61	75,00
S_3'	850	230	1500	1500	0,151	145,5	4,71	6,69
28. V. 07.	652	205				239	7,16	23,67
						322,5	8,43	66,1
S_4	850	280	1170	1170	0,204	125	3,90	3,56
7. VII. 09		190				241	6,86	17,30
						299	8,00	39,8
						325	8,265	52,25
						350	8,66	70,70
L_8	850	283	850	rd.	0,204	148	4,53	6,07
8. IV. 09.	700	250		1100		250	7,11	19,98
						317,3	8,22	45,75
						365,5	8,76	73,51
S_8	850	283	1170	1170	0,204	136	4,38	4,93
6. IV. 09.	700	250				189	6,00	12,02
						216	6,65	16,35
						284	8,07	41,14
						344,5	8,72	73,8
S_8'	850	283	1170	1170	0,204	122	4,09	4,22
15. IV. 09		250				213,5	6,69	16,8
						278	8,07	38,5
						332,3	8,68	68,6

indizierten Arbeitsaufwand, und ordnet nach letzterem die Zahlen, so erhält man die nachstehende Tabelle II, der in der letzten Spalte noch die erreichten Höchstgeschwindigkeiten hinzugefügt sind.

Tabelle II.

Propeller	n für $c_0 = 4{,}2$ m/Sek.	PS_i für $c_0 = 4{,}2$ m/Sek.	c_{max}
S_3	301,5	65,0	8,335 Kn.
S_3'	306,5	63,1	8,33
L_3'	333,4	58,2	8,61
L_3	374	57,2	8,665
S_4	331	56,45	8,66
S_8	307,2	54,2	8,72
S_8'	301,3	51,3	8,68
L_8	327	50,65	8,76

Aus dieser Tabelle geht deutlich hervor, daß ein niederer Arbeitsaufwand bei normaler Umlaufszahl im allgemeinen auch eine größere Steigerung der Höchstgeschwindigkeit zur Folge hat. Beides trifft für die Gruppe der Propeller mit acht Flügeln gegenüber der mit nur drei Flügeln zu, während der mit vier Flügeln in der Tat zwischen beiden steht. Innerhalb der beiden Gruppen behaupten die nach unserer Theorie berechneten ebenfalls die Führung, allerdings in der Gruppe mit acht Flügeln nicht in so ausgesprochenem Maße wie in der ersteren. Das liegt offenbar an der unvermeidlichen Beeinträchtigung der Flügelform durch die Materialstärke, die naturgemäß bei zahlreichen schmalen Flügeln viel deutlicher hervortritt wie bei wenigen breiten Schaufeln. Der Hauptvorteil der größeren Flügelzahl ist demnach in der größeren Ordnung der Strömung zu suchen, die damit dem theoretischen Ideale der Achsensymmetrie und der gleichen Energieausnutzung der einzelnen Wasserelemente ziemlich nahekommt. Dies drückte sich auch deutlich bei den Fahrten mit höherer Flügelzahl durch den Wegfall der Erschütterungen des Schiffskörpers aus, die insbesondere bei dem raschlaufenden dreiflügeligen Propeller L_3 sehr lästig geworden waren.

Leider war es nicht möglich, den mechanischen Wirkungsgrad der Antriebsdampfmaschine festzustellen, der zweifellos mit steigender Umlaufszahl etwas abnimmt.[1]) Schätzt man ihn im Mittel für Umlaufszahlen von $n = 300$ bis 400 auf $\eta_0 = 0{,}75$, so ergibt, da der reine Schiffswiderstand bei $c_0 = 4{,}2$ m/Sek. eine Arbeit von

$$L_1 = 430 \cdot 4{,}2 = 1806 \text{ mkg/Sek.} = 24{,}1 \text{ PS}_e$$

[1]) Vgl. Lorenz: Die Änderung der Leistung von Kolbenmaschinen mit der Umlaufszahl. Z. d. V. d. I. 1906.

erfordert, aus Tabelle II der Propellerwirkungsgrad eine Steigerung

$$\text{von } \eta = 0{,}495 \text{ für } S_3 \text{ bis } \eta = 0{,}635 \text{ für } L_8,$$

die angesichts der Kleinheit der Schraube schon als recht günstig zu bezeichnen ist.[1]) Dabei darf nicht übersehen werden, daß infolge der erhöhten Umlaufszahl der nach unserer Theorie berechneten Propeller der Eintritt des Wassers nicht mehr stoßfrei erfolgen kann, womit natürlich Arbeitsverluste verbunden sind, die man bei Propellern mit konstanter Steigung — die stets der Austrittsgeschwindigkeit entspricht — in Kauf zu nehmen gewöhnt ist.

Hiernach dürfte es sich wohl lohnen, mit Propellern nach unserer Theorie auch in größeren Abmessungen und mit verschiedener Flügelzahl Versuche anzustellen, wobei der Hauptwert auf die richtige Wahl des größten Durchmessers gelegt werden muß. Die Nichtbeachtung der hierfür maßgebenden, bei der Abfassung der ersten Auflage dieses Buches noch nicht aufgestellten Gleichung (22) § 28 war jedenfalls die Ursache des Mißlingens einiger anderweitiger Ausführungen.

§ 30. Die Achsialdampfturbine.

Im Gegensatz zu der neueren Entwicklung der Wasserturbinen, welche im Einklang mit unseren Darlegungen in Kapitel II sich immer mehr den Radialrädern nähern, beherrschen die Achsialräder das Gebiet der Dampfturbinen zurzeit fast ausschließlich. Es liegt dies hauptsächlich an der bequemeren und sicheren Herstellung paralleler Schaufelkränze auf dem Umfange zylindrischer Körper, während bei seitlicher Befestigung konzentrischer Kränze auf den Lauf- und Leitradscheiben die Aufrechterhaltung gleicher Spaltbreiten unter der vereinigten Wirkung der Zentrifugalkraft und der Temperaturänderung in Radialrädern praktischen Schwierigkeiten begegnet. Wenn dieselben auch durch die rapid steigende Vervollkommnung der Maschinenfabrikation überwunden sind, so geht es doch nicht an, die augenblicklich weitaus verbreitetste Maschinengattung bloß darum außer acht zu lassen, weil sie nicht allen Forderungen der exakten

[1]) Infolge der schon oben erwähnten Erhöhung des Schiffswiderstandes durch die Schraubenwirkung (augmented resistance), die nach anderweitigen Messungen mit Schubdynamometern am Drucklager zwischen 10 und 20% beträgt, würde sich der tatsächliche Wirkungsgrad der Propeller entsprechend erhöhen. Aus der Form der Heckwelle, die bei den Schrauben mit 8 Flügeln viel stärker ausgebildet war, wie bei den dreiflügligen darf andererseits geschlossen werden, daß diese Widerstandsvermehrung die ersteren nicht so stark trifft wie die letzteren, ohne daß es möglich ist, hierüber Genaueres auszusagen.

Theorie genügt. Insbesondere scheint es notwendig, schon mit Rücksicht auf die Umkehrung der Dampfturbinen, die Turbokompressoren, Klarheit über die Wirkungsweise der Achsialräder für diese Zwecke zu gewinnen.

Die ganze Turbine möge, wie früher (§ 20) die Verbund-Radialscheibe, aus k parallelen Rädern bestehen. Ist dann p_0 der (niederste) Austrittsdruck, p_{2k+1} die Admissionsspannung, so ist die totale Radkonstante nach Gl. (11[b]) § 20 mit einem Koeffizienten $\xi < 1$

$$C = \xi \frac{g \varkappa p_0^{\frac{1}{\varkappa}} v_0}{\varkappa - 1} \left(p_{2k+1}^{\frac{\varkappa-1}{\varkappa}} - p_0^{\frac{\varkappa-1}{\varkappa}} \right) \quad . \quad . \quad . \quad . \quad (1)$$

und für das x-te Rad, indem wir die Radialkomponente w_r der Dampfgeschwindigkeit gegen die Achsialkomponente w_z vernachlässigen, analog Gl. (12[a]) § 20

$$C_x = \xi \frac{g \varkappa p_0^{\frac{1}{\varkappa}} v_0}{\varkappa - 1} \left(p_{2x+1}^{\frac{\varkappa-1}{\varkappa}} - p_{2x-1}^{\frac{\varkappa-1}{\varkappa}} \right) + \tfrac{1}{2} (w^2_{z,\,2x+1} - w^2_{z,\,2x-1}) \quad (2)$$

Für $\varkappa = 1$ gehen diese Formeln, wie schon in § 20 gezeigt wurde, über in

$$C = \xi g p_0 v_0 \lg n \frac{p_{2k+1}}{p_0} \quad . \quad . \quad . \quad . \quad . \quad . \quad (1^a)$$

$$C_x = \xi g p_0 v_0 \lg n \frac{p_{2x+1}}{p_{2x-1}} + \frac{1}{2} (w^2_{z,\,2x+1} - w^2_{z,\,2x-1}) \quad . \quad (2^a)$$

Anderseits ist nach der Eulerschen Momentengleichung, wenn der Austritt aus dem Laufrad ohne Rotationskomponente, d. h. mit $w_{n,\,2x-1} = 0$ erfolgt,

$$C_x = \omega (w_n r)_{2x} \quad . \quad . \quad . \quad . \quad (3)$$

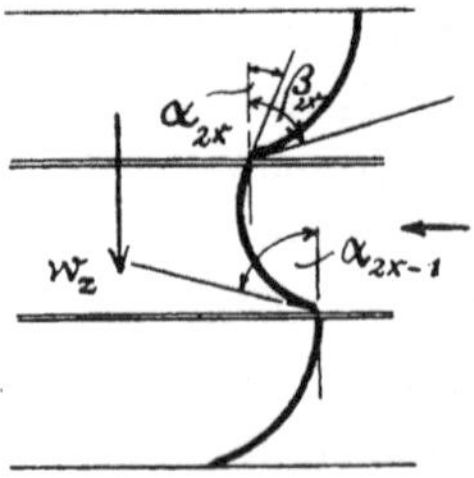

Fig. 111.

Bezeichnen wir dann noch die Schaufelwinkel des Laufrades gegen eine Parallele zur Drehachse (Fig. 111) mit α_{2x-1}, α_{2x} sowie diejenige in der Leitschaufel an der Eintrittsstelle mit β_{2x}, während an der Austrittsstelle wegen (3) $\beta_{2x-1} = \beta_{2x+1} = 0$ ist, so haben wir auch

$$\operatorname{tg} \alpha_{2x-1} = \frac{\omega r_{2x-1}}{w_{z,\,2x-1}}, \quad \operatorname{tg} \alpha_{2x} = \frac{\omega r_{2x} - w_{n,\,2x}}{w_{z,\,2x}} \quad . \quad . \quad (4)$$

Ändert sich nun beim Durchgang durch ein Laufrad das spezifische Dampfgewicht nur unmerklich, so erhalten wir in demselben, wie beim Schraubengebläse, eine rein achsiale Strömung, d. h.

$$r_{2x-1} = r_{2x}, \quad w_{z,\,2x-1} = w_{z,\,2x} \quad . \quad . \quad . \quad . \quad . \quad (4^a)$$

und damit vereinfacht sich die erste Gl. (4) in

$$\operatorname{tg} c_{2x-1} = \frac{\omega r_{2x}}{w_{z,\,2x}} \quad \ldots\ldots\ldots \quad (4^b)$$

Dann ist aber auch

$$\operatorname{tg} \beta_{2x} = \frac{w_{n,\,2x}}{w_{z,\,2x}} = \operatorname{tg} \alpha_{2x-1} - \operatorname{tg} \alpha_{2x} \quad \ldots\ldots \quad (5)$$

und (3) geht über in

$$C_x = \omega r_{2x} w_{z,\,2x} \operatorname{tg} \beta_{2x} = \omega^2 r^2_{2x} \frac{\operatorname{tg} \beta_{2x}}{\operatorname{tg} \alpha_{2x-1}} \quad \ldots \quad (6)$$

Sollen nun aus Herstellungsgründen alle Räder dieselben Schaufelwinkel besitzen, so dürfen wir mit

$$\beta_{2x} = \beta_2, \quad \alpha_{2x-1} = \alpha_1, \quad \alpha_{2x} = \alpha_2$$

auch schreiben

$$C_x = \omega^2 r^2_{2x} \frac{\operatorname{tg} \beta_2}{\operatorname{tg} \alpha_1} \quad \ldots\ldots\ldots \quad (6^a)$$

und erhalten durch Summierung über alle Radkränze

$$C = \omega^2 \frac{\operatorname{tg} \beta_2}{\operatorname{tg} \alpha_1} \sum_1^k r^2_{2x} \quad \ldots\ldots\ldots \quad (7)$$

Bei gleichen Schaufelwinkeln verhalten sich also auch in Achsialverbundrädern die Leistungen der einzelnen Radkränze wie die Quadrate der Radien. Dabei kann wegen des rein zylindrischen Verlaufes der Strömung in jedem Laufrad für r_{2x} vorläufig unbedenklich der Mittelwert eingesetzt werden. Sollen nun alle einen Kranz passierenden Elemente dieselbe Energie abgeben, so muß C_x über den ganzen Eintrittsquerschnitt konstant, d. h. es muß nach (3) $w_{n,\,2x}$ dem Radius r_{2x} indirekt proportional sein. Anderseits folgt aber auch aus (4^b) und (6)

$$C_x = w^2_{z,\,2x} \operatorname{tg} \alpha_1 \operatorname{tg} \beta_2 \quad \ldots\ldots\ldots \quad (6^b)$$

d. h. die Konstanz von $w_{z,\,2x}$ über den ganzen Eintrittsquerschnitt, wenn die Schaufelwinkel längs der Eintrittskante dieselben Werte besitzen. Diese beiden Bedingungen sind aber offenbar miteinander nur vereinbar für unendlich schmale Radkränze in radialer Richtung oder mit anderen Worten für einen mittleren Stromfaden. Da aus Herstellungsgründen eine Veränderlichkeit der Winkel in radialer Richtung sowie von Rad zu Rad untunlich erscheint, so erkennt man schon, daß die Achsialturbine nicht stoßfrei arbeiten kann. Damit aber ist, was schon Zeuner in seiner Turbinentheorie (S. 372) erkannt hat, die Überlegenheit der früher behandelten Radialturbine über die Achsialturbine festgestellt, und die Umkehrbarkeit der letzteren, d. h. die Möglichkeit rationell arbeitender Achsial-Turbokompressen ausgeschlossen. In der Tat haben denn auch dahingehende Versuche ein sehr ungünstiges Resultat ergeben.

Wir haben jetzt noch die Veränderlichkeit der Geschwindigkeiten von Rad zu Rad zu verfolgen. Hierfür liefert uns zunächst Gl. (4) mit $\alpha_{2x-1} = \alpha_1$ die Beziehungen

$$w_{z,\,2x+1} = \frac{\omega}{\operatorname{tg} \alpha_1} r_{2x+1}, \quad w_{z,\,2x-1} = \frac{\omega}{\operatorname{tg} \alpha_1} r_{2x-1} \quad . \quad . \qquad (4^c)$$

mit denen Gl. (2) übergeht in

$$C_x = \frac{\xi g \varkappa p_0^{\frac{1}{\varkappa}} v_0}{\varkappa - 1}\left(p_{2x+1}^{\frac{\varkappa-1}{\varkappa}} - p_{2x-1}^{\frac{\varkappa-1}{\varkappa}}\right) + \frac{\omega^2}{2 \operatorname{tg}^2 \alpha_1}\left(r^2_{2x+1} - r^2_{2x-1}\right) \qquad (8)$$

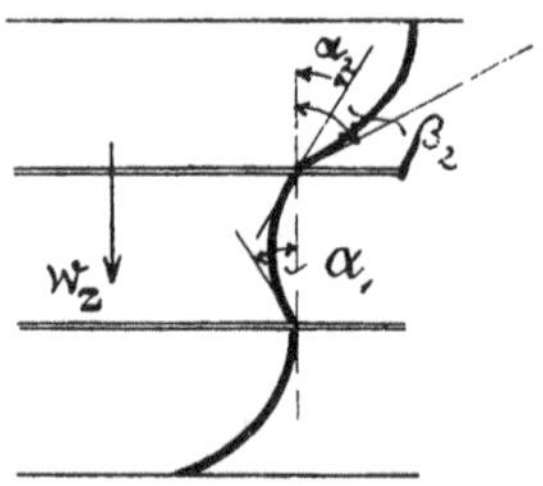

Fig. 112.

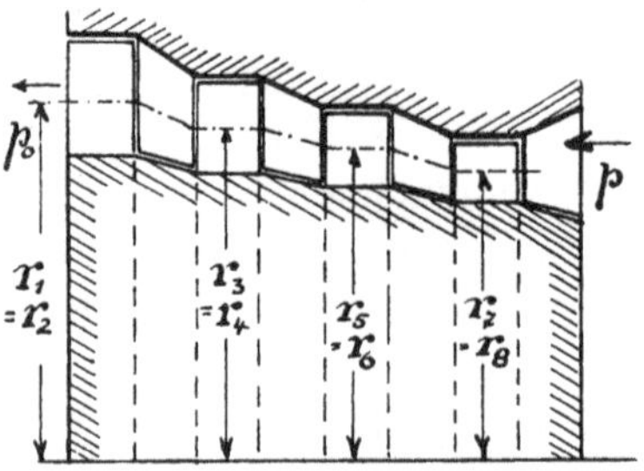

Fig. 113.

Diese Formel ist aber vollkommen identisch mit Gl. (12^b) in § 20, so daß die Berechnung einer Achsialturbine nach Festsetzung der mittleren Radien $r_{2x} = r_{2x-1}$ sich in nichts mehr von derjenigen einer Radialturbine unterscheidet. Verlangt man insbesondere eine möglichst kleine Umlaufszahl, so muß nach (6) und (7) bei vorgelegten Radien der Quotient $\operatorname{tg} \beta_2 : \operatorname{tg} \alpha_1$ ein Maximum sein. Da nun β_2 selbst einen Maximalwert von etwa 70^0 der Querschnittsverengung wegen nicht überschreiten darf, so führt dies mit

$$\operatorname{tg} \beta_2 = \operatorname{tg} \alpha_1 - \operatorname{tg} \alpha_2 \quad . \quad . \quad . \quad . \quad . \quad . \quad . \qquad (5^a)$$

wieder auf unsere Beziehung $\alpha_1 = - \alpha_2$ (Fig. 112) oder

$$\operatorname{tg} \beta_2 = 2 \operatorname{tg} \alpha_1 \quad . \quad . \quad . \quad . \quad . \quad . \quad . \quad . \qquad (5^b)$$

welche auch in vielen praktischen Ausführungen verwirklicht ist. Mit den Winkeln ist aber dann auch sofort die Achsialgeschwindigkeit

$$w_{z,\,2x-1} = w_{z,\,2x} = \frac{\omega\, r_{2x}}{\operatorname{tg}\alpha_1}$$

für alle Ein- und Austrittsquerschnitte gegeben, während aus (6^a) und (7) mit (5^b)

$$\left.\begin{aligned} C_x &= 2\,\omega^2 r^2_{2x} \\ C &= 2\,\omega^2 \Sigma r^2_{2x} \end{aligned}\right\} \quad \ldots\ldots\ldots \quad (9)$$

folgt. Die letzte dieser Formeln ergibt die Winkelgeschwindigkeit der Turbine, welche sonach um so kleiner ausfällt, je größer der Raddurchmesser und die Stufenzahl gewählt wird. Die erste Gl. (9) liefert dann für jedes Rad den in demselben auf die Masseneinheit entfallenden Energiebetrag, aus welchem sich mit (8) die Änderung des Druckes sowie mit der Zustandsgleichung

$$p\,v^{\varkappa} = p_0\, v_0^{\varkappa} \text{ oder } \frac{p}{\gamma^{\varkappa}} = \frac{p_0}{\gamma_0^{\varkappa}} \quad \ldots\ldots \quad (10)$$

die zugehörigen spezifischen Dampfvolumina bzw. die spezifischen Gewichte an den Ein- oder Austrittsstellen ganz ebenso ergeben wie im Falle der Radialturbine. Aus der durch den Anfangs- und Enddruck gegebenen Gesamtleistung Gl. (1) der Masseneinheit Arbeitsflüssigkeit berechnet sich für eine verlangte Arbeit L mkg das in der Sekunde durchströmende Gewicht Q nach der Formel

$$L = \frac{Q}{g}\, C \quad \ldots\ldots\ldots\ldots \quad (11)$$

während die radiale Breite b der einzelnen Radkränze sich aus

$$Q = 2\,\pi\, r_{2x}\, b_{2x}\, \gamma_{2x}\, w_{z,\,2x} \quad \ldots\ldots\ldots \quad (12)$$

bestimmt.

Nach Wahl einer für alle Räder zweckmäßig gleichgroßen achsialen Kranzbreite $z_2 - z_1$ ist damit das ganze Profil der Turbine festgelegt und kann sogleich aufgezeichnet werden. Das in Fig. 113 dargestellte Schema entspricht einer ganzen Reihe von Ausführungen, bei denen allerdings meist der Innenradius der Schaufeln für alle Kränze konstant gehalten wird. Bei der vollständigen Analogie des Rechnungsganges mit dem in § 22 durchgeführten wollen wir auf die Durchführung eines Zahlenbeispiels an dieser Stelle verzichten.

Dagegen ist es vielleicht nicht überflüssig, auf die Folgen hinzuweisen, welche die in der Praxis nach Parsons Vorgang gebräuchliche Wahl gleicher Radien für alle Räder oder doch eine größere Gruppe derselben in der Turbine hat. Nach unserer Gl. (6^a) bedingt dies bei denselben Schaufelwinkeln zunächst eine

Gleichheit der auf die einzelnen Räder entfallenden Arbeitsbeträge C_x und nach Gl. (6^b) auch die Konstanz der Achsialgeschwindigkeit w_z durch das ganze Rad bzw. die Radgruppe mit demselben Radius r. Damit aber vereinfacht sich auch die Formel (8) durch Wegfall des zweiten Gliedes rechts, welches ja nichts anderes als die Änderung der kinetischen Energie darstellt, in

$$C_x = \frac{\xi g \varkappa p_0^{\frac{1}{\varkappa}} v_0}{\varkappa - 1} \left(p_{2x+1}^{\frac{\varkappa-1}{\varkappa}} - p_{2x-1}^{\frac{\varkappa-1}{\varkappa}} \right) \quad . \quad . \quad . \quad . \quad (8^a)$$

Dies ist aber die Arbeitsgleichung des Zylinders einer vielstufigen K o l b e n d a m p f m a s c h i n e, der somit eine derartige Dampfturbine durchaus entspricht. Berechnet man aus (8^a) die Einzelpressungen und daraus mit Hilfe der Zustandsgleichung die spezifischen Gewichte, so ergibt (12) schließlich die radialen Kranzbreiten

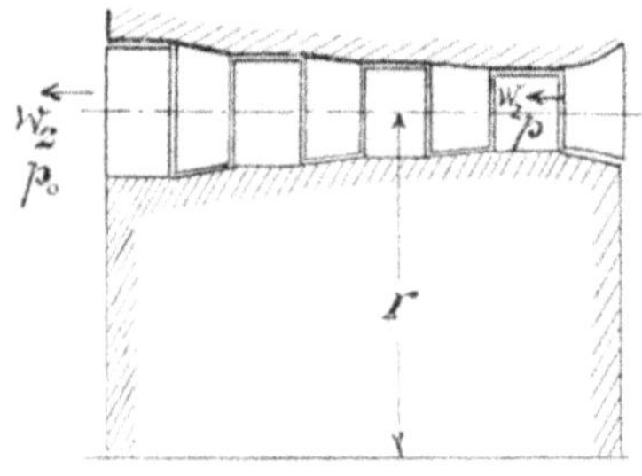

Fig. 114.

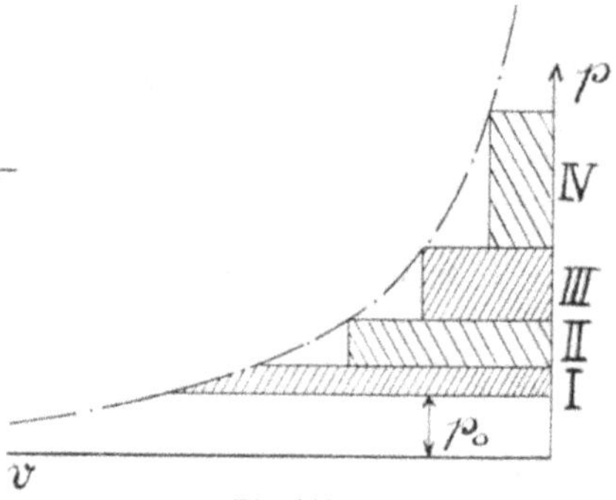

Fig. 115.

der verschiedenen Räder. Man erhält auf diese Weise ein Profil nach Fig. 114, welches ersichtlich den Bedingungen einer symmetrischen Strömung um die Achse auch im Grenzfalle einer unendlich großen Stufenzahl nicht entspricht, immerhin aber als ausführbar zu bezeichnen ist. In der Tat führt z. B. P a r s o n s nach diesem Schema die Niederdruckgruppe seiner verbreiteten Dampfturbine aus, während er für die Mittel- und Hochdruckgruppen konstante, mit den Radien nur von einer Gruppe zur andern zunehmende radiale Schaufelbreiten anordnet. Das bedeutet aber — unter Festhaltung gleicher Schaufelwinkel für alle Räder — nach der Analogie mit der Kolbendampfmaschine nichts anderes als den Verzicht auf die Expansion in jeder Einzelgruppe, deren Räder somit als Volldruckräder zu bezeichnen sind. Das ideale Arbeitsdiagramm einer solchen Turbine mit 4 Radgruppen würde demnach die in Fig. 115 dargestellte Form annehmen, welche einen nicht unerheblichen Energieverlust gegenüber der stetig expandierenden Kolbendampfmaschine bedingt.

Man kann diesem Übelstande nur dadurch begegnen, daß man die Gleichheit der Schaufelwinkel von Rad zu Rad fallen läßt, womit natürlich eine erhebliche Verteuerung der Ausführung verbunden ist. Verzichtet man dabei noch auf den rein achsialen Austritt des Dampfes aus den Laufrädern, so tritt an Stelle von Gl. (3) bei konstantem Radius

$$C_x = \omega r (w_{n,\,2x} - w_{n,\,2x-1}) \quad . \quad . \quad . \quad . \quad . \quad . \quad (13)$$

Die der Komponente $w_{n,\,2x-1}$ entsprechende kinetische Energie ist somit für das folgende Rad noch verfügbar, so daß wir neben der bisher allein behandelten Druckabstufung nach der Bezeichnungsweise Riedlers auch eine Geschwindigkeitsabstufung in der Turbine erhalten. Soll jedes Rad einer Gruppe dieselbe Arbeit leisten, so muß die Differenz $w_{n,\,2x} - w_{n,\,2x-1}$ konstant bleiben. Außerdem aber kann auch in diesem Falle von der Veränderlichkeit der Achsialkomponente innerhalb der Laufräder abgesehen werden, so daß man mit Fig. 116 für die Schaufelwinkel allgemein die Beziehungen

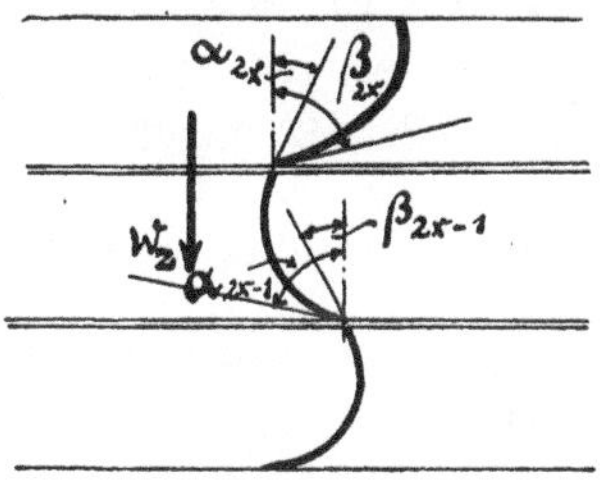

Fig. 116.

$$\left.\begin{aligned} \operatorname{tg} \alpha_{2x-1} &= \frac{\omega r - w_{n,\,2x-1}}{w_{z,\,2x}}, & \operatorname{tg} \alpha_{2x} &= \frac{\omega r - w_{n,\,2x}}{w_{z,\,2x}} \\ \operatorname{tg} \beta_{2x-1} &= \frac{w_{n,\,2x-1}}{w_{z,\,2x}}, & \operatorname{tg} \beta_{2x} &= \frac{w_{n,\,2x}}{w_{z,\,2x}} \end{aligned}\right\} \quad . \quad (14)$$

erhält. Daraus folgt aber sofort, daß

$$\left.\begin{aligned} \frac{C_x}{\omega r} &= w_{n,\,2x} - w_{n,\,2x-1} = w_{z,\,2x} (\operatorname{tg} \beta_{2x} - \operatorname{tg} \beta_{2x-1}) \\ &\text{oder} \\ \frac{C_x}{\omega r} &= w_{n,\,2x} - w_{n,\,2x-1} = w_{z,\,2x} (\operatorname{tg} \alpha_{2x} - \operatorname{tg} \alpha_{2x-1}) \end{aligned}\right\} \quad (15)$$

d. h.

$$\operatorname{tg} \beta_{2x} - \operatorname{tg} \beta_{2x-1} = \operatorname{tg} \alpha_{2x} - \operatorname{tg} \alpha_{2x-1} \quad . \quad . \quad . \quad (16)$$

sein muß. Die Erfüllung dieser Gleichung scheint auf sehr mannigfache Weise möglich zu sein, woraus sich die Verschiedenheit der in letzter Zeit vorgeschlagenen und in die Praxis eingeführten Achsialdampfturbinen mit Druck- und Geschwindigkeitsstufen zwanglos erklärt. Sollen insbesondere die Schaufeln aller Räder einer

Gruppe dieselbe radiale Breite behalten, so muß nach Gl. (12) das Produkt $\gamma_{2x} w_{z,2x}$ konstant bleiben, was infolge der Expansion auf eine unerwünschte Zunahme der Komponente w_z führt. Dieselbe kann nur dadurch vermieden werden, daß man auch γ konstant hält, d. h. daß die auf die Radgruppe entfallende Totalarbeit im ersten Leitapparat vollständig in kinetische Energie umgewandelt und diese dann lediglich durch Geschwindigkeitsabstufung auf die Einzelräder übertragen wird.

Alsdann aber haben wir es mit einer Gruppe hintereinander geschalteter Gleichdruckräder zu tun, in denen (ganz analog den in § 19 entwickelten Sätzen) die äußere Arbeit auf Kosten der kinetischen Energie des Dampfstrahles geleistet wird. Da die erstere durch Gl. (13) gegeben ist, so erhalten wir hierfür die Energiegleichung

$$\omega r (w_{n,2x} - w_{n,2x-1}) = \frac{1}{2}(w_{n}^{2}{}_{,2x} + w_{z}^{2}{}_{,2x} - w_{n}^{2}{}_{,2x-1} - w_{z}^{2}{}_{,2x-1}) \quad (17)$$

Bringen wir alle Größen mit gleichem Index auf eine Seite und fügen dann noch beidseitig $\omega^2 r^2$ hinzu, so lautet die Formel auch

$$(w_{n,2x} - \omega r)^2 + w_{z}^{2}{}_{,2x} = (w_{n,2x-1} - \omega r)^2 + w_{z}^{2}{}_{2x-1} \; . \quad (17^{a})$$

und besagt, daß während der Durchströmung eines Laufrades die Relativgeschwindigkeit konstant bleibt.

Nun sollte bei unseren Dampfturbinen mit reiner Geschwindigkeitsabstufung innerhalb einer Gruppe die Achsialkomponente w_z sich nicht ändern. Damit aber wird aus (17^a)

$$(w_{n,2x} - r\omega) = \pm (w_{n,2x-1} - r\omega) \quad . \; . \; . \; . \quad (17^{b})$$

Das positive Vorzeichen in dieser Gleichung würde auf $w_{n,2x} = w_{n,2x-1}$ führen, womit die Turbine, wie aus Gl. (13) hervorgeht, überhaupt keine Arbeit leisten kann. Es bleibt also für den Fall der Geschwindigkeitsabstufung nur das negative Vorzeichen übrig, so daß wir auch haben

$$w_{n,2x} = 2 r \omega - w_{n,2x-1} \quad . \; . \; . \; . \; . \; . \quad (18)$$

Führen wir dann auch noch die Schaufelwinkel aus (14) in Gl. (17^b) ein, so folgt

$$\operatorname{tg} \alpha_{2x} = - \operatorname{tg} \alpha_{2x-1} \quad . \; . \; . \; . \; . \; . \quad (19)$$

d. h. die Schaufeln müssen entgegengesetzt gleiche Endwinkel besitzen, während noch (16) die Änderung der Leitschaufelwinkel von Rad zu Rad sich zu

$$\operatorname{tg} \beta_{2x} - \operatorname{tg} \beta_{2x-1} = 2 \operatorname{tg} \alpha_{2x} \quad . \; . \; . \; . \; . \quad (20)$$

ergibt. Dabei ist nicht zu übersehen, daß die Gleichheit des Druckes sich nur auf die Spalte bezieht, während innerhalb der Laufradschaufeln im Einklang mit den Ausführungen des § 21 Druckänderungen unvermeidlich sind, wenn man nicht die Schaufeln nach dem Radinnern zu stark verdickt. Da weiterhin in den Leitapparaten (abgesehen von Reibungsverlusten) keine Energie verloren geht, so kann in denselben auch die Rotationskomponente w_n nur ihr Vorzeichen wechseln, so zwar, daß absolut

$$w_{n,\,2x-2} = w_{n,\,2x-1} \quad \ldots \ldots \quad (18^a)$$

Addieren wir unter Beachtung dieser Beziehung alle Formeln (13) und schreiben noch vor, daß der Dampf das letzte Rad ohne Rotationskomponente verläßt, so folgt bei k-Rädern

$$C = \sum_1^k C_x = \omega\, r\, w_{n,\,2k} \quad \ldots \ldots \quad (13^a)$$

oder wegen (18) und (18ᵃ)

$$C = 2\,k\,r^2\,\omega^2 \quad \ldots \ldots \quad (13^b)$$

eine Gleichung, die mit (9) für konstante r offenbar identisch ist und ausdrückt, daß die Umlaufzahl der Turbine mit Geschwindigkeitsabstufung dem Radius der Schaufelkränze und der Wurzel aus der Räderzahl indirekt proportional ist. Damit ist auch die Theorie dieser Räder erledigt; ihre Berechnung bietet gegenüber der in § 22 durchgeführten kaum neue Gesichtspunkte, so daß wir die Durchführung von Zahlenbeispielen dem Leser überlassen können. Daß die partiell beaufschlagten Freistrahlräder für Dampf (nach dem Vorgang von De Laval) sich überhaupt einer exakten Theorie entziehen, braucht wohl kaum nochmals betont zu werden.

Nachtrag zu § 9.

In den Darlegungen des § 9 ist auf die Energiegleichung (4) § 8

$$q_r\,dr + q_n\,r\,d\varphi + q_z\,dz = dE$$

nicht weiter Bezug genommen worden. Beachten wir, daß nach Gl. (8) § 8 $dE = \omega\,d(w_n r)$ zu setzen war, so schreibt sich die Energiegleichung

$$q_r\,dr + q_n\,r\,d\varphi + q_z\,dz = \omega\,d(w_n r) \quad \ldots \quad (1)$$

worin $d(w_n r)$ jedenfalls ein vollständiges Differential der Funktion $w_n r$ von r und z darstellt. Ebenso muß aber auch der Achsensymmetrie halber der absolute Drehwinkel φ eine Funktion der beiden Urvariablen r und z sein, so zwar daß

$$d\varphi = \frac{\partial\varphi}{\partial r}\,dr + \frac{\partial\varphi}{\partial z}\,dz \quad \ldots\ldots \quad (2)$$

ist. Durch Einführung dieses Ausdrucks geht dann (1) über in

$$\left(q_r + q_n r\,\frac{\partial\varphi}{\partial r}\right) dr + \left(q_z + q_n r\,\frac{\partial\varphi}{\partial z}\right) dz = \omega\, d(w_n r) \ .\ . \quad (1)$$

worin offenbar

$$\left.\begin{aligned} q_r + q_n r\,\frac{\partial\varphi}{\partial r} &= \omega\,\frac{\partial(w_n r)}{\partial r} \\ q_z + q_n r\,\frac{\partial\varphi}{\partial z} &= \omega\,\frac{\partial(w_n r)}{\partial z} \end{aligned}\right\} \quad \ldots\ldots \quad (3)$$

sein muß. Dividieren wir diese beiden Formeln mit $q_n r$, differenzieren dann die erste partiell nach z, die zweite nach r, und beachten, daß nach Gl. (12) § 9

$$\frac{\partial}{\partial z}\left(\frac{q_r}{q_n r}\right) = \frac{\partial}{\partial r}\left(\frac{q_z}{q_n r}\right)$$

war, so folgt nach Subtraktion unter Wegfall des Winkels φ schließlich

$$\frac{\partial(q_n r)}{\partial r}\,\frac{\partial(w_n r)}{\partial z} - \frac{\partial(q_n r)}{\partial z}\,\frac{\partial(w_n r)}{\partial r} = 0 \quad \ldots\ldots \quad (3^a)$$

oder, daß

$$q_n r = \frac{d(w_n r)}{dt} = F(w_n r) \quad \ldots\ldots \quad (4)$$

selbst eine reine Funktion von $w_n r$ ist. Daraus geht weiter hervor, daß **der gleiche Energieumsatz aller Flüssigkeitselemente ganz allgemein dieselbe Zeit erfordert.** Dies hätte sich auch durch Subtraktion der Formel für den Relativwinkel χ

$$q_r\,dr + q_n r\,d\chi + q_z\,dz = 0$$

von (1) mit Rücksicht auf $d\varphi - d\chi = \omega\,dt$ sowie auf (4) ergeben.

Eliminieren wir aus (3) die Komponenten q_r und q_z mit Hilfe der Formeln (4) § 9, d. h.

$$\left.\begin{aligned} q_r &= \left(\omega - \frac{w_n}{r}\right)\frac{\partial(w_n r)}{\partial r} + 2 w_z\,\varepsilon_n \\ q_z &= \left(\omega - \frac{w_n}{r}\right)\frac{\partial(w_n r)}{\partial z} - 2 w_r\,\varepsilon_n \end{aligned}\right\} \quad \ldots\ldots \quad (5)$$

worin ε_n den Ringwirbel bezeichnet, so folgt

$$\left.\begin{aligned} q_n r\,\frac{\partial\varphi}{\partial r} &= \frac{w_n}{r}\,\frac{\partial(w_n r)}{\partial r} - 2 w_z\,\varepsilon_n \\ q_n r\,\frac{\partial\varphi}{\partial z} &= \frac{w_n}{r}\,\frac{\partial(w_n r)}{\partial z} + 2 w_r\,\varepsilon_n \end{aligned}\right\} \quad \ldots\ldots \quad (3^b)$$

oder nach Multiplikation mit dr, dz und Addition

$$q_n r \, d\varphi = \frac{w_n}{r} d(w_n r) - 2\varepsilon_n (w_z \, dr - w_r \, dz)$$

sowie wegen (14) § 9

$$d\varphi = \frac{w_n}{q_n r^2} d(w_n r) - \frac{2\varepsilon_n}{\gamma q_n r^2} d\Psi \quad . \quad . \quad . \quad . \quad . \quad (6)$$

Diese Formel hätte man natürlich auch unmittelbar aus der Gl. (13) § 9 für den Relativwinkel, nämlich

$$d\chi = \frac{w_n - \omega r}{q_n r^2} d(w_n r) - \frac{2\varepsilon_n}{\gamma q_n r^2} d\Psi \quad . \quad . \quad . \quad . \quad (7)$$

mit $\omega = 0$ ableiten können.

Verschwindet nun der Ringwirbel, so gehen beide Formeln (6) und (7) über in

$$d\varphi = \frac{w_n}{q_n r^2} d(w_n r) \quad . \quad . \quad . \quad . \quad . \quad . \quad . \quad (6^a)$$

$$d\chi = \frac{w_n - \omega r}{q_n r^2} d(w_n r) \quad . \quad . \quad . \quad . \quad . \quad (7^a)$$

d. h. es müssen sowohl der absolute, wie auch der Relativwinkel ebenso reine Funktionen von $w_n r$ sein, wie $q_n r$ nach (4). Dies wiederum ist nur möglich, wenn

$$\frac{w_n}{r} = \frac{w_n r}{r^2} = F_1 (w_n r)$$

$$\frac{w_n r - \omega r^2}{r^2} = F_1 (w_n r) - \omega$$

oder wenn

$$w_n r = f(r)$$

also eine reine Radialfunktion ist. Das Verschwinden des Ringwirbels führt also mit voller Strenge auf diejenigen Formen, die wir in Kap. II den Radialrädern zugrunde gelegt haben, während andere Formen nur als Näherungslösungen betrachtet werden können.

Anhang.

Verzeichnis der Schriften[1]) über die neue Theorie der Kreiselräder, ihre Grundlagen und Versuche.

F. Prášil, Über Flüssigkeitsbewegungen in Rotationshohlräumen. Schweizerische Bauzeitung, Bd. XLI, 1903.

H. Lorenz, Die Wasserströmung in rotierenden Kanälen. Physik. Zeitschr. 1905, S. 82 u. 206.

— Neue Grundlagen der Turbinentheorie. Zeitschr. f. d. ges. Turbinenwesen 1905, Heft 17 bis 20.

— Theorie und Berechnung der Vollturbinen und Kreiselpumpen. Zeitschr. d. V. d. Ing. 1905, S. 1670. Bemerkungen hierzu von Dr.-Ing. Bauersfeld. Ebenda S. 2007.

— Folgerungen aus den neuen Grundlagen der Turbinentheorie. Zeitschr. f. d. ges. Turbinenwesen 1906, Heft 7.

— Theorie der Zentrifugalventilatoren und -Pumpen. Ebenda 1906, Heft 21.

— Theorie und Berechnung der Schraubenventilatoren. Ebenda 1906, Heft 22.

— Theorie und Berechnung der Schiffspropeller. Jahrbuch d. Schiffbautechn. Gesellschaft 1906. Bemerkungen hierzu von O. Alt, Schiffbau 1906, Heft 19.

K. Kobes, Die Druckverhältnisse in den Francisturbinen und der Druck auf den Spurzapfen. Zeitschr. d. österr. Ing.- u. Architektenvereins 1905, Heft 49.

F. Mirapeix, La teoria de las turbinas del Dr. Lorenz y sus consecuencias. Revista Technologica-industrial 1906, Heft 5.

— Applicacion de un nueva principio fundamental a la determinacion de las superficies de las alabas en las turbinas. Ebenda 1906, Heft 11.

H. Lorenz, Neue Theorie und Berechnung der Kreiselräder. München und Berlin 1906.

F. Prášil, Die Berechnung der Kranzprofile und der Schaufelformen für Turbinen und Kreiselpumpen. Schweizerische Bauzeitung 1906.

---

[1]) Bücher, Abhandlungen und Encyklopädieartikel, in denen unsere Theorie nur kurz erwähnt wird, sind hier ebensowenig aufgeführt, wie Besprechungen der ersten Auflage dieser Monographie.

H. Lorenz, Theorie der Kreiselräder auf Grund der Wirbelbewegung. Physik. Zeitschr. 1907, S. 139, 384, 510. Bemerkungen hierzu von R. v. Mises. Ebenda S. 314, 509.

— Zur neuen Theorie der Kreiselräder. Zeitschr. f. d. ges. Turbinenwesen 1907, S. 53, 87. Erwiderung von Prášil. Ebenda S. 72. Von Kaplan, S. 69, 189, 205, 234.

R. Lorenz, Die Spiralgehäuse von Turbinen, Kreiselpumpen usw. Ebenda S. 182, 202.

Riebensahm, Zur Diskussion der Wasserbewegung in Kreiselrädern. Ebenda S. 158.

R. Reichelt, Einige Worte über die neuen Turbinentheorien und deren Verwendung in der Praxis. Ebenda S. 451.

W. Bauersfeld, Zur Lorenzschen Theorie der Kreiselräder. Ebenda S. 265.

A. Stodola, Zur Theorie der Dampfturbine. Ebenda S. 245, 446, 541.

H. Lorenz, Vergleichsversuche an Schiffschrauben. Zeitschr. d. V. d. Ing. 1907, S. 19. Bemerkungen dazu von Gümbel. Ebenda S. 586. Von Helling S. 1348.

— Die Änderung der Umlaufszahl und des Wirkungsgrades von Schiffschrauben mit der Fahrgeschwindigkeit. Ebenda S. 329.

— Die Schaufelenden der Kreiselräder. Zeitschr. f. d. ges. Turbinenwesen 1908, S. 277.

— Schwingungen in Flüssigkeitsleitungen und der Einfluß auf den Gang von Kreiselrädern. Ebenda S. 437, 458, 473.

E. Reichel: Versuche an einer Lorenzturbine. Ebenda. S. 293. 312.

R. Loewy, Die Strömung im Laufrad der Francisturbine. Ebenda S. 133, 153, 172.

— Die Lorenzsche Theorie der Kreiselräder. Physik. Zeitschr. 1908, S. 858.

V. Fischer, Die Hauptgleichungen der allgemeinen Turbinentheorie. Rundschau für Technik u. Wirtschaft 1908, Heft 13 u. 14.

R. Loewy, Die Grundlagen der Lorenzschen Theorie der Kreiselräder. Zeitschr. f. d. ges. Turbinenwesen 1909, S. 197, 221.

R. Goldschmidt, Bremsergebnisse einer Lorenzturbine. Ebenda S. 65, 150.

H. Strehler, Versuche an Zentrifugalpumpen mit Lorenzrädern. Ebenda S 440

R. v. Mises, Theorie der Wasserräder Zeitschr. für Mathematik u. Physik 1909, Heft 1 u. 2.

O. Flamm, Die Wirkung der Schiffschraube auf das Wasser. München und Berlin 1909.

A. Pröll, Beiträge zur Theorie der Schiffschraube. Jahrbuch d. Schiffsbautechn. Gesellschaft 1910, S. 787.

— Vergleichsversuche an Schiffschrauben. Zeitschr. d. V. d. Ing. 1910. S. 1186.

F. Langen, Elementare Behandlung der Lorenzschen Theorie der Kreiselräder. Zeitschr. f. d. ges. Turbinenwesen 1910, S. 518.

A. Föppl, Die wichtigen Lehren der höheren Dynamik (Vorlesungen über techn. Mechanik, Bd. VI). Leipzig 1910, § 67.

A. Stodola, Die Dampfturbinen. 4. Aufl. Berlin 1910, § 150 bis 152.

H. Lorenz, Technische Hydromechanik (Lehrbuch der techn. Physik, Bd. III). München und Berlin 1910, § 43 u. 47.

— Die Möglichkeit der Verwendung von Kreiselgebläsen als Kühlmaschinenverdichter. Ebenda S. 513 und Zeitschr. f. d. ges. Kälte-Industrie 1910, Heft 11.

— Die Wirtschaftlichkeit von Kaltluftmaschinen mit Arbeitskolben und Kreiselrädern. Ebenda 1911, Heft 5.

— Die Theorie in der Technik mit besonderer Berücksichtigung der Entwicklung der Kreiselräder. Physik. Zeitschr. 1911, S. 185.

A. Pröll, Betrachtungen zur Lorenzschen Propellertheorie. Zeitschr. f. d. ges. Turbinenwesen 1911, S. 289.